范志红：
吃出健康好身材

范志红 著

北京科学技术出版社

你打算控制自己的体重吗？

你知道自己长胖的原因是什么吗？

你知道减肥的时候该怎么选择食物吗？

你知道流行减肥方法的误区所在吗？

你知道为什么多数人的减肥总是劳而无功吗？

你知道怎样通过运动有效减肥塑身吗？

你知道减肥后如何长期维持体重吗？

图书在版编目（CIP）数据

范志红：吃出健康好身材 / 范志红著 . — 北京：北京科学技术出版社，
2019.7（2019.9 重印）

ISBN 978–7–5714–0300–3

Ⅰ . ①范… Ⅱ . ①范… Ⅲ . ①减肥 – 食谱 Ⅳ . ① TS972.12

中国版本图书馆 CIP 数据核字 (2019) 第 092263 号

范志红：吃出健康好身材

作　　者：	范志红
策划编辑：	赵美蓉
责任编辑：	秦笑嬴　赵美蓉
责任校对：	贾　荣
责任印制：	吕　越
设　　计：	巜　同
出 版 人：	曾庆宇
出版发行：	北京科学技术出版社
社　　址：	北京西直门南大街16号
邮政编码：	100035
电话传真：	0086–10–66135495（总编室）
	0086–10–66113227（发行部）　0086–10–66161952（发行部传真）
电子信箱：	bjkj@bjkjpress.com
网　　址：	www.bkydw.cn
经　　销：	新华书店
印　　刷：	三河市华骏印务包装有限公司
开　　本：	700mm×1000mm　1/16
字　　数：	375千字
印　　张：	21
版　　次：	2019年7月第1版
印　　次：	2019年9月第3次印刷

ISBN 978–7–5714–0300–3/T · 1018

定　　价：**79.00元**

前言

为女性写一本有关体重控制的书，是我一直以来的梦想。这个想法起源于十几年前的一段令我难忘的经历。

2001年，我接受了某出版社的邀请，翻译一本叫作《减肥与体重控制》的书。从未有过减肥体验的我，看到书中那些系统、专业、全面的减肥与体重控制理论，颇感惊讶。我从来不知道，有那么多人关注体重控制，有那么多人为自己的体重而烦恼。

为了体验我国的"减肥国情"，我"潜入"某网站的减肥沙龙。减肥沙龙里的情形令我目瞪口呆——千万网友迫切希望减肥，很多人不惜一切代价要改变身材。从中学生到中年妇女，从体重正常者到严重肥胖者，从身体严重受伤者到心理完全扭曲者……叹息之余，我决心尽自己的微薄之力帮助他们。就这样，我在减肥沙龙做了两年版主，回答问题上千个，每天至少投入1小时。在那里，我听到了许多人的减肥故事，了解了他们在减肥历程当中的种种困惑。

2002年1月，我开始亲身实践减肥，体重从57千克减到了52千克，腰围从68厘米减少到63厘米，体能也回到了研究生毕业时的状态。此后的16年中，我体验了体重的起伏波动，体验了与随着年龄一同增长的体脂率斗争的过程。在减肥和保持身材的过程中，我更加深刻地理解了体重控制的内在含义。

由于工作日益繁忙，我最终只能离开减肥沙龙，但我从来不曾忘记那个地方，以及写一本关于减肥的书的承诺。2008年，在中国健康促进与教育协会的赵仲龙老师的策划下，刘欢女士以采访的方式，整理了我口述的内容，出版了《享"瘦"其实很容易》。我在这本书里与减肥的朋友们，特别是女性朋友们，分享自己关于减肥的知识和体验。

之所以用"分享"这个词，是因为不想像市面上层出不穷的减肥书籍一样，在书中直接讲述减肥的种种理论，而是希望作为一名有过减肥体验和指导减肥体验的女性，以朋友般平等的地位，以聊天般亲切平和的态度，来讨论这个为亿万人所关注的话题。

后来，我有了自己的博客、微博、微信公众号和头条号，拥有了320多万微博粉丝。与无数关注减肥和正在减肥的朋友们交流，我意识到自己以前写的书内容太过简单、稚嫩，女性风格和个人色彩太强，没有紧密结合近年来国民肥胖率上升的实际情况，也不能覆盖大众近年来面临的与减肥相关的各种困惑。

在网友们的催促下，我决定把近10年自媒体上的相关文章进行系统性的整理和补充，把读者最关注的减肥相关话题综合在一起，为读者提供有关减肥的科学指导，同时针对减肥中出现的各种问题给予可操作性的建议。

实际上，体重控制并不是一个单纯的女性话题，而是一个关系到民族体质和生活质量的重大问题，甚至是一个在世界范围内都没有得到彻底解决的重大健康问题。目前，我国的成年城市居民中，已经有1/3左右处于超重和肥胖状态，在一些大城市中，这一比例甚至超过1/2。由肥胖引起的各种慢性病，如糖尿病、心脑血管疾病、痛风等，以及肠癌等与肥胖相关的癌症，已经成为威胁国民健康的主要因素。

需要控制体重的，也绝不只有女性。与女性相比，男性更需要通过预防肥胖来预防慢性病。我国历年来的全国营养与健康调查表明，在中青年人群中，男性的超重和肥胖率超过女性。本书重点谈女性的体重、健康与美丽问题，只不过是因为女性比男性更为关注自己的形象、健康和生活质量。如果女性能够达到健康的状态，作为母亲、妻子、女友和女儿，她们也会把相关的知识传播给自己的男性亲属，并用自己的实际行动来帮助他们过上健康的生活。

本书和其他减肥书有所不同，它具有如下几个特点。

首先，内容通俗易懂。本书的写作避免了常见的健康指导书存在的问题：过多使用专业词汇，大量阐述专业理论，读起来艰涩难懂、枯燥乏味。事实上，这本书的特点就是以最少的专业词汇给出最贴近生活的指导，用容易理解的语言来说明最重要的原理和做法。

其次，提倡把体重管理融入生活。很多人对体重没有正确认识，也不关注发胖的原因，而是把减肥当作"毕其功于一役"的事情：减肥期间饥肠辘辘、汗流浃背，体重减轻之后便重回错误的饮食生活习惯，这样必然导致体重反弹。如果体重不断起伏波动，比不减肥还要伤害健康。本书希望通过循循善诱的讲解，让人们逐步反思自己的做法，先了解自己对体重的认识是否正确，思考自己的生活习惯是否健康，再评估自己采用的减肥方法，了解食物与减肥的关系。书中还对减肥可能带来的各种问题做出了提示。希望读者能够通过阅读本书，最大限度地提升关于减肥的理性思维，养成预防肥胖的健康生活方式。

再次，从多个视角看待减肥问题。减肥不仅涉及体重问题，同时还涉及心理问题、行为问题、社会问题、健康问题。必须综合考虑各个方面，使减肥方案可以长期持续，有利于促进整体健康，并确保人们在减肥期间能得到较好的心理和情绪体验，不影响社会交往和生活质量。

最后，体贴受众，提供符合生活实际的内容。本书在科学研究的基础上，结合中国人的具体生活实际，提供日常可操作的措施。多年来，我用这些措施指导网友减肥，很多人已经切切实实地从中获益。

如果有的内容在语言、概念和例子的运用上不够准确，敬请专业人士批评指正。

关于减肥的研究博大精深，减肥的细节无穷丰富，这本书不可能覆盖方方面面的内容。本书的主要目标，是培养一种正确的生活态度，传授把体重管理融入生活的方法。管理自己的体重其实并不难，减肥就是一个好机会，让你在身心各方面都成为更美好的自己。在这个健康而理性的过程中，你一定能够重新找到自己的快乐、优雅和活力，远离沮丧、饥饿和虚弱，从而享有更年轻、更健康、更幸福的生活。

其实，人们关注自己体重的根本目的，不就是这些吗？

让我们一起努力吧！

范志红

2019年5月于北京

目录

第一章

你真的需要减肥吗

1 对胖瘦的认知：永恒的热门话题

什么叫瘦，什么叫胖？你需要减肥还是需要增重？或许这是古今中外永恒的热门话题。

怎样算胖，是否要减肥？从健康角度来说，各国都有一定的标准。不过，从大众意识来说，并没有一个固定的标准。不同国家，不同时代，人们对不同年龄、职业、性别都有不同的体形要求和约定俗成的看法。

比较有趣的是，年轻女性对自己的体重和体形的要求，往往比周围的人更加严苛。祖父母和父母会无条件地包容子女的体形，同事、朋友也习惯了她们的身材。在不妨碍健康和生活质量的前提下，男性通常也对女友或妻子的体形持宽容态度。

有一份调查报告显示，问100名女生的男友：你认为自己的女朋友太胖吗？其中大部分男友认为，自己的女友体形正常，完全不需要减肥。大部分女生却认为，只有减肥才会变得更漂亮，才能对男友产生更大的吸引力，让他更爱自己。她们甚至会说，自己追求更瘦的体形，是想为所爱的人变得更完美。

"减肥是一种生活态度。减与不减，完全在于你。"这句流行广告语，不知道打动过多少年轻女性的心。2003年，我在700多名女大学生中做过一项调查，高校女生中对自己身材不满意的比例高达90%，而其中70%的女生想要减肥，60%的女生实施过某种减肥方法，只有不到10%的女生想让自己增加体重，但主要目标大多是丰胸。

然而，这只是年轻女性对自身体重的认知。如果问她们：你希望自己的妈妈体重多少？很少会有女儿回答"妈妈越骨感越好"。人们对女性体重的宽容度会随着女性年龄的增长而逐渐增加，国外曾有调查发现，人们认为略微丰满的中老年女性才有"妈妈味"，太骨感的就让人感觉不那么慈祥。女性自身对瘦削身材的追求热情也会随着年龄的增长而逐渐下降，减肥的动力逐渐向延缓衰老、增进健康、预防各种慢性病的方向转变。

步入中年之后，女性虽然不再刻意追求骨感，但仍然比男性更加在意身材评价。很多女性会因为自己穿不上某一款漂亮衣服，或者比同龄姐妹身材臃肿，而开始积极控制体重。西方的调查也发现，女性通常会因为自己超重5千克而减肥，而男性要超过正常体重十几千克甚至更多，才可能想起控制体重的问题。

一般来讲，在中国，男性对自己的体形要求低一些，对体重的态度也与女性差异甚大。或许因为我国文化对男性的体形宽容度较大，对男性肌肉美没有提出过高的要求，所以多数男性缺乏改善身材的动力。无论是瘦弱如豆芽的男孩，还是大腹便便的中年大叔，男性很少会为自己的体重而烦恼。那些年轻时曾经瘦削的男性，在人到中年之时，往往会发胖，成为肚皮凸出的青蛙体形，却很少有减肥的动力，直到各项体检指标亮起红灯，才会在医生和家人的劝告下有所觉悟。

相比之下，社会对女性体形的要求比对男性高得多，女性对自身的形体状况也高度敏感。虽然这种敏感可能会带来不必要的烦恼，但也有一个很大的好处——对完美体形的追求，使得女性有更大的动力来远离肥胖。从自然机制来说，女性的雌激素有促进脂肪积累的作用，男性的雄激素则有利于减少脂肪，增加肌肉。在50岁之前，女性比男性更容易发胖，从生理上说本来是天经地义的事情，但至少在我国，中青年人群的女性肥胖率显著低于男性，这或许正是女性对肥胖问题的警惕性更高的结果。

不过，随着时代的发展，年轻男性对健康体形的追求也日益成为时尚潮流。身材挺拔、肌肉充实的"小鲜肉"获得了各年龄层女性的热烈追捧，受此影响，许多年轻男性也逐渐对自己的体形提出了要求，积极投入减脂健身的潮流当中。

2 为什么现代人更喜欢骨感

很多微胖的女性都会感叹：如果回到唐朝，我的体形很可能就是令人羡慕的。

改革开放之前，由于我国居民食物供应长期短缺，超重者和肥胖者较为少见，大多数女性身形偏瘦、缺乏曲线。女性的臀部和胸部若能够略有脂肪积累，往往是令人羡慕的，因为这意味着生活条件较好，营养供应充足。从服装设计来说，那时候很少有收腰设计，更没有"露锁骨"的要求，女性几乎没有减肥的压力。

最近20年，我国进入了媒体社会。除了传统的书籍报刊、电影电视，在电脑网络、视频聊天、微信分享等交流渠道，人们都会不知不觉地关注周围人和自己的容貌、体形。社会大众对颜值的关注度日益提高，容貌和体形成为人们重要的个人资源。同时，各种流行服装款式也对身材提出了更高的要求。

丰满和瘦削，本来各有美感，为什么近几十年来，在发达国家的带领下，各国女性形体的时尚潮流总体趋向骨感呢？普通女性对身材的认知，在很大程度上来自时尚界对纤瘦形象的推崇，来自媒体偶像瘦削体形的影响。

正所谓"物以稀为贵"，在饥饿年代，体形丰满被当作富贵人群的专利，被称为"富态"而引人羡慕；在肥胖率日益上升的现代社会中，苗条骨感就会被视为一种"优雅脱俗"的特质而受人追捧。

西方发达国家由于社会经济较早达到发达水平，居民肥胖流行的历史比我国更长，人们对肥胖带来的健康危害有更多的认识，减肥的意识也有更广泛的群众基础。在发达社会中，社会经济地位高的群体十分重视个人健康形象，严格管理自己的生活方式，因此体形苗条，肥胖率较低；而低收入、低教育水平的人群，在生活方式管理方面的投入相对不足，肥胖率明显较高。这种现状，又进一步提升了"瘦"体形的社会地位，并对我国居民的审美观产生了影响。

在正常体重范围内，"穿衣显瘦、脱衣有肉"的魅力身材，是有利于健康、有利于预防多种慢性病的，这种身材并不意味着皮包骨头、病态瘦弱。我国很多女性追求的"瘦成一道闪电""越瘦越好"的体形并不是健康体形，为什么却被很多人当成目标呢？

一个可能的原因是，在当今的媒体社会中，社会精英和影视明星都通过镜头和大众接触。上过镜的人都会发现，镜头会让人显得更胖，这是镜头的光学作用的结果。而目前16∶9的电视屏幕占领市场，又把图像进一步拉宽，使人看起来横向发展。电视出镜往往会让一位女性比实际状况"胖"出5千克以上。所以，大众眼里的偶像要想在镜头上显得苗条轻盈，她的体重就必须比一个普通的苗条女性再减少5千克左右，才能增强镜头上的美感，保住自己的岗位竞争力。

这种审美趣味被时尚媒体推广放大，就成为年轻时尚人群的形体追求目标。遗憾的是，很多不需要上镜，也不以表演、主持、模特等为职业的女性，也盲目效仿偶像，刻意减肥，给自己提出不切实际的体重目标，导致面临健康危机。

3 你真的需要减肥吗

说到减肥，首先就要回答一个基本问题：胖瘦的判定标准是什么？只有和标准对比，才能确定你是不是真的需要减肥，该减掉多少。

对于某个特定身高的女性，体重多少才叫作"完美"？

这个问题没有标准答案。如果随机问100名年轻女性：你希望自己的体重是多少？可能每位受访者都会给出不同的答案。

"好女不过百。"

"我要瘦成一道闪电，越瘦越好。"

"明星××的体重是××，我希望和她一样。"

"我要结婚了，为了穿上最漂亮的那套婚纱，我必须再瘦10斤（5千克）。"

显然，这些都不是理想体重的科学标准。这些回答都带着非常浓重的感性色彩，而且并未考虑健康因素，这就是"自我体重认知"的问题。"我想和某位明星有一样的体重""我想像某个同学那样有一双细腿""我想穿上某款时装"，这些都不能成为减肥的合理理由。

对于一个人的体重、腰围等身形数据，营养学角度的评价未必和本人的评价一样。营养学的评价标准是客观的，讨论的是这种身形状态是否会增加罹患多种疾病的风险，是否会影响人的健康长寿；对个人来说，对体重的评价则是主观的、相对的。

比如，在南太平洋岛国斐济，体重100多千克的肥胖者到处都能见到，和斐济人对比起来，我们就会觉得，自己真苗条啊。很多在中国想减肥的女孩子到了美国，发现自己居然要穿S码衣服，被夸身材娇小，就会觉得压力减小许多，失去了减肥动力。反过来，一位北方的女生到上海读书，看到上海女生的身材都很纤细，衣服都很修身，自己居然要穿L码服装，可能会感到很大的心理压力，并开始减肥。

可是，什么时候才需要考虑减肥，有没有一个数量化的标准呢？大部分人都知道，现在有一个全世界通用的数据标准，就是身体质量指数（BMI），或称为体重指数。BMI的计算公式为：体重（千克）/身高（米）的平方。

例如，一位女性身高1.65米，体重53千克，那么她的体重指数就是$53 \div (1.65 \times 1.65) = 19.5$。

按照我国的标准，BMI值的正常范围是18.5~23.9，24.0~27.9为超重，超过28就是肥胖，而低于18.5就被归为偏瘦。例子中的这位女性的体重在正常范围内。

BMI这个指标比过去常用的"标准体重"更为合理，标准体重只给出一个数，让人感觉到"多一分则肥，少一分则瘦"，而BMI则是用一个范围来界定。BMI的几个区间是怎样划分的呢？是按照BMI与慢性病风险、寿命长短的关系来确定的。分析大量人群的调查数据发现，达到某个BMI数值之后，糖尿病、冠心病等多种慢性病和某些癌症的患病风险明显上升，寿命明显缩短，这时就会把这个数值定为不健康体重状态的分界点（cut point）。

不过，BMI的健康区间也只是一个大致的指标，因为每个人的骨架大小和肌肉充实程度不一样，体脂率不一样。同样是身高1.64米、体重56千克的两位女性，

BMI都为正常标准值，一个可能风姿绰约、前凸后翘，另一个却可能是腰腹赘肉明显、臀线松垮，这是因为她们的体成分不一样。

人的体重中包括了骨骼、肌肉（包括内脏肌肉）、体液、脂肪组织等很多部分的重量。身体的脂肪组织和非脂肪组织的含量在体重中所占的比例，通常被称为体成分（body composition）。用现代体成分测定仪器可以精确地测定人体各个部位的成分构成，包括脂肪含量、蛋白质含量、水分含量和各种矿物质含量等。不过，为了简单起见，人们通常把体成分划分成两个部分：身体脂肪和去脂组织，也就是"肥体重"和"瘦体重"。

只要测定一个人的体脂率，即身体中脂肪占体重的比例，就能大致判断其体成分状况。相比于体重数据，测定体脂率可以排除肌肉充实程度、骨骼发育程度、水肿和水分潴留等多种因素对肥胖程度判断的影响。

人体的体脂率随着年龄增长而不断上升。年轻女性的体脂率在18%~25%最为健康，而对中年女性来说，体脂率低于30%就是健康的。如果体脂率超过正常范围的上限，从某种意义上来说，也就意味着人体趋于衰老。

在大学生中，很多女生的BMI在正常范围内，体脂率却过高，超过30%。比如，某位女生的BMI只有22，但实际上她肌肉少、骨架小，脂肪比例很大，体脂率达到32%，严格来说，她已经属于肥胖，肥胖导致的各种问题在她身上都可能有所体现。她将来怀孕之后，体重略有上升，出现妊娠糖尿病的风险就很大。

相反，有些女生因为遗传因素，以及幼年、青少年时的营养因素，具有非常结实的骨骼和肌肉，尽管体重比同龄人的平均值偏大一点，但体脂率比较低，就不能叫作"微胖"。体操、跳水、花样游泳等项目女运动员的体重远远高于同身高明星的体重，但她们看起来非常苗条，因为她们的体脂率低，身材线条优美。一些健美爱好者因为肌肉发达，BMI超过正常范围，但实际上脂肪比例很低，也不能算是超重。

当然，我并不是说需要每个人像测定体重那样经常测定自己的体脂率，而是想告诉人们，胖瘦不仅仅与体重相关，还与脂肪的比例有关。体重固然重要，体成分更为重要。

说到这里，很多女性会说：我想要娇弱的身材，不想要大块的肌肉！

其实身体肌肉组织的数量和状态对体形影响非常大。人们都知道油比水轻，脂肪属于"油"，比重较小；而肌肉含70%水分，比重比脂肪大得多。所以，同样的体重，脂肪多的身材显得胖而臃肿，而肌肉多的身材显得瘦而骨感。

普通女性靠一般性的运动，很难练出像健美运动员那样的大块肌肉，但如果能够拥有较为充实的肌肉，就会显得身材线条紧实、流畅，富有美感。这样的女性，皮下脂肪略多时看起来丰满性感，脂肪略少时看起来苗条紧实，无论胖瘦都给人以优美而富有活力的感觉。相反，肌肉少、肌肉力量差的女性，胖则臃肿松弛，瘦则干瘪病态，很难产生形体美感。

总之，理想的体重并不存在，对于每一位女性来说，相对于不同的遗传体形和身体状况，有不同的适宜体重。与其纠结于自己的体重数据，给自己设定一个非常主观的体重目标，不如考虑如何调整、降低自己的体脂率，让身材变得更美、更有活力。

4 你的体重是不是称错了

很多女性都特别喜欢称体重。

"我昨天是52千克，怎么今天就变成了53千克？我胖了1千克吗？"

"我进食堂之前是48.2千克，出来之后就成49.5千克了，我是不是吃太多了？"

"我忍饥挨饿节食1周，好不容易瘦了2千克，刚恢复饮食3天，2千克就回来了！"

严格来说，体重是指体成分的重量。也就是说，不仅衣服和鞋的重量不算，胃中的固体和液体食物不算，膀胱里的尿液不算，大肠中的食物残渣也不算，它们只是穿肠而过的东西，并没有成为身体组织的一部分。

所以，饭前称一次体重，饭后称一次体重，这是毫无意义的。这时候穿着衣服和鞋，称出来的体重根本不准；而且刚刚吃了很多食物，喝了不少汤水，胃肠里增加了不少内容物，它们都不是体重的一部分。

人体的水分状态也可能发生变化。比如，蒸桑拿之后，大量出汗之后，使用利尿剂之后，体重会有所下降，这是出汗导致水分散发或大量排尿减少体液容量的结果，和减肥没有任何关系。减肥是要减去多余的脂肪，并不是要减少身体的水分。

以蒸桑拿来减轻体重的方法，主要在各种与体重分组相关的体育比赛之前使用。有时候运动员报了某个重量级，但赛前体重超过相应重量级，不得已才采取这种快速降低体重的措施。普通人千万不要采取这些方法，因为这样减的根本不是脂肪，而是水分。体内水分大量损失对健康不利。为了肌肤的健康，为了肾的健康，及时补水、避免脱水，才是养生之道。

此外，体重秤本身就存在不小的误差。目前市面上的普通体重秤，说明书上都写得很清楚，称量误差是0.5千克。用这样的秤来称体重，本身就有误差，又何必为一天中的那一点点体重变化耿耿于怀呢？

称体重也要讲究方法。

◆ **时间正确。** 早上起来，还没吃饭、喝水，但已经去卫生间排出膀胱里的尿液和大肠里的食物残渣，没有穿衣服或者仅仅穿着内衣来称重。假如早餐之后才排便，那么只要估计一下大概多少量，从数据中扣除掉就可以了。

◆ **体重秤固定。** 每次用同一台体重秤来称量，因为不同的秤，称出来的数据也有差别。我曾经对某企业赠送给学校的10台体重秤进行比较，发现同样是我，在10分钟之内称体重，得到的数据各不相同，最大的差距居然达到2千克。即便是医院里体检用的那种比较精密的医用体重秤，也需要经常进行调试和校准。

所以，不要为秤上数据的变化而感觉沮丧，那是和自己过不去。相比而言，穿衣服是变紧还是变松的感觉，照镜子的身体线条变化，周围人"你最近变瘦（胖）了"的评论，往往比普通家用体重秤更为可靠。

5 一天中体重变化很大是怎么回事

经常有女性抱怨："早上起来称的时候还是98斤（49千克），到了晚上一称，居然101斤（50.5千克）了。一天可以胖3斤（1.5千克）吗？我晚上吃了顿大餐，难道都长在身上了？"

也有人惊喜地说："喝了三天的果蔬汁，其他什么都不吃，真的瘦了4斤（2千克）呢！"

按理说，人的体重在一天当中很难有大的变化。即便没有节食，而且每天摄入的能量全部用于脂肪的生长，一个成年女性每天吃1800千卡（1千卡≈4.18千焦）食物，也不过能长200克脂肪，怎么可能一天重几千克呢？反过来，就算一整天一口都不吃，还正常工作生活，也只能减少200克的脂肪，又怎能一天瘦几千克呢？

一天中体重变化很大，可能是几个原因造成的。

首先，下午的体重中包含了食物和水分的重量。早上起来的时候是空腹，没有进食，没有喝水，而且经过一夜的蒸发，人体水分处于最少的状态。而早餐、午餐连饭带菜至少也有500克的重量（请注意，所谓一小碗100克的米饭，加上煮饭的水，实际上一共是230克左右的重量），加上喝的水，怎么也超过1千克了。

其次，可能是盐吃多了。盐是氯化钠，人体吸收钠离子的能力很强，而排出钠离子的速度比较慢。身体摄入较多的盐之后，血液的渗透压会在一段时间中升高，使人感觉渴，从而多喝水。摄入的水分被盐"绑定"，暂时排不出去，就会造成体重升高的假象。

反过来，如果连续两三天高钾、低钠饮食，身体中多余的盐分排出去，水分也会跟着排出去，体重就会下降。很多"果蔬汁减肥法"能在两三天中使体重下降几千克，实际上主要原因并不是脂肪减少，而是因为连续几天不吃含钠的盐，却吃了很多钾，身体排出了一部分钠，大量水分也跟着跑了。用这种方法"减肥"，只要一吃咸味食物，体重很快就会上升。

再次，在没有疾病的情况下，一天之中体重波动很大的现象如果长期存在，而且无论吃盐多少都一样，那么提示人体可能存在蛋白质营养不良。蛋白质营养不良时，血清蛋白含量下降，血液渗透压降低，水分就会从血管进入组织中，引起水肿。不吃主食只吃水果，蛋白质不足加上维生素B_1不足，同样容易发生水肿，这可真是"喝水也胖"了。但是这种体重增加与胖瘦无关，因为增加的只是水分，不是脂肪。在"三年困难时期"出现的水肿，2003年劣质奶粉吃出的"大头娃娃"，都是蛋白质营养不良导致的。

由于蛋白质对身体健康十分重要，身体会急于把不足的蛋白质补回来，所以，这时候如果多吃一些富含蛋白质的食物，虽然不是一天增加几千克，但在1个月之内，身体也会有明显的增重状况。这种增重还是与肥胖无关，甚至有利于减少未来的发胖风险。体内蛋白质增加了，基础代谢率才能提高，才能"有力气"减肥，而且减肥后不容易反弹。

有些减肥方法号称能够"排毒""排宿便"，一天就能减2千克体重，这又是怎么回事呢？同样，这也是用胃肠内容物和水分做的文章。

前面说到，人体的胃肠内容物是不能算入体重的。胃肠道并不是一个漏斗或直管子，消化吸收是个很长的过程。正常情况下，肠道中的食物残渣会在大肠里停留并发酵1~3天，如果提前将它们排出来，体重就会显得轻一些，但这绝不意味着体脂率下降。

可能很多人都有这样的经验，在发生急性胃肠炎或细菌性食物中毒之后，上吐下泻，又吃不进食物，一天就能减轻好几千克。如果用中药或西药来人为造成腹泻，也可以让身体损失大量的水分和电解质，同样会造成体重降低的"减肥"假象。

实际上，减肥是要减脂肪，绝对不是减水分。水分和电解质的损失会使人萎靡不振、脸色蜡黄，绝对不可能为美丽加分。一旦腹泻停止，恢复正常饮食，体重将会快速反弹。

6 大姨妈与体重变化有关吗

月经周期对女性的美容和体重有重要影响。经期前雌激素水平急剧下降，经期达到最低水平，而雌激素水平与皮肤质量密切相关，所以，这个阶段通常皮肤弹性下降，保水性差，容易出现各种"面子"上的麻烦。经期后雌激素水平逐渐上升，到排卵期附近达到顶峰，这时候是受孕的最佳时机，也是女性最显容光焕发、妩媚动人的时段。此后，随着孕激素水平的升高和雌激素水平的降低，女性的体重会因为体内水分的增加而上升，同时乳房会增大，子宫内膜增厚，导致体重计上的数字有所增加，但这是虚假上升，与肥胖没有关系，不必为此惊慌。

很多女性听说"例假期间吃什么都不会胖"，产生这种观点的原因可能是，经期前两三天，雌激素水平下降，孕激素水平上升，促进体内水分潴留，加上子宫内膜增厚，于是女性的体重会略有增加。这时候很多女性觉得腹部发胀，脸上有点发肿的感觉，这是身体组织水分增加造成的。这些感受并不是女性的想象，而是客观存在的。经期之后，由于经血排出、乳房缩小，子宫内膜和血液排出，再加上体内水分减少，体重应当下降。这种下降正好为吃东西造成的体重上升留出了空间，故而被传为"吃什么也不会胖"。其实，如果正常饮食，经期之后体重本来应当下降1~1.5千克。

要想避免经期之前的体重上升，减少体内水分潴留过多引起的不适，经期之前应当注意少吃盐，因为盐会增加体内水分潴留的问题，不利于控制体重，也不利于皮肤的清爽。

所以，女性不必每天称体重。真正准确的体重称量，应当在每个经期结束后的固定日子，比如经期结束后的第二天，起床排便之后，吃饭喝水之前，洗脸刷牙之前，穿着尽量少的衣服来称量。这样称体重，才能尽可能减少胃肠中的食物和食物残渣的影响，减少膀胱中尿液的影响，避免洗漱后身上沾水对身体电阻率的影响，避免运动出汗对体重的影响，也尽量消除了经期中水分潴留量变化的影响。

每个月称一次体重，避开经期造成的波动，再消除胃肠中食物的影响，这样的体重才是值得关注的真体重。了解自己的实际体重变化就够了，其他日子就安下心来，好好地实施改善形体的各种措施。其他的，不论是水分还是食物，不过是暂时让体重秤变化的过客罢了，并不是身体的一部分，又何必为它们烦恼呢？

7 婴儿肥？那是年轻的表现

"我脸盘子太大。"

"我不喜欢自己的婴儿肥。"

在年轻的时候，即便身材苗条，女孩们的脸蛋也常常是鼓起来的，面部线条是圆润的，被称为"婴儿肥"。不少女孩为此郁闷，一定要想办法让脸瘦下去，让自己的脸部轮廓像女明星那样两腮略略下陷，她们觉得那才够时尚。

其实，婴儿肥是一种年轻特有的状态，一旦失去它，就意味着身体已经开始变老了。

不信的话，可以注意观察老太太们的脸部。老年女性即便腰腹肥胖，脸颊线条也不可能是饱满圆润的，从侧面看，脸颊曲线是平的，甚至是凹陷的。即使有多余的肥肉，也只会向下垂叠。

如果还不信，可以看看自己不同日子的变化。在休息充足、饮食合理的时候，我们早上起来时会看到自己的脸颊饱满润泽；而在过度疲劳或情绪不佳的时候，我们脸上的饱满状态通常会大打折扣，看上去略显松弛憔悴，整个人看起来也就明显老了。特别是35岁之后，全身都呈现下垂的趋势，如果营养不良，体形太瘦，加上肌肉松弛，就容易皱纹丛生，给人干瘪苍老之感，哪里谈得上年轻呢？

所以，要想保持年轻，应当让自己的脸部保持饱满状态，哪怕有点婴儿肥，也是皱纹最少、最美丽的状态。女性过了30岁，如果不做需要上镜的工作，千万不要追求所谓的"凹陷的双颊"，否则一旦卸妆，就会显得苍老。这时候更需要的是充实的肌肉，肌肉把皮肤撑起来，才能让全身呈现饱满润泽的状态。若真"瘦成一道闪电"，恐怕就是皮包骨头，看上去有点吓人。

如果你的体重没有改变，或体重略有增加，但腰腹部位没有增加肥肉，只是脸颊变得饱满了，那要恭喜你，你在生理上变得年轻了！健康的饮食和适度的运动能让你保持这样的好状态。在这样的状态下，人体代谢旺盛，体能充沛，不用节食也不容易长胖。

反之，如果你的体重没有改变，或者体重还略有减少，但脸颊上的肉变松了，腰腹部位的肥肉增加了，那么要提醒你，你在生理上变得衰老了！你的新陈代谢没有以前旺盛，体能也下降了，即便吃得不多，也不容易保持苗条的状态，腰腹部位特别容易长肥肉。

想一想，你愿意选择哪一种状态呢？

8 千金难买老来瘦？当心肌少症

抛开美丽与否不谈，瘦是否一定和健康相关呢？多数人都相信"千金难买老来瘦"这句话，它真的靠谱吗？让我们先来看看寿命方面的研究结果。

关于长寿的研究中发现了一些有趣的现象，有时候甚至会颠覆人们的信条。西方国家的科学研究和商业保险信息都证明，从小就肥胖的人，预期寿命是比较短的；但那些年轻时体重正常，进入老年时体重略微偏高的人，也就是BMI为25~28的轻微超重者，反而比瘦弱的老年人活得更长。中国的相关研究也发现，在生病住院的老年人当中，那些体重正常或稍微偏重的老年人，康复的概率比较高；而那些原本已经皮包骨头的瘦弱的老年人，康复的概率就明显比较低。

近年来的最新汇总分析对以往的研究做了修正，在消除吸烟、原有疾病等因素之后，肥胖的老年人的寿命比体重正常的老年人短。预期寿命最长的老年人群的BMI范围不再是18~28，而是20~26，但无论如何，BMI 低于20的老年人，预期寿命都比较短。

那么，为什么老年人的正常体重范围比年轻人大呢？这很大程度上是由于骨质疏松，老年人的身高会在50岁之后逐渐下降，同样的体重，用较低的身高去计算，BMI自然上升了。

还有人问：为什么我们所见到的长寿老人没有一个胖的，都比较瘦呢？这是因为，在进入老年之后，人们的体重会逐渐下降，长寿老人瘦，只是体重变化的一个最终结果。

研究表明，多数女性的体重峰值出现在50多岁的时候，男性则是60多岁的时候。到了70岁之后，无论女性还是男性，体重都会逐渐下降。在死亡之前的几年中，老年人通常会有比较明显的体重下降和肌肉减少，也就是说，他们会明显变得瘦弱。同时，他们的体能也会大幅度下降，走路会变得吃力。那些70岁之后仍然身体充实、健壮有力的老年人，预期寿命是最长的。

血脂方面的研究发现，在年轻人当中，总胆固醇水平最高的，罹患慢性病的风险最大；在中年人当中，总胆固醇水平过高和过低都会影响健康；而在高龄老年人当中，总胆固醇水平最高的群体，反而会有最长的寿命。血糖方面的研究则发现，即便没有糖尿病，随着年龄的增长，人体的胰岛素和血糖水平也会逐渐提高，也就是说，年龄增长导致人体的血糖控制能力下降。但是，从中年时期开始，胰岛素和血糖水平相对较低的人，寿命会更长。

这些研究结果真的互相矛盾吗？其实它们并不矛盾。

所有研究都告诉我们，在50岁之前，要保持一个健康的体形，体内不能有太多脂肪，特别是内脏脂肪。年轻时朝气蓬勃，身体不容易积累脂肪，如果这个时候体内就有过多的脂肪，通常意味着代谢率下降，身体提前衰老，这当然是有害健康的。

进入老年期后，身体的合成能力大大下降，分解代谢变成主导。无论是胆固醇还是肌肉，都需要良好的合成功能来保障，如果这时出现营养不良的状况，就会加剧身体肌肉组织的过度分解，导致患上肌少症（sarcopenia），这是身体衰老、代谢水平低下的重要指征。想一想，如果把身体比作一个家，家里有用的家居用品逐渐损坏丢弃，新的东西又不能添置，总是处于入不敷出、无法修补的状态，这个家能够长久维持下去吗？

肌肉方面的研究发现，对年轻人来说，即便连续几天饮食凑合，蛋白质摄入偏少，只要后面几天能够补上，不至于造成肌肉的明显分解和减少。然而，老年人的饮食中一旦明显缺乏蛋白质，肌肉丢失的状况会非常明显。中年人则介于两者之间。古人说"人过四十而阴气自半"，或许就是指中年之后人体的合成功能明显降低，体能不断下降。

所以，从中年时就要开始注意，抛弃那些晚上只吃苹果番茄黄瓜之类的减肥方式，既不能暴饮暴食，也不能随便省略一餐。提倡吃七八分饱，提高食物的营养质量，三餐均匀地吃，以不明显饥饿为度。

由于肌肉的比重比脂肪大，肌肉增加会导致体重明显上升，但这是一件好事，既有利于塑造美丽体形，又有利于健康。所以，与其在意体重是多少，不如多考虑体能到底怎么样，多考虑腰上的赘肉是否太多。

当然，所谓"千金难买老来瘦"，如果换个解释，即年龄增长之后，身体中仍然没有赘肉，肌肉仍然保持充实的状态，那么这个说法仍然是正确的。这里所谓的"瘦"，是体脂率低，而不是指皮包骨头的瘦弱乏力状态。

研究发现，年轻时肌肉力量差的人，年龄增长后罹患糖尿病的风险会增加，而老年期肌肉力量差，则有导致寿命缩短的可能性。保持体能充沛、有活力的身体状态才是最重要的，对于这一点，无论什么研究，无论研究对象的年龄、性别，结论从未改变。

既然如此，还等什么呢？抛弃饿肚子减肥的想法，赶快运动起来吧！如果人到中年，除了有氧运动，也不能忘记做维持肌肉的运动哦！

9 对自己的体重负责

体重和身材不仅仅与美丽相关，还与一个人的社会形象相关，更与健康相关。

英国广播公司（BBC）著名的纪录片《人生七年》，对一些出身于不同社会经济地位的孩子，从7岁开始跟踪拍摄，一直到他们56岁。7岁时，孩子们都天真可爱，看起来并没有什么不同。但是，随着年龄的增长，那些原生家庭社会经济地位较低，自己也没有通过努力跻身较高阶层的人，大部分逐渐发胖，身材走形；而那些社会经济地位比较高的人，则能一直保持正常的体形。特别是女性，这种现象更加明显。

发达国家的调查显示，低收入、低教育水平的人群，肥胖率明显高于高收入、高教育水平的人群，与肥胖相关的各种慢性病患病率也呈现同样态势。西方研究者认为，这是社会经济差异在健康领域的典型反映。很多知识女性尊崇著名影星简·方达的名言："宁可脸上多条皱，不可身上多块肉。"一般来说，知识水平越高的女性，对自己的体形要求就越高，这与她们对生活质量和个人形象的追求有关。

肥胖还会影响社会形象和个人魅力。西方人竞选总统时都很注重候选人的体形，身体处于超重和肥胖状态的候选人会向社会公布自己的减肥计划，还会告诉公众自己的减肥食谱是什么、健身计划是什么，以此来表明自己是一个自我管理能力很强的人。

西方人有一种观念，一个人如果连自己的体重都管理不好，是无法被委以重任的。如果一个人对自己的肥胖体形放任不管，人们会认为他不是一个追求生活品质的人，甚至认为他的自我管理能力比较差，从而降低对这个人的社会评价。当然，也有人反对这种观点，他们主张不要把个人的体重与工作混为一谈，不能歧视肥胖者。但不可否认的是，这是一个"看脸""看身材"的时代，注重自我形象、注重身材管理的人将获得更多的机会。

当然，对自己的体重负责，最重要的是为了健康。肥胖与糖尿病、心脑血管疾病、痛风等许多慢性病相关，肥胖甚至会增加罹患某些癌症的风险。肥胖到了一定程度就会严重影响健康。

从年轻时开始努力管理自己的身材，有以下几个积极意义。

◆ **降低各种慢性病的患病风险。**即便不考虑形象的美感，为了健康，也必须控制体重。35~60岁是各种疾病孕育形成的关键时期，如果不对自己的体重加以控制，日后罹患各种慢性病的风险就会大大增加。

◆ **提升社交信心。**目前我国中年人的身体状况普遍都不太理想，如果你是一个健康的中年人，看起来面色红润，散发着健康的光泽，皮肤紧致，自然就会吸引人的目光；再加上有线条的体态、得体的衣着，你将会在社交上拥有更大的优势。

◆ **增加升职机会。**当今职场工作压力普遍很大，在持续的高压状态下，只有健康的人才能长期坚持下去。在考虑升职人选时，领导必定会优先考虑看起来更健康、更有活力的人，而不是多项健康指标都已亮起红灯的人。现在有很多精英人士，40多岁取得了很大的成就，但是50岁或60岁就离开人世，或重病卧床，枉费了多年积累的经验，对国家、对社会来说都是重大的损失。

◆ **提升孩子的自信心。**形象健康的父母会成为孩子的榜样，会让孩子增强自信心，也让孩子从小培养注重健康的观念和习惯。

◆ **避免父母和爱人担心。**不重视自己的健康，会让爱人和年迈的父母为你的身体状况担心，甚至有可能让父母经历"白发人送黑发人"的痛苦，让爱人经历"中年丧偶"的凄凉，让他们面临人生最大的悲痛。

10 与其说减肥，不如说体重管理

为了个人的事业发展、家庭幸福，我们要追求的，不是单纯达到明星的体重的目标，而是真正健康有活力的体形。无论是增重，还是减肥，都不能损害健康，而是要增强身体的综合活力，提升生活的总体质量。

对于一个理性而成熟的成人来说，与其把"减肥"二字挂在嘴边，不如切实做好体重管理。所谓体重管理，是指让自己的体重处于合理、可控的范围内，既不会迅速增重，也不会快速减重。不要把减肥当成短期行为，应对自己的体重长期负责。要把体重管理的各项措施落实在日常生活中，不要因为减肥而打乱自己正常的生活秩序，牺牲生活品质，甚至损害身心健康。

对每一个人来说，体重有三种状态：正常体重、过高体重和过低体重。

如果你属于正常体重，那么可以给自己设定一个控制区间。既然体重处于正常状态，就不必每天紧张，只要形成好的饮食和运动习惯，将体重保持在控制区间内就可以。但是，如果发现体重有超出控制区间的趋势，就要防微杜渐，让体重回到正常范围中。

可能很多朋友都听说过体重的"定点"（set point）学说。简单来说，身体长期习惯于一定的体重之后，会达到一种代谢平衡，一旦大幅度偏离这个体重，身体会启动多种机制来抵抗体重的变化，使其迅速回到原来已经习惯的体重。比如说，脂肪总量的减少，会引起"瘦素"（leptin）减少，让人不容易瘦下来；少吃东西会引起胃部分泌的"饥饿素"（ghrelin）增加，这也会让人食欲暴涨。如果我们只是需要在1个月内调整1~2千克体重，与身体所习惯的体重相差不多，就不需要少吃那么多东西，这样身体也不会产生抵抗，只是将这种调整当作正常的波动。

就我个人而言，40岁之前，我的体重控制区间是51~54千克（身高1.65米）。当体重超过53千克，甚至升到54千克的时候，我就会开始控制。控制的措施一是增加运动，二是烹调时少放油。在体重变化初期采取的控制措施不必十分严苛，而且很快就会达到效果。这样不会造成体重的较大波动，既不会对营养素摄入和皮肤质量造成压力，也不会让情绪发生太大的变化。

随着年龄增长，我的控制区间不断上移，因为此时肌肉含量容易下降，更年期开始之后骨密度也开始降低。50岁之后，我把体重控制区间上移到53~56千克。其实，我平常很少称体重，而是根据后腰上肉的厚度来判断自己的状态，缺乏运动、体脂率上升时，后腰上的肥肉就会增加。一旦觉得后腰的肉太厚，我就会采取控制措施。

20年来，我几乎不曾达到过体重控制区间的下限，倒是多次突破上限，但还好"迷途其未远"，只需注意1个月就能让体重回到正常范围。所以，我现在还能穿上20年前的衣服，只是稍微紧了点。一定要避免先放任，再采取极端措施减肥的做法，要让体重管理成为一种经常性的行为，融入日常生活中，而不是与日常生活割裂。

对于已经属于超重或肥胖的人来说，要为自己的体重设定一个合理的区间，分阶段达到减重的目标，然后长期保持。不要一下子设定一个低体重的目标，无论采用什么方法，体重的下降都是分阶段，一个台阶一个台阶走的，很少有一条直线降下来的，身体也需要一个逐渐适应的过程。尤其是体重基数很大的时候，减肥使身体变得很疲劳，体内的营养储备也需要一个消耗的过程，分阶段稳步减肥就不会让身体感受到太大的压力。

大量研究表明，对超重者来说，体重降低10%就能让健康状况得到明显的改善。对大多数超重的中年人来说，哪怕只减去2千克纯脂肪，健康状况都会有很大的改善。

测试1：你需要减肥吗

女性：你觉得自己符合下列哪种情况?

A. 不超重，但体重比周围的女性略重一些，整体上看着也壮一些

B. 不超重，肚子上肥肉也不多，但脸盘比较大，脸蛋比较鼓，看起来显得胖

C. 不超重，体重和周围的女性差不多，但大腿和臀部更粗一些

D. 不超重，体重和周围的女性差不多，但腰和肚子上的肥肉明显多些

E. BMI超过24，但肌肉紧实，力气很大

F. BMI超过24，肌肉比较松软，力气小，容易累

G. 体脂率超过30%

H. 医生已经让我减肥

男性：你觉得自己符合下列哪种情况?

A. 不超重，但整体上看着比同龄人壮一些

B. 不超重，但四肢和胸部肌肉少，腰和肚子上的肥肉明显较多

C. 略超重，但肌肉非常紧实，力气很大，即便走2小时也很少有疲劳感

D. 略超重，有"游泳圈"，腰腹力量明显不足，走不久就觉得累

E. BMI超过24，但体脂率没有超过20%

F. BMI超过24，且体脂率超过20%

G. 医生已经让我减肥

问答时间1：闹着减肥？也许你太敏感

问题1 这个时代追求骨感美，女明星都那么瘦，许多女孩为了追赶潮流，向女明星看齐，使用各种极端方法来减肥。我一说体重110斤（55千克），身边的男生就说你怎么这么胖。现在我越来越自卑，怎么办？

回复：

女生要让自己内心强大，别在意别人说什么，自己健康有活力就好。除了身材，脸色也是重要的一部分，很多人瘦骨伶仃、面有菜色，一点都不美。

穿衣服的时候，不要专门挑那种超小号的修身款，选择适合自己体形的就行了。我们不是影视明星和网红，不需要靠锥子脸来保证上镜好看。只要身体健康、着装得体、举止优雅，每个女人看起来都是美丽的。

实际上，多数男性并不认为皮包骨头的女性才性感。那些男生未必是真的笑话你，他们也许只是开个玩笑，而且一定是觉得你可爱才会开这种玩笑，你大可不必当真。

问题2 我是一个身高只有1.52米的女生。一年多来，我努力健身，戒掉垃圾食品和甜食，吃新鲜天然的食物，体重从52千克降到47千克，但还是被女同学明嘲暗讽，她们说我又矮又肥。我真的有点灰心了，我要瘦到多少才能叫作苗条呢？

回复：

你的BMI是20.3，非常合理的健康体重，只要体脂率正常，根本谈不上"肥胖"。每个人都应当获得尊重，高矮胖瘦不能成为嘲笑别人的理由，何况她们的嘲讽根本与事实不符。我相信你的同学不会人人都这样笑话你，只有既不厚道又没智慧的人才会如此刻薄。

你的内心要强大点，把她们的恶语当作耳旁风。你要证明自己活得很好，提升自信心，就一定会有人喜欢你。如果有人说你不够纤细，你就勇敢地告诉她们，个子矮，身体更不能太瘦弱，你的内脏、骨骼和胸部并不会因为个头小就比别人小一号！你的力量和勇气也不比别人小！

问题3　我属于比较壮实的类型，BMI 20.5。运动1个月，才瘦了3斤（1.5千克）。同学让我少吃点，说饿着就能瘦下来，女人要小鸟依人，太壮了嫁不出去。可是饿着还要运动真的很难受啊，真的要瘦成弱不禁风的样子才嫁得出去吗？

回复：

这话真是谬论。你的BMI才20.5，完全在正常范围内，用不着节食减肥，增加运动、降低体脂率、改善身体线条，就足够好了。一个月瘦3斤（1.5千克）也是非常理想的减重速度，而且对一个本来就不胖的人来说，这已经是健康减肥的上限了，完全没有什么可以质疑的。

女人骨骼强壮、肌肉充实是好事，说明代谢率高、体能好，未来还不容易患骨质疏松。所谓肥沃的土壤才能长出壮苗，如果母亲体弱多病、弱不禁风，很难想象她能生出健壮的孩子。

相比于欧美和非洲的女子，中国女人已经够瘦弱了，稍微强壮一点，就要被那些手无缚鸡之力的男人嘲笑，也被那些身体瘦弱的女人歧视，这实在不合理。你不必节食，只要继续运动健身，塑造胸部坚挺、腰线流畅、臀部圆翘的性感体形，一定会有身心健康的男人爱上你。

问答时间2：你不胖，只是没有穿对衣裳

在我国，大部分年轻女性的体重都在正常范围内，她们并不需要减肥，她们需要的是穿对衣服，并适当健身。

经常有女性会说："其实我上身很瘦，但是臀部太宽，和腰部不成比例，没法买裤子！小腿很粗怎么办？肩膀宽、胸部丰满、臀部偏大，怎么办？"这些抱怨最后都成为女性减肥的理由。

可惜的是，她们努力减肥，少吃东西、跑步快走，结果却发现收效甚微，自己的胯并没有变小，臀部和腿部也没有多少改进。其实，这些女性的体重和体脂率都在正常范围内，身材也没有问题，她们只是没有选对衣服而已。

问题1 怎么才能减小臀围呢？我试裤子的时候，如果臀部和大腿部合适，腰部就会太肥。反过来腰合适了，臀部和大腿部就太紧了。无论胖点还是瘦点，都没法买到合适的裤子！

回复：

说明你细腰肥臀，曲线很美啊！之所以裤子不合适，是因为服装厂商只按标准比例来制作，没有考虑到中国女性有不少你这样的情况。现在政府提倡"供给侧改革"，就是希望企业能按照消费者的实际需求来制作产品，而不是按自己的老规矩来生产不合需求的产品。衣服是给人穿的，理应适合不同人的身体曲线。现在服装产品逼着人为了适应衣服而嫌弃自己的身体，甚至要靠挨饿来减肥，这与削足适履有什么区别呢？

言归正传，这事很简单，找小区或学校里的裁缝解决吧，把腰收小一点，臀围不变，穿上之后分分钟凸显魅力身材。我也一直都是腰比臀小一个码，这说明我曲线优美、内脏脂肪少，很自豪啊。

问题2 我是梨形身材，胸小腰细臀部宽，想让下半身变小点，但节食饿得胸更小了，臀部还是岿然不动，愁死了。为了挡住硕大的臀部，我总是喜欢穿包臀衫，可是肩部又撑不起来，总觉得自己是纺锤形的身材，真难看。怎么才能减臀呢？

回复：

你的体形很美、很健康，只是需要一点改变和一点修饰。所谓改变，就是不要再穿包臀长衫，这种衣服会把人的视线引向凸起的臀部，夸大肩瘦臀肥的效果。反过来，你这种上身瘦的体形适合穿短款的宽松上衣，下摆略比肚脐低点，但不要长及臀部，下面穿条偏瘦的裤子。这样，人们会把注意力放在上半身宽松的衣服上，以及下半身的长腿上。

如果你觉得肩线太弱，可以考虑穿牛仔装，或质料不是特别柔软、肩部比较挺的上衣，这样就把你溜肩、窄肩的弱点遮住了。如果脖子比较长，身高超过1.6米，溜肩的女生穿上中式高领上衣，或者西式公主领的收腰上装，下面再配条长裙，那就是古典气质美人了。

当然，最佳的解决方案是去健身房练练肩背部的肌肉，游泳也可以。一旦肩部线条改善，你就变成了肩宽腰细臀圆的沙漏体形，这是穿衣服最美丽的身材啦。

问题3 人不胖，但是小腿粗，一直不敢穿裙子。可是穿弹力瘦腿裤，小腿部位也特别紧！夏天一直都是穿七分裤，特别是今年，有飘逸的阔腿裤太开心了！可是秋冬只能穿瘦腿裤，是不是还得减肥啊？

回复：

其实你穿错了，小腿粗的女生很适合穿裙子，只要裙子的长度别太短就行了。裙子长度达到膝盖以下15厘米就足够，不一定要穿及踝的长裙。一旦你穿中长的裙子，人们的视线就会被漂亮的裙子整体所吸引，从而忽略你的腿部。穿阔腿裤还好，但如果你穿偏瘦的七分裤，人们反而会把视线放在你刚好露出的腿肚子上！

其实，小腿粗一点儿不是坏事，说明你的肌肉比较充实。干吗非要穿铅笔裤呢？直接买微喇款式的牛仔裤就行了，完全不用和小腿围度过不去嘛。其实，就算你的腿真能饿瘦，穿铅笔裤也未必好看。因为很多女生的腿虽然偏细，但并不直，穿瘦腿裤会突出膝盖部分的弯曲程度，说实话非常难看。总之，瘦腿裤对腿形要求太高，膝盖弯不行，小腿粗不行，大腿小腿一样细也不行……适合穿它的中国女人，不超过20%。

相比而言，直筒裤和微喇裤就好多了，不仅能遮挡弯曲的膝盖，裤脚略长点，穿双高跟鞋，还能把下半身拉长一截，看起来腿又长又直，比穿小脚裤美多了。现在微喇版型的裤子不少，牛仔裤也有，休闲弹力裤也有，红色卡其色咖色蓝色黑色，各种颜色都有。天气冷的时候，直接穿条里衬加绒的微喇裤就好了，薄绒厚绒的都有，网购一条不麻烦哦！以后别再减肥，好好吃饭吧。

问题4 我整体看起来略偏瘦，身体各部位都不胖，腰也不粗，就是有点小肚腩，穿衣服就显出来。怎么才能既把小肚子减掉，又不会把胸和臀部减小呢？

回复：

女人肚脐周围和小肚子上有少量肥肉是正常的，只要腰部没有赘肉，就不会影响健康。遮盖它的穿衣方法很多，完全无须为此节食。

要谨记一条原则，不要选择把上衣塞进裙腰或裤腰里的搭配，这样会更显肚子凸出。最好穿收腰的偏短或中等长度的上衣，下摆自然比腰宽，像A字裙的感觉，能有效遮住微微凸起的小肚子。如果上衣偏长，腰以下的围度又不宽松，就很容易暴露小肚子的小小隆起。

穿西服的时候，选收腰款，但不要把腰部的扣子扣上，这样的衣服既能从后面塑造你的美丽腰线，又能把人们的视线从肚子上的肥肉部位移开（当年克林顿竞选总统，因为有点肚腩很是苦恼，服装顾问就是这样给他建议的，所以克林顿从来不扣西服的扣子，而体形瘦的小布什就经常扣着扣子）。穿风衣、外套也要注意选腰部收紧而腹部和胯部宽松的款，比如腰带式或褶裙式的风衣，显得很有女人味。

在选择裙子的时候，优先选百褶裙和高腰A字裙，这样可以突出细腰的优势，又能通过裙子放宽的围度，以及丰富的裙褶，遮住小肚子的少量肥肉。

当然，如果你愿意通过运动加强腹肌，我是很支持的。即便肥肉还在，但因为肌肉力量比较强，肚子就不会显得凸出来。

问题5 我整体不胖，腿也挺长，但是腰不够细。其实腰上也没有赘肉，但可能是遗传因素，骨架太大，腰怎么也减不下去，很多可爱型和细腰型的衣服都穿不上，很着急啊！

回复：

一个人的体形是由遗传和未成年时的发育状况决定的，骨头是减不下去的，气质也是不好改变的。每个人只要有一两类适合自己的衣着搭配就可以了，即便是时装模特，如果不刻意化妆、做造型，也不可能适合穿所有的衣服。如果你是大骨架型，就不必尝试玲珑可爱型的衣服；如果你是英气硬朗型，就不必尝试缀满蕾丝的公主装和衣袂飘飘的仙女款。

腰线不够细的人，应当避免束腰带的，或者收腰幅度太大的衣服和裙子。微微收腰是最理想的。外套和西服不系上扣子也是好主意，它让人显得潇洒大气，又能避免视线集中于腰腹部。裤子可以穿中腰裤，这样腰部会显得细一点。肩比较挺的人，很适合穿各种针织衫，如果选择毛衣，很可能会看不出腰线，只能看到肩和胯。

问题6 现在的服装设计好像都在向平板身材靠拢，我体重正常但胸大臀肥，衣服反而没有平板身材好买，减肥又减不下去，怎么办呢？

回复：

你是来拉仇恨的吗？你这身材不就是传说中的沙漏美女的身材吗？前凸后翘是最性感的，怎么还能抱怨买不到衣服？你这种身材，穿绝大多数衣服都很美丽，尤其适合穿高腰款的裤子，因为它既能突出腰线，又能突出臀线，上面配件针织衫，把胸部的美丽线条也凸显出来。V领而修身的连衣裙也非常适合你这样的身材，至于小西服职业装加西服裙，那就更没问题了。

你需要注意的是，胸大不等于挺，臀肥不等于翘。若是胸部下垂、肥臀松垮，穿衣服的效果确实不能尽如人意。如果你是这种情况，建议你好好去健身房练练胸肌和臀肌，然后就尽情显露你的性感身材吧。

最后友情提示一下，除了穿对衣服，还要摆好姿势哦！八字脚、鸭子步、弯腰驼背等不良姿势，会让你的美丽身材和漂亮衣服都归零！

特别关注1：不减肥，也可以变得更美

- ♦ 每天从起床开始，至少告诉自己3次：我是个美丽的女子。
- ♦ 走路姿势轻盈优美，用髋部带动双腿，足迹落在直线上，上身不要随意晃动。
- ♦ 坐的时候把头抬起来，把腰挺起来，背部挺直，膝盖放平，腹部内收。
- ♦ 站的时候双脚尽量靠近，最好是双脚呈丁字形站立，膝盖挺直，上身挺直。
- ♦ 在任何有人的地方都要放松表情，面含微笑，和冷漠、疲惫、沮丧的表情说再见。
- ♦ 讲话的时候，看着别人的眼睛；在别人说话的时候，看着别人的嘴，自然微笑。
- ♦ 睡觉的时候告诉自己：今天我做得很好，我正在变得更加迷人。

故事分享1：体重轻了，就会变得更美吗

每个春天过去，很多人都会感叹："花开花谢依旧，青春岁月难留。"每个节日过去，也有很多人会感叹："问君能有几多愁，恰似桶腰添肥肉。"女性更会说："人胖了就是显老，瘦了才显得年轻，各种漂亮衣服，都是给瘦子设计的。"每到春寒已尽，女士们都嚷着："又该减肥了，三月不减肥，四月徒伤悲……"

瘦就一定代表年轻、健康吗？也不一定。

某女生哭诉："我才22岁，是一名大学生。因为同学嘲笑我又肥又壮，我就立志减肥，花了半年时间，体重减了30斤（15千克）。确实能穿上各种瘦瘦的衣服了，可是还没来得及高兴，就有了新的烦恼，大家都说我变老了。"

在减肥期间，这位女生只关心自己的体重，为体重的每一点变化而喜而忧。现在终于瘦下来了，穿上新买的衣服，她站在大镜子面前仔细看自己，发现了一些以前没有想到的变化。

◆ 嘴边有了深深的法令纹。

◆ 脸颊深深地凹下去。

◆ 脸色发黄，毫无光泽。

◆ 脸部皮肤松弛发干。

◆ 眼睛失去了明亮神采，疲惫无神。

以前，她一直为自己的婴儿肥而烦恼，但也为自己光洁细腻的皮肤而骄傲。谁知现在婴儿肥变成了骷髅瘦，红苹果变成了黄杏干，人看起来就像操劳过度的妇女，她突然不知道该怎么办了。

这就是常见的过度减肥综合征。

在开始减肥的时候，这位女生身高1.69米，体重61千克，BMI只有21.4，完全在正常范围内，距离BMI 24的超重标准还远着呢！就算骨架小，距离日本和东南亚国家BMI 23的超重标准，也还颇有距离呢！

所以，她根本就谈不上胖，完全无须减肥。嫌自己身材不够好，只需要适度健身，增肌减脂就可以达到目标。倒是她现在的体重46千克，BMI只有16.1，明显瘦弱，已经远离了健康标准。要达到BMI 18.5的健康标准下限，她至少需要增重到53千克。

那么，这位女生为什么要给自己定下46千克的非理性体重目标呢？

她说："其实我那时候只是想瘦到100斤（50千克）以内，给同学们看看我的好身材。"

然后，她先用网上热推的低碳水化合物减肥法，在两个多月里，不吃任何主食，连水果和牛奶也不吃，只吃蔬菜和鱼肉蛋类，并且把油全部涮掉，不碰一点油，这样瘦了10多千克。然后她再加入一个水果和一杯牛奶，开始吃极少量的主食，早上只吃点燕麦片，两个多月又瘦了将近5千克。

不过，麻烦刚刚开始。

这位女生说："为了减肥，我暑假没有回家。秋天父母来探望我，见我瘦了这么多，都吓坏了。他们逼着我赶紧多吃东西。但是，我发现自己已经没法正常吃饭了。我的胃变得很小，吃不下太多东西，而且只要一吃淀粉类食物，或者带油的食物，就觉得非常有罪恶感。"我猜想，她不仅仅是皮肤枯干发黄，而且还有低血压、贫血、蛋白质-能量营养不良、闭经等很多问题。

女生承认，自己最近3个月确实没有来月经。她没有做过体检，不知道有没有其他的问题。她发现自己的体力确实变差很多，还经常头晕，甚至有两次差点晕倒。因为怕父母担心，她没有把这些情况告诉他们。我不禁叹息，好好的身体已经被她毁成这样，她居然满心只关注法令纹和皮肤质量下降，而对其他问题视而不见。

非理性的快速减肥会带来无数不良后果。从皮肤干枯、头发脱落、肌肉松弛、脸色暗淡，到月经失调、身体水肿、头晕乏力、容易生病、失眠健忘，再到工作学习效率下降、心情抑郁、精神萎靡，甚至出现暴食症或厌食症。

蛋白质和多种微量营养素不足会使肌肉减少和松弛，导致脸部凹陷和下垂；也会使胶原蛋白合成和上皮组织的更新受影响，从而造成皮肤的松弛、衰老和干枯。营养不良还有可能令身体暂时"关闭"生育功能，降低性激素水平。雌激素水平下降会影响皮肤的细腻程度和弹性，所以，严重营养不良的人很难拥有水灵灵的嫩肌。

总之，皮肤质量严重下降，22岁就出现法令纹，这是内脏功能下降、肌肉松弛、性激素水平下降、提前衰老的表现之一。

这位女生拼命减肥的初衷是为了让自己的身材变得更好，让女同学羡慕自己的美，然而，美人都是"光彩照人""顾盼有神"的，如果皮肤干枯、眼睛无神，再加上脸颊凹陷、肌肉松弛，即便瘦成衣架，穿上时尚漂亮的衣服，也无法给人美丽的印象。所以，她半年的辛苦努力，换来的是美丽分数严重打折的结果，还搭上了自己的健康，实在是和自己的初心南辕北辙。

正因如此，我一直提倡女生弄清自己是需要减肥，还是需要减脂塑形。即便需要降低体重，也要慢慢减。对那些仅仅需要减少5~10千克体重的女生来说，每个月体重降低最好能控制在1.5千克左右，而且在减肥期间一定要摄入足够的营养。减肥期间只需每天增加40分钟运动，减少10%的食量，改变一些习惯，比如炒菜少放点油盐，比如把一半白米饭、白馒头换成杂粮，比如把零食、甜点戒掉，就可以达到目标。这样做既不用挨饿，又不会造成营养不良，甚至每个月还可以和朋友外出就餐一两次，不影响家人团聚和社交乐趣。

最要紧的是，以合理的方式减肥，不仅无损健康，还会为美丽加分，真正给人带来长久的自信心和幸福感。

故事分享2：你是一个隐形肥胖者吗

某日去电视台录节目，其中一期的内容是减肥。

说是减肥，但在座的嘉宾们多半都十分苗条，特别是女主持人和女演员们，个个露着锁骨，手臂纤细，双腿修长。很多人都会怀疑：这样的苗条女子，也需要减肥吗？

不过，运动专家赵之心老师很快就让她们改变了对自己身材的看法。他拿出一个皮脂钳（测量皮下脂肪厚度的工具），宣布了胖的标准：小臂皮下脂肪超过0.7厘米，就要警惕了；超过1厘米，就算胖了。

美女们蜂拥而上，纷纷伸出手臂，都想证明自己是苗条的。结果却出乎意料，大部分人小臂的皮下脂肪都超过0.7厘米。

一位女主持人很不理解，自己明明很瘦，为何却被划分到胖的行列中呢？难道测量标准有误吗？

其实，人们平日所测量的体重是由3个主要部分组成的：骨骼、肌肉和脂肪。骨骼和肌肉合称为"瘦体重"，余下的就是脂肪的重量。至于每天吃的食物、喝的水，只是穿肠而过，根本不能计入体重。

哪怕体重完全相同，假如体脂率不一样，两个人的体态也可能大不相同。比如说，同样是1.64米、53千克，体重在正常范围内，体脂率为22%的女孩子看起来相当瘦；而体脂率为28%的女孩子看起来就不显得瘦了。一些美女看来很瘦，是因为她们肌肉太少，脂肪却一点不少，甚至腰腹部已经有些赘肉了。

为什么呢？这是因为脂肪是油，它的比重只有0.8左右，而肌肉主要是水分，加上蛋白质和矿物质，比重超过1.0。同样的体重，脂肪多体积就大，自然会显得臃肿。

测全身脂肪含量需要专门的仪器，测内脏脂肪更有难度。不过，也有简单的小方法。正如前面所做的那样，把皮下脂肪轻轻拉起评估皮褶厚度，就能粗略估计身体的脂肪含量。常用的部位是上臂三头肌、肩胛下、肚脐旁3个部位。买一个皮褶厚度计或皮脂钳，上面有参考值，对照自己的测定结果，就能知道身体的脂肪含量。

这些脂肪如果堆积在皮下还好，若堆积到内脏中又会怎样呢？那就会带来糖尿病、心脑血管疾病和多种癌症的患病风险，哪怕体重数据看起来很完美。

要想知道自己的内脏脂肪多不多，该怎么做呢？科学准确的方法是用计算机断层分析，而简单的方法就是量一量腰臀比，或腰围身高比。一般来说，腰围与臀围的比例越小，腰围和身高的比例越小，内脏脂肪比例就越低，人就越趋于年轻的生理状态。

在一次电视节目的现场测试当中，两位抱怨自己臀部太胖的美女，腰臀比都是0.71，实际上她们的内脏脂肪很少。而两位中年女性，虽然脸颊看起来很瘦，手臂也有皮包骨头的感觉，腰臀比却都高于0.85，这个数据表明，她们已经属于老年慢性病的高危人群。仔细一问，她们果然是多年的糖尿病患者。

如果腰围很细，但臀围大一点，大腿粗一点，说明内脏脂肪含量不高，无须刻意减肥。有些女孩为了缩小臀围和大腿围，把自己饿得两肋"排骨"凸显，胸围大幅缩水，臀围却岿然不动。骨盆大小是遗传和发育所决定的，不会因为挨饿而缩小。与其如此节食，不如直接健身塑形，增加肩背和胸部的肌肉，打造上下协调的沙漏型性感身材。

在我国经常有这样的情况，女性为了做个美丽的新娘而拼命节食减重，但她们减掉的更多是肌肉，体脂率却并没有下降。一旦怀孕成为准妈妈，稍微多吃一点东西，体脂率继续上升，这样的女性比别人更容易患妊娠糖尿病。

节目录完之后，许多美女问我："怎样才能远离隐形肥胖？"我告诉她们，除了增加运动，饮食调整也很重要，远离"垃圾食品"，选择营养合理的饮食。所谓"垃圾食品"，其实就是容易让人体增加脂肪的食品；而营养合理的饮食，有助于人体保持肌肉紧实的状态。

你是不是一个隐形肥胖者

即便体重在正常范围内，有些女性也该减肥。大家可以去社区医院的"健康小屋"测定自己的体脂率、肌肉量是否在合理范围中，也可以去体能测试中心和医院体检中心进行测定。不过，也有一些简单方法来初步判断体重正常的人是否存在体脂率偏高、肌肉比例过低的问题。

不妨自测一下，你有没有以下情况？

◆ 腰腹部有没有"游泳圈"？

◆ 后腰上能不能捏起来很多肉？

◆ 小肚子上的肉捏起来是不是像一本字典那么厚？

- ◆ 胸罩能在背上勒出深沟吗?
- ◆ 腋下有多余的赘肉吗?
- ◆ 有没有双下巴?
- ◆ 上臂松垮,伸开时有"蝴蝶袖"吗?
- ◆ 前臂松软,能捏起很厚的脂肪吗?
- ◆ 小腿松软,甚至一走路肌肉就颤抖?

如果在45岁以前就出现这些情况,提示体脂率过高,肌肉比例不足,而体脂率过高,才是真正意义上的"胖",当然需要减肥。只不过,这种减肥不能靠节食,而要以运动健身为主,加强内脏功能,增加肌肉比例,减少脂肪比例。

对体重不足的人来说,需要找出体重偏低的原因,弄清是肌肉不足还是脂肪不足,或两者都不足,然后有针对性地改变生活习惯,逐渐增加体重。特别是对遗传性瘦子来说,增加体重一样需要在日常生活中持续努力,并非大吃几餐就能解决。

第二章

赘肉是怎样偷偷
侵入身体的

1 预防肥胖的七大关键时期

有一次我参加一个有关减肥的电视节目，在节目中见到一位体重高达140千克的女士。这位女士性格开朗，家庭和谐，事业顺利，但她亲眼看到肥胖的母亲孕育孩子时经历的种种艰难和惊险，特别是所生孩子的身体状况明显较普通孩子差，难免为自己的体重而发愁。

这位女士说，她出生时体重很正常，但父母和祖父母对她加倍呵护，每2小时就喂一次奶，早早就添加了米粉、蛋黄、肉类等各种食物，喂食量远远超过普通婴儿，并深为她的肥胖而自豪。就这样，自记事开始，她就比小伙伴们胖。

进入青春期时，她的体重已经达到70千克。她也想像其他女孩那样拥有窈窕的身材，于是参加了一个"减肥训练营"。当时的确瘦下去10千克，但训练结束之后体重很快反弹到80千克。此后，她几乎尝试了能找到的各种减肥方法和产品，结果却事与愿违。有些方法完全不奏效，而有些方法当时见了效，之后又反弹了。就这样，她慢慢地由70千克"减"成了140千克。工作之后，她事业繁忙，无暇顾及饮食营养，也没有健身习惯，运动量一直很少，减肥就更加无望。

从这位女士的经历中，我们可以总结出人生容易发胖的四大关键时期。

关键期一：生命早期的致肥隐患

生命早期的肥胖，会使人体形成容易发胖的代谢模式。母亲在孕前体重过高，母亲孕期体重增加过多，出生体重过高，2岁之前被家长喂养得过度肥胖……这些都是成年期发胖的重要的危险因素。这位女士正是在生命早期形成肥胖体质的一个案例。

关键期二：儿童期和少年期形成错误的饮食习惯

儿童期和少年期的家庭饮食习惯不合理，使超重或肥胖者从小形成容易致肥的错误饮食习惯。这位女士说，从小家里基本看不到绿叶蔬菜，蔬菜总量也很少，三餐主要是精白淀粉主食加上油脂和肉类的组合，调味也比较重。这是最常见的致肥饮食习惯，特点是食物中蔬菜、杂粮、豆类比例过少，精白主食过量，烹调用油过多，能量高，膳食纤维含量低，餐后血糖和血脂上升幅度大。这些错误习惯很可能持续一生，危害一生。

关键期三：就业之后过劳致肥

很多在学生时代体重正常的人，就业之后体重逐渐增长到不健康状态。很多人像这位女士一样，三餐凑合，无暇健身，把挣钱放在第一位，把照顾自己的饮食起居放在最后一位，结果就是"压力致肥"和"过劳肥"。

关键期四：错误减肥后反弹致肥

很大比例的肥胖者不是踏踏实实地消除致肥因素，而是急功近利，尝试各种流行减肥方法，导致代谢紊乱，减肥越来越难，甚至严重影响到生育能力和孕育质量。如果这位女士在青春期第一次减肥时使用正确的方法，她有很大概率可以在半年之内就改变形象，从此成为一位健康的女性。但遗憾的是，她没有寻求专业的营养指导，而参加了所谓的"减肥训练营"，又把自己当成"小白鼠"，不断尝试各种不科学的减肥方法，结果减肥10年，体重翻倍。

除以上四大关键时期之外，还有三大关键致肥时期，也不能不防。

关键期五：孕期和哺乳期没有做好体重管理

很多女性在生育之后发胖，窈窕身材一去不返，她们将这归结为养育孩子的代价，但这完全不能让孩子"背锅"。这些女性在孕期不注意营养平衡，误以为体重增加越多越好；在哺乳期，又拼命喝各种油汤，让肥肉长在自己身上。实际上，孕期体重增加过多、过快，会增加母子双方将来罹患糖尿病和肥胖的风险，研究发现，还可能影响婴儿的智力发育。特别是孕前肥胖者，更要严格控制孕期的体重增加。哺乳期只要保持合理的营养供给，就能在保证泌乳充足的同时降低体重。

关键期六：中年时期没有预防发福

由于基础代谢率下降，体力活动减少，40岁后体重非常容易上升。女性进入更年期时，由于激素水平的变化，更容易出现腰腹肥胖的问题，此时不能以"年龄大了"为理由纵容自己。只要在饮食和运动两方面加强管理，即便年过半百，照样可以基本保持肌肤紧实、线条流畅的身材，而且也能降低患糖尿病、心脑血管疾病、乳腺癌、肠癌、胆囊疾病等的风险。

关键期七：患病卧床期没有注意调整饮食

疾病、外伤致肥也不可不防。除了使用某些激素、药物会引起肥胖之外，长期卧床也会因为缺乏体力活动，造成肌肉萎缩、基础代谢率下降，使很多原本体形正常的人变成肥胖者。若康复之后不努力健身，可能肥肉缠绵不去，很难再回到之前的苗条身材。

对比以上几点，看一看你现在处于哪个时期？如果你已经出现发福迹象，一定要趁着肥肉立足未稳，赶紧采取健康的减肥措施。否则，放纵肥肉泛滥之后，再使用错误方法减肥，将会付出沉重代价，让人后悔莫及。

2 没有无缘无故的瘦，也没有无缘无故的胖

在现代社会中，减肥问题往往会形成一个奇怪的循环。

各种食物的生产者不遗余力地诱惑我们多吃东西。加工食品的广告创意百出，各种饮食机构在提高食品口味方面也挖空心思。所谓"好吃你就多吃点"，如今的食品越来越注重吸引人们的味蕾。

品尝美食固然是一种享受，吃完这些食物的后果却需要我们自己来承担。多吃的食物变成赘肉长到身上，我们就会为赘肉而烦恼，然后考虑花钱健身；天天健身难以坚持，可是看到自己越来越胖实在烦恼，就可能花钱买减肥药；减肥药或许有效果，但停药后很快又反弹，这时候可能又会花钱去医院针灸、吸脂；过不久体重又反弹，然后再考虑用什么新方法减肥……

一旦恶性循环开始，便会不断地长胖、不断地烦恼，一次又一次减肥、一次又一次反弹，花费大量时间、精力和金钱。推动了减肥产业，拉动了国内生产总值（GDP），但到最后，大部分人并没能得到自己想要的健康苗条的状态。

我们必须及时走出这种恶性循环。要打破恶性循环，需要知道问题出在哪里，知道胖是从哪里来的。世界上没有无缘无故的瘦，也没有无缘无故的胖。

除了那些因为吃药、使用激素和某些特殊疾病而发胖的人之外，绝大部分人发胖的症结其实是错误的体重控制观念和错误的饮食知识。饮食不合理，体力活动不足，导致能量不平衡，再加上饮食营养不足，造成肌肉不足、体能低下、代谢率难以提升，更容易长胖。

这就好比你挣了一笔钱，总是存起来不花，或者说需要花钱的地方特别少，那么存的钱就会越来越多。食物中的能量就像我们的收入，身上的赘肉就好比我们存下的钱，我们的生命活动、各种工作和运动等都要消耗能量，就相当于花钱支出。如果存入和支出的平衡被打破，支出总是太少，那么储存的赘肉就会越来越多。

所以，要保持收支平衡，无论如何，都需要每周甚至每天遵循"管住嘴、迈开腿"这个基本原则。无论是靠抽脂去掉大量脂肪，还是靠吃减肥药瘦下来，或者靠饥饿、辟谷等方法减肥，都是暂时的，不可能真正解决超重或肥胖的问题。如果摄入和消耗的能量不能保持平衡，肥肉早晚都会长回来的。就像花了一笔钱之后，如果每个月挣钱比花钱多的基本状态没有改变，还是会逐渐存起来一笔钱。存钱当然是好事，存赘肉就不是好事了。

不过，保持平衡这件事说起来简单，做起来却不简单。本书后面的内容，会和大家仔细讨论这个极为复杂的问题。

3 胖瘦真是遗传的吗

不得不承认，人和人的遗传基因不一样，体质也不一样。这对胖瘦的确有影响，对减肥和增重的难易程度也有影响。

研究者们的确在动物实验中发现了很多和胖瘦有关的基因。当某些基因发生变异，或消除某些特定基因之后，老鼠会变得特别容易发胖。比如说有肥胖基因的老鼠，天生有正常老鼠2倍那么胖；还有Zucker（肥胖）大鼠，既肥胖，又有高血压。这些"天生"肥胖的动物品种，常常用作肥胖研究的动物模型。

在人类当中，我们也能观察到，有些家族瘦弱者多，有些家族肥胖者多。一方面，家族成员的饮食习惯比较相近，会让他们容易集体发胖，或一起保持苗条；另一方面，不能否认，遗传因素也发挥了重要的作用。

研究者们推测，在远古时代，人类经常被各种饥荒所困。其中一部分人经过长期的自然选择，能够在食物并不太充足的情况下储备一些脂肪，少消耗一些能量，以便更好地耐受饥荒，这可能是有利于人类在艰难环境下生存的特性。但是，在食物丰足的时代，这种基因特点就成为导致肥胖的重要遗传因素。

很不幸，我们亚洲人比欧美人和非洲人更容易"偷着胖"，因为在同样的体重下，亚洲人肌肉少、骨骼轻，脂肪的比例偏高。于是，在看上去并不太胖的情况下，亚洲人更容易出现糖尿病、心脑血管疾病、痛风等肥胖者容易患的疾病，而要想靠少吃减肥，却似乎比那些肌肉充实的欧洲和非洲人更难一些。

所以，"人比人气死人"这话是真的。不要说"我同学不注意饮食，各种零食随便吃，她却总是那么苗条"，也不要说"我同事根本不运动，她的腰还是那么细，我运动了3个月，小肚腩还没有全下去"，本来基因就不一样，身体基础也不一样。

不过，一味抱怨遗传基因，除了让人自暴自弃之外，并没有实际意义。基因型是千万年来形成的，不可能在几十年中发生改变。我们不妨思考一个简单的事实：同样的基因，为什么中国40年前很少能见到肥胖者，如今却胖子遍地呢？显然，基因以外的其他因素，比如运动减少、食物变化等，起到了更重要的作用。

人类学方面的学者研究发现，在富裕社会中，人们在生活中因为体力活动消耗的能量，不到5000年前人们体力活动消耗的2/3。过去是"交通完全靠走，工作（家务）完全靠手，有时冷了还要靠抖"，现在交通都有汽车、飞机，家务依靠电器，冬天有暖气，夏天有空调，甚至有些人懒到买菜用手机App让人送货上门，用餐也用App叫来外卖，连盘子都不用洗……省下来的这些体力活动耗能，不就变成肥肉存在我们的身上了吗？

另外，即便具有同样遗传基因的人，在体质上也存在差异。比如有些人，他们的父母都不强壮，但他们从小获得良好的营养，又经常去健身房运动，日常勤于参加各种运动，结果长成了骨骼充实、肌肉发达的强壮体格。也有些人，他们的父母身材正常，根本不胖，但他们从小没有得到合理的营养，乱吃零食，又缺乏运动，结果长得虚胖臃肿。所以，后天养育和生活习惯比遗传因素更为重要，遗传因素是我们不能改变的，而饮食习惯、运动习惯等生活方式却是我们可以改变的。

只要体重在正常范围之内，具体数值不是最要紧的，关键是"充实""流畅""活跃"，就是肌肉紧实、线条悦目、体能良好。紧实流畅的线条，意味着肌肉充实、没有赘肉；体能好、活力强，意味着内脏功能良好，代谢正常。

为什么肌肉充实和体能良好这么重要？因为它与每个人身体的动力大小有关。肌肉量和内脏功能相当于我们身体的"马达"，决定了我们的能量消耗水平。与女性相比，男性在年轻时更不容易发胖。由于雄激素的作用，年轻男性肌肉充实，脂肪率低，基础代谢率高。他们怕热而不怕冷，身体力量远强于女性，属于"大排量的车子"，"油耗"比较大，即便吃得多也不容易发胖。

但是，即便同为"油耗"比男性小的女性，即便拥有同样的基因，每个人的情况也是不同的。比如，长期营养摄取不合理，身体肌肉薄弱、内脏功能低下，整体活力不足，那么就会是一辆"省油的小车"，爬坡加油没劲，"油耗"还特别低。这样的人，平日无精打采，身体怕冷，没有力气，吃得少但往往也瘦不下去。汽车省油是好事，饥荒时代省粮食也是好事，但在食物丰足的时代，"节省"的身体就比别人更容易发胖。

反过来，如果营养摄取合理，那么吃入的食物能够顺利地变成工作、学习、运动的活力，变成让身体温暖的热量，既能享受高质量的生活，又能预防赘肉上身，这不是最好的状态吗？

综合以上，无论基因怎样，我们都要通过合理的饮食和运动，让自己进入最好的状态，这就是传说中"不易胖"的体质。只要保持这种状态，就能长期保持苗条的身材，远离各种慢性病，还能让自己精力充沛，在工作、学习、生活等各方面都获得优势。

如果长期饮食不合理，就会逐渐变成容易发胖的体质，各种负面影响也会随之而来，如活力下降、容易疲劳、脸色暗淡、皮肤质量下降，甚至出现各种疾病。

4 多余的能量是哪里来的

赘肉，实际上就是身体储存起来的多余的能量。这些能量主要来源于食物中的3种成分。

（1）各种形式的脂肪，来自烹调时添加的植物油、动物性食品中的脂肪等。

（2）碳水化合物，主要是淀粉和糖，来自各种主食、薯类、甜点、饮料、水果等。

（3）蛋白质，来自肉、鱼、蛋、奶、豆制品和粮食等。

这3种成分都含有能量，吃得太多都有可能让人增加脂肪。比如，炒菜多放油，喝水加了糖，多吃一碗米饭，多吃几块肉，都会增加一天当中的能量供应，促进人体储存脂肪。

比较而言，三者当中脂肪最容易令人长胖，蛋白质最不容易令人长胖。食物中含有的各种维生素、矿物质、膳食纤维和水分，都是不会让人长胖的。

"喝凉水也长肉"这种事情根本就不存在。如果你认同这个说法，要么是因为长期营养不良或节食导致体质太差，要么是因为自己主观上不想承担发胖的责任。

水是不含能量的，而油里含有大量的能量。如果大家还相信能量守恒定律，就知道水变油是不可能的，肥肉是脂肪，也就是固态的油，所以它不可能来源于水。

要消除赘肉，就要消耗身体中储备的脂肪，也就是多余的能量。我们平日都讲要"开源节流"，减肥就要讲"节源开流"，那么，摄入的能量会"流"到哪里去呢？

人体的能量消耗，主要由3个方面组成，包括基础代谢，进食时身体发热的消耗，还有各种体力活动和脑力活动的消耗。进食发热（食物热效应）暂时抛下不说，另外两个方面可以分成3个部分来考虑。

基础代谢

一个人即使躺着不动，仅仅维持生命活动本身就要消耗能量，这就称作基础代谢。比如一个人的呼吸、心跳、血液循环、内脏功能和体温的维持，都要消耗能量。

这就好比一辆车，即便不让它跑起来，仅仅启动它的发动机就要耗能（怠速下的耗油）。一个人的身体功能越是强大，肌肉越是充实，基础代谢率就越高，也就是说，即使是躺着不动也会比别人多耗费能量。对未成年人和受伤恢复者来说，生长发育和组织修复也需要额外耗能。

基础代谢率的高低是由身体状态决定的，不会以人的意志为转移。在衰老的过程中，人的基础代谢率不断下降，所以，即便吃同样多的东西，也会随着年龄的增长越来越容易变胖。从某种意义上来说，预防衰老也是在预防肥胖。

日常轻微活动

日常活动不是刻意运动，只是正常的家居活动、办公室活动等。进行日常活动也是要耗费能量的。一般来讲，走着比站着多耗能，站着比坐着多耗能，坐着比躺着多耗能。现代人容易发胖的一个重要原因，就是日常活动消耗的能量不断下降。

几十年前，人们的日常活动耗能还比较多。哪怕不做农活，也不去工厂，仅仅做个家庭主妇，也有相当多的体力活动，一天难得坐下来歇一会儿。过去没有自来水，要自己去远处挑水；没有燃气灶，要自己砍柴、劈柴、生火；没有方便食品和外卖，做饭都要从择菜、洗菜、切菜做起；没有洗衣机，洗衣服要用搓板搓，或用洗衣棒来打，甚至干活时背上还要背着孩子……

而现在的都市人，日常活动中的耗能已经省得不能再省了。许多人每天都坐着不动，上班坐着面对电脑，出门坐车，家务靠电器，联系工作靠手机，买东西靠快递小哥送货上门，能量消耗越来越少。所以说，过去哪怕没有体育锻炼，人们三餐大碗吃饭都很难变胖，可是现在不同了，人们不光要少吃，还要加上有益的体育锻炼，才能维持正常的体重。

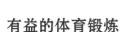

有益的体育锻炼

　　为了弥补日常消耗的不足，各国营养学专家都建议国民进行体育锻炼。我国专家建议，除了日常生活的活动之外，每天至少快走6000步，相当于3000~4000米的距离，或者采取符合身体状况、自己又乐于长期坚持的其他运动形式。每天努力给自己增加因为活动而身体发热的机会，就是预防肥肉上身的最大秘诀。

　　所以，想瘦的人应当好好思考一下，自己在这3个方面的耗能如何。

　　首先，基础代谢率高不高，自身的活力强不强。

　　其次，日常生活中是不是比较勤快，有没有足够的活动量。

　　再次，如果生活中没有活动的机会，是否主动参加一些体育活动。

　　要是基础代谢率本来就低，后两项的活动量又不足，那么，随着岁月流逝，长胖就是很自然的结果。动得很少的人，哪怕吃得不多，也照样会发胖。

　　只有找到问题的症结所在，才能真正解决问题。饮食上有问题，在饮食上找；运动上有问题，就在运动上找。有些人会说："我的基础代谢率本来就低啊！"其实，这些人一般是不爱运动的人，因为除了有甲状腺功能减退之类的疾病，否则只要有运动习惯，基础代谢率通常都不会太低。

　　对于大部分人来说，饮食方面未必会有很大的问题，主要都是在"动"上出了问题。这个根本原因不解决，就算靠吃减肥药瘦了5千克，只要错误的生活方式不改，迟早还是会胖回去的。

　　一听到要运动，很多女性在情绪上都会非常抵触，这恰恰是我们要解决的关键问题。如果大家能轻轻松松地控制好饮食，又能快快乐乐地运动，把一进一出管好，就很容易保持苗条的身材。本书就是要帮助大家做到这一点。

5 为什么脑力劳动者更容易发胖

　　某日，一位朋友的同事向她提问："脑力劳动也算劳动吧？体力劳动时消耗脂肪，那脑力劳动时消耗什么呢？"她答："大概是消耗葡萄糖吧。"然后那位同事又问："消耗了葡萄糖，为什么我还是瘦不下来呢？"她被问住了，于是来问我。

　　其实对这个问题感到疑惑的朋友不在少数。比如，每年到了复习考研、考证的季节，很多女生都因为身体发胖而烦恼。一方面，她们觉得复习期间特别容易饿，不吃点东西就无法集中精力看书；另一方面，她们发现此时肚子上特别容易长肥肉。这是为什么呢？

其中当然是有原因的，秘密就在于大脑的"特殊胃口"。大脑和整个神经系统都有自己的"甜口味"，它们极度偏爱葡萄糖，依靠葡萄糖来供应能量，而不喜欢使用脂肪。一旦血液中的葡萄糖含量降到一定的水平，大脑的工作效率就会降低，出现注意力难以集中、思维迟钝、昏昏欲睡的状况。如果葡萄糖供应严重不足，大脑就要闹罢工，我们就会眼前发黑、意识模糊，甚至因为低血糖而昏迷。

相比而言，肌肉就不那么"挑食"。虽然肌肉也优先使用葡萄糖，但是血液中葡萄糖含量较低的时候，它们很愿意更换能源，靠消耗脂肪来供能。短跑的时候是消耗血糖的，但因为血糖总量有限，糖原储备也不多，需要留给大脑使用，所以不能放开了用。肌肉组织相当懂得"顾全大局"，所以长跑的时候以消耗脂肪为主，所以，只要坚持长距离跑步或快走，减肥的效果相当好。

如果要复习考试，或者一天到晚需要做其他高强度的脑力活动呢？大脑要求供应葡萄糖，血糖就必须供应得上。当血糖被大脑使用而降低到一定程度之后，人的感觉就是饥饿来袭，食欲上升，所以，用脑强度大的时候，会更容易饿，更想多吃淀粉类食物或甜食等高能量食物。

可能你会问，既然大脑都把葡萄糖用掉了，怎么还会胖呢？身体拿什么来合成脂肪呢？

症结在于，三餐食物中本来就含有脂肪，因为复习考试期间肌肉基本没有运动，消耗的脂肪非常少，大脑又不用这些脂肪，所以，食物中的碳水化合物转变的葡萄糖固然能够被优先消耗掉，但体力活动太少，三餐中摄取的脂肪却很容易"富余"，变成身上的肥肉。

最糟糕的一种情况是，吃的是高血糖指数（glycemic index，GI）的食物，如精白细软的淀粉类食物，以及各种甜食，它们飞快地升高血糖，过高的血糖又迫使大批胰岛素出动。胰岛素本应把大部分葡萄糖赶进肌肉细胞里，存成肌糖原，或通过运动消耗掉，但是，很多脑力劳动者肌肉本来不发达，运动量又实在太少，肌肉接纳葡萄糖的能力有限，于是一部分葡萄糖就只能被用于合成脂肪。胰岛素的功能之一就是抑制脂肪的分解，促进脂肪的合成，所以，血糖控制能力出现问题的人易胖难瘦。

我们在学校里经常看到这种情况：本来很纤弱的女学生，经过一段时间的考研复习，往往会胖不少；那些整天忙着开会、忙着写项目报告的博士和教授们，肚子越来越"膨胀"……原因就在于此。

也有人会问："看那些历史人物的画像，文人墨客都是仙风道骨的样子；历史上那些学问大家，似乎也都是偏瘦的体形，他们怎么没有发胖呢？我们现在的学者、教授为何很多人都大腹便便呢？"

说来说去，我们和古人的主要区别，就是食物的充足性和生活的便利性。古人没有加工食品，没有开袋即食，没有煤气灶和微波炉，没有电饭锅和烤箱。他们要做一餐饭相当麻烦，从点火到做熟需要不短的时间。两餐之间没有饼干、蛋糕，没有薯片，也没有甜品……所以，如果不是奴仆成群的富豪，每天吃饱三餐就很不容易，即便是动脑子之后更容易饿，两餐之间也没有什么零食可吃，只能硬扛。只要吃到一点美食，就幸福感爆棚，撰文赋诗加以纪念。过这样的生活，身体自然很难发胖。

既然已经知道了其中的道理，要想远离这种因为动脑多、动腿少而造成的肥胖，其实也不难。一方面，要改变运动少的错误生活习惯，每天至少运动半小时。磨刀不误砍柴工，运动之后，全身血液循环通畅，大脑供血供氧充足，餐后困倦、一动脑子就想睡的问题一扫而光，学习效率反而更高，工作效果也自然更好。另一方面，要避免餐后血糖快速上升，让血糖保持在正常范围内，无须劳烦胰岛素大部队出动应急。方案之一是吃消化速度慢、升糖指数低的食物，用杂粮替代白米白面，配合数量充足的蔬菜和少量肉蛋奶。方案之二是一日多餐，三餐时减少主食，餐后2小时再加一点水果或酸奶，让血糖波动变得更加平缓。

各位正在紧张复习的同学们，各位常常加班的白领朋友们，不妨按这些方案试试。

6 识破压力增肥的阴谋

人们的生活会随着一年四季发生规律性变化。每到秋凉时节，往往是压力变大的关键时期，眼看离年终只剩下一两个月，怎能不急忙赶工呢？否则评比、考核、晋升的事情，拿什么去应付呢？

说到这里，很多人都会被一个问题困扰：都说工作辛苦会让人瘦，如今很多人却是越忙越肥。一位美女沮丧地说："每天累得发晕，眼睛熬得像熊猫一样，腰围也像熊猫一样日益加粗！是压力和肥胖之间有什么阴谋协议，还是自己真的吃错了？"

虽然是随口一说，不想却正中靶心——这两句话，碰巧都说对了。

有关研究发现，精神压力过大的确会令人发胖。

在远古时期，压力主要来自觅食和求生。比如被野兽追赶时，人们只有两种选择：搏斗或逃跑。两者都要耗费极大的体能，为了供应求生所必需的能量，身体会释放出肾上腺素这种压力激素，升高血压，提高血糖水平，为肌肉运动做好准备。跑过了，搏过了，血糖消耗了，压力激素自然就降下来了，所以，肾上腺素本身并不会令人发胖，它只是让身体进入高强度运动前的一种准备状态。心情紧张的时候，只要做做运动就能让身体放松下来，也正是因为这个机制。

可惜，现代人的压力都是慢性精神压力，与肌肉运动几乎无关。血糖、血压升高之后，坐在办公室里加班，无处消耗这些集中在血液中的能量。身体这样一天到晚处于高血糖状态，就会提高胰岛素的产生量，而胰岛素降低血糖的秘诀之一，就是促进脂肪合成，抑制脂肪分解，自然容易发胖。

还有研究证明，睡眠不足、情绪不安都容易造成食欲控制紊乱。睡眠不足时，人们对饱饿的敏感度会下降，很难控制食量；而情绪不安时，由于甜味的食品会带来暂时的安慰，人们会更加向往甜食。特别是女性，很多女性都有"情感进食"倾向，一旦心情烦闷、沮丧、痛苦，就会大吃高脂肪、高能量的甜食点心或零食。吃过之后，暂时性的安慰很快过去，身体重新回归痛苦，于是又一次食欲大增，形成恶性循环。不用说，这些都是肥胖的隐患。

另外，主动选择错误的食品，也是使压力与肥胖相联系的重要原因。

许多人喜欢在辛苦的工作之后慰劳自己，动脑子多嘛，听说鱼比较补脑，就给自己点条麻辣烤鱼；听说需要优质蛋白，就给自己来盘烤牛排；晚上加班或熬夜，就有理由吃炸薯片和酥脆饼干；情绪低落，更有理由给自己买块奶酪蛋糕……其实，这些食物不但不利于提高工作效率，反而是在给大脑找麻烦。

无论工作怎样繁忙，如果不进行增肌训练，每天只需要60~70克蛋白质。50克肉，50克鱼，一个蛋，一杯奶，少量豆制品，加上每餐一碗主食，半斤水果，一斤蔬菜，再加少量坚果，已经足够。过多的油腻食物和甜食点心，不仅无益于大脑工作，还会增加身体代谢的负担，简直就是给自己添乱。

人体在精神压力巨大的时候，自主神经功能受到抑制，消化道的血液供应不足，消化吸收功能就会明显受到影响。如果休息不足、睡眠不佳，更会妨碍消化道细胞的更新和修复，甚至容易造成"食物慢性过敏"，常见症状之一，就是莫名其妙发胖。

在各种食物中，人体消化、吸收、代谢起来最为麻烦的就是高蛋白、高脂肪的食物。蛋白质类食物的消化需要较多的胃酸和蛋白酶，氨基酸被吸收之后的后期处理也最复杂，所以摄入过量高蛋白食物，给胃和肝造成的压力都比较大；而脂肪多的食物不仅胃排空慢，还需要较多的胆汁来帮忙。

要想长时间稳定地释放能量，保持体能和情绪的稳定，就要吃"慢消化碳水化合物"，也就是各种全谷杂粮、豆类。如果只吃白米饭、白面包、白馒头和各种甜食，血糖忽高忽低，不仅不利于食欲控制，工作效率和思维能力也无法长期维持稳定。

干了一天体力活，用大鱼大肉慰劳自己还是可以的；干了一天脑力活，饭后还要继续干下去，就不能多吃肥甘厚腻的食物，也要减少白米白面的比例，更要远离各种甜食，否则，脑力没补上，倒是把肚子上的肥肉给补足了。

所以，要想跳出"压力—肥胖"的怪圈，就要选择低脂肪、高纤维食物，尽量降低消化系统对人体能量的消耗，才能保证精力充沛、思维敏捷、腰身苗条。具体该怎么做，本书后面的部分还会详细说明。

7 睡不好觉会让你发胖吗

某位女士每晚11点准时睡觉，周围的朋友都对她冷嘲热讽："这么年轻，就过上老年人的生活了？年轻就是资本，年轻就是任性，想几点睡就几点睡！"

的确，年轻的时候人们往往不爱惜自己的身体，忽略低质量睡眠的种种巨大危害。其实，睡不好觉的害处之大远远超过人们的想象。相关研究证据越来越多，有专业人士对睡眠与死亡率方面的多项纵向研究做了汇总分析，结果表明睡眠质量与全因死亡率之间存在关系（Cappuccio，2010）。

一项发表于《睡眠》（*Sleep*）杂志上的研究发现，睡眠质量与患糖尿病的风险有显著相关性（Gangwisch，2007）。另外，无论是睡眠时间不足，还是入睡困难导致睡眠不足，都会增加患高血压的风险。《高血压》（*Hypertension*）杂志发表的最新研究提示，和正常睡眠者相比，入眠时间长的人患高血压的风险可增加400%（Li，2015）。还有多项研究表明，实际睡眠时间与患心血管疾病的风险之间也有关系（Knutson，2010）。

与睡眠有关的死亡原因，不仅包括冠心病和脑卒中，还包括癌症。流行病学调查发现，睡眠质量与患甲状腺癌的风险关系密切。数据分析表明，体重正常的女性如果睡眠质量低，患甲状腺疾病的风险会上升71%。《癌症研究》（*Cancer Research*）杂志2014年刊载的一项研究结果表明，睡眠质量差会加速癌细胞的生长，提高肿瘤的侵袭能力，抑制免疫系统控制和清除早期癌细胞的能力。2014年发表于《分子生物学》（*Molecular Biology*）杂志上的最新研究证实，睡眠节奏紊乱时，体内与清除癌细胞相关的特定蛋白质的合成会下降，由此确认睡眠和患癌风险有直接关联。

或许，你觉得癌症和慢性病还是很多年之后的事情，并不在乎增加患病风险的问题。不过，有些事情年轻人也会很关心，比如脸色暗淡、掉头发、发胖等。说到肥胖，估计女士们都会惊讶，睡觉居然和发胖有关？不是说熬夜能让人瘦吗？

成人睡眠质量与肥胖之间的汇总分析证实，实际睡眠时间不到5小时的人发胖的危险，与睡眠7~8小时的正常人相比，女性是2.3倍，男性则是3.7倍（Patel，2008）。睡眠与肥胖的关系不仅在成人中存在，实际睡眠时间和儿童肥胖程度之间也有关系（Cappuccio，2008），婴幼儿与儿童睡眠不足，甚至已经成为发胖的早期风险因素之一，各项研究结果相当一致（Magee，2012）。

那么，为什么睡眠不足和睡眠质量差会造成肥胖呢？

一项研究发现，在体重正常的人中，睡眠减少会增加人体的能量摄入，却不会增加人体的能量消耗（Schmid，2009）。较早的研究就已经发现，能量摄入增加的原因，有可能是控制食欲的能力下降。人体的食欲调控机制非常复杂，其中一个重要的调控激素是胃细胞分泌的"饥饿素"，而在睡眠不足的情况下，"饥饿素"的分泌量会上升，使人们产生更明显的饥饿感，容易发生饮食过量的情况（Schmid，2008）。

也有很多人表示："我睡眠不足的时候食欲不太好，并没有吃更多的东西，为什么也会发胖呢？"另一项发表于《美国临床营养学杂志》（*The American Journal of Clinical Nutrition*）上的研究解释了这个问题。这项研究发现，睡眠减少的受试者食量并未显著增加，但是白天精神不振，在自由生活状态下，体力活动量会显著下降，这样就会降低人体的能量消耗，造成能量正平衡，从而增加体重（St-Onge，2011）。

这个解释似乎更加合情合理，因为我们都有同样的感受：在睡不好觉的时候，无论是实际睡眠时间不足，还是睡眠质量低下，都会让人在白天时感觉昏昏沉沉，全身酸懒，缺乏活力。在这种状态下，很难产生运动健身的愿望，日常活动也变得不那么积极，连路都懒得多走几步，消耗的能量自然也就少了。

总之，睡眠不佳，无论是让我们食欲紊乱且无法控制食量，还是让我们精神萎靡而减少体力活动，或者还有其他的机制，都是实实在在的致肥风险因素，证据确凿。

对中老年人来说，他们年轻的时候，因为网络和智能手机尚未普及，曾经有过多年早睡早起的正常生活，身体底子较好。而如今的年轻人甚至青少年，从小被沉重的课业压力所折磨，上小学时就要到晚上11点才睡觉；到了高中甚至会通宵达旦地备考，长期深夜12点后才能睡觉（幸好还有寒暑假，让学生们能睡足一点）；大学和研究生阶段则没人管理，只要学校不强制熄灯，学生可以随心所欲地熬夜，即便自己想早点睡也很困难，因为室友们可能过了深夜12点还在打游戏、聊天、看碟……

这样长期睡眠质量低下或睡眠不足，以这个状态走上工作岗位，应付沉重的工作负担，更会时常感觉疲惫不堪，懒得活动。此时，已经过了身体活力最强的时期，基础代谢率呈现下降趋势，加上每天坐在办公室里，体力活动减少，即便没有多吃东西，也还是难逃发胖的命运。

该从哪里开始解决身体疲乏不想动的问题呢？我的建议是，先选好一个周末作为行动日，前一天晚上10点就上床休息，早上睡到自然醒，睡饱之后，再精神饱满地出门运动，然后从此开始早睡早起、每天运动的健康生活模式，收获苗条身材和满满活力。

从睡好觉开始，打破少睡—少动—发胖—节食减肥—活力下降—体重反弹的恶性循环吧！

8 升级做妈妈，一定会发胖吗

想到孕妇，人们不仅会想到膨大的腹部，还会想到圆润的脸和肥胖的身体。正因如此，想到生育，女孩首先想到的就是身材走形，从苗条轻盈的女神变成腰粗腹圆的胖子。其实，生育和肥胖之间并无必然的联系，把身材走形归罪于孩子更是不公平。让人发胖的其实是错误的孕期、产后饮食方式，以及体力活动严重不足的生活状态。

按我国的建议，孕中期开始，每周增加0.3~0.5千克体重，孕期全程增加10~13千克。不过，具体增重数据与身体状况有关，在胎儿正常发育的基础上，并没有一个硬性标准。孕前瘦弱的准妈妈宜多增加体重，而孕前超重或肥胖的准妈妈宜少增加体重。美国推荐孕期增重9.0~11.5千克。

如果准妈妈原本有超重或肥胖的问题，要更严格地控制增重。一项汇总分析对

74000多名各国的超重肥胖孕妇进行了研究，结论是孕前体重较大的孕妇，在孕期应当减少体重增长。对轻度肥胖的孕妇来说，孕期增加5~9千克即可，中度肥胖者增加1~5千克，而重度肥胖孕妇在孕期全程可以完全不增加体重，这样胎儿和母体的患病风险都会比较小（Faucher，2015）。

在我国，孕妇肥胖，以及孕期增重过快的害处，往往被孕妇本人及其家庭忽视。人们对孕期体重增加不足的担心，远远超过对孕期体重增加过度的恐惧。很多准妈妈从孕中期开始大吃大喝，孕期全程增加体重15~20千克，甚至增加30千克的也不乏其人。如果体重增加达不到预期，很多家庭都会忧心忡忡，对体重过大的情况却大多安之若素，总觉得"母肥儿壮"，认为准妈妈胖点更好。

孕期母亲体重增加迅速，真能让孩子发育得更好吗？事实并非如此，《美国临床营养学杂志》分析了母亲体重增加和孩子体成分之间的关系，发现准妈妈在孕期体重增加过多，会增加孩子的出生体重，让孩子更容易成为巨大儿（出生体重超过4千克），但宝宝只是体脂率增加，非脂体重（脂肪以外的有用组织）并不会增加。也就是说，宝宝只是更胖，并不比其他孩子发育得更好，这种影响甚至会持续到孩子6~7岁时（Crozier，2010）。

实际上，孕期增重过度的危害，早就是国际上营养学研究的热点之一。大量研究发现，孕期体重增加过多、过快，会增加妊娠糖尿病和妊娠高血压的风险，增加巨大儿和剖宫产的风险，给母亲的生产过程带来更多的危险，而且还会增加母亲未来患糖尿病的风险。

母亲孕期增重过度，对胎儿来说也有极大的危险。研究证明，母亲孕期体重过度增加会给婴儿带来很多危害，包括出生畸形率上升、出生缺氧风险增大、婴儿死亡率上升等。即便母亲孕前体重正常，与孕期增重正常的母亲相比，孕期增重过度的母亲所生的宝宝，更容易发生儿童期和成年期的肥胖症，将来也更容易患心脑血管疾病（Gaillard，2015）。还有研究提示，孕期增重过度，还会增加宝宝未来罹患哮喘病的风险（Forno，2014）。观察我国孕妇肥胖的普遍现状，让人不能不心生忧虑。

人们都知道，孕期最后3个月才是体重增长最快的时期，之所以在孕中期就要考虑体重控制问题，是因为如果在孕中期胃口变好时完全不考虑控制体重增加的问题，到28周糖尿病筛查时才开始警惕，很可能已经出现体重过度增加和血糖控制能力下降的问题。为了管理血糖，准妈妈后期不得不严控饮食，这样很容易影响营养素的摄入量，不利于胎儿的发育，也会给全家带来非常大的压力。所谓"预则立，不预则废"，从孕中期提前做好体重管理才是最为明智的。有关研究提示，在孕期的前半程体重上升过快的孕妇，所生宝宝发胖的风险更大一些（Davenport，2013）。

即使父母们并不在乎母亲发胖的危险，以及孩子未来患慢性病的风险，下面这项研究结果也真的不能不在乎：母亲的体重增加可能关系到孩子的智力和行为发育。一项研究发现，与推荐的孕期增重9~11千克的孕妇相比，孕期增重14千克以上的孕妇所生宝宝的智商下降了6.5分（Huang，2014）。

在32万余名母亲和儿童中所做的跟踪研究发现，母亲孕期患糖尿病会显著增加孩子患多动症的风险，患糖尿病的时间越早，孩子患多动症的风险越大。消除其他因素和疾病史影响之后仍然发现，和健康母亲所生的孩子相比，孕26周之前发生妊娠糖尿病的母亲所生的孩子患多动症的风险会增加42%（Xiang，2015）。在无糖尿病史的准妈妈中，孕26周时的妊娠糖尿病风险与孕早期和孕中期的增重有关，因此，准妈妈们应控制孕期体重增加。

控制好孕期的体重，不仅能减少产后发胖的危险，对母子双方的健康也是至关重要的。遵循《中国居民膳食指南（2016）》中有关备孕、孕期的饮食建议，做好营养管理，适度增加孕期的体力活动，孕妇就能够做到"皮薄馅大"——母亲少增肥肉，胎儿发育良好。生产之后，母亲很快就能回到正常体形，成为宝宝的苗条辣妈。

9 日常惰性埋下致肥隐患

许多人会随着年龄的增长日益发胖，这未必意味着他们吃得太多，这类人也无须埋怨自己没有毅力节食。

随着年龄增长，人体的新陈代谢能力不断下降，即使饮食数量不变，摄入的食物能量也很容易过剩并储存为脂肪。何况，随着荷包的膨胀和职位的升高，以及职业工作内容的转变，人们从事体力活动的机会普遍越来越少。

人本来是一种动物，我们的祖先和其他野生动物一样，运动量非常大。而现代人体力活动越来越少，每天久坐，在这样的生活状态下，体脂率不断增加，肌肉力量日益下降，内脏功能渐渐衰退，不仅人们自己会感觉到体力衰减，也给许多疾病埋下隐患。

每个人都知道，要想控制体重、延缓衰老，就应当主动增加运动，自觉健身。然而，对于大部分日程安排得满满当当的职业人士，特别是下了班还要操持家务的女性来说，要做到每天下班后换上运动装去健身房运动1小时并长期坚持，是很难的。

不过，没时间去健身房也没关系，研究结果证实，即便不穿运动衣，即便在拥挤的家里，仍然有办法消耗掉体内多余的能量，只要克服惰性，随时都有机会增加自己的体力活动量。

科学家们发现，即使同样在没有运动设施的环境里生活，年龄、性别、体型几乎相同的受试者，一天的能量消耗差最多的居然能达到500千卡，说明他们的活动量有相当大的差异。500千卡可是相当于1.5碗米饭的能量呢。

进一步的研究揭示，这个差异是由个体间"无意识锻炼"数量多少不同造成的。所谓"无意识锻炼"，就是那些人们不觉得是运动的小动作。例如，有的人不喜欢长时间躺着或坐着，而是经常在屋子里走来走去；即便坐在那里，也不是一动不动，而总是时常改变一下坐姿，收收腹、扭扭腰、动动腿、摇摇肩等。

有趣的是，容易发胖的人与较瘦的人相比，这种"无意识锻炼"要少得多。如果让肥胖者与瘦子做完全一样的事情，肥胖者总是倾向于用最省力的方法来完成任务，能少走一步就少走一步，能坐着就不肯站着，喜欢"葛优瘫"，喜欢当"沙发土豆"，所以做同样的事情时消耗的能量总是比瘦子少。

科学家们由此得出结论：生活中的轻微体力活动对于人们消耗能量、预防肥胖、维持健康是非常重要的。中国传统养生理念也认为，要想维持健康长寿，应"常欲小劳"，也就是说，日常生活中要多做低强度的体力活动，不能久坐不动。

这里必须解释一下，之所以古人更强调"小劳"养生，是因为古人没有现代化设备，种田、做工、当兵，不论何种职业都有大量高强度体力活动，而过度疲劳并不利于健康。现代人的职业体力活动已经减少很多，去健身房进行1小时中高强度健身不会对健康产生危害。

大多数人都知道，打球、游泳、跑步等运动能够健身减肥，所以，只要提到运动，大家总会想到操场、体育馆、健身俱乐部等地方。其实这陷入了一个误区，把运动与生活绝对地割裂开来。实际上，在生活中增加运动的方式是无限丰富的，每个人都可以自己去创新。

做家务就是一个很好的增加体力活动的方式。所谓天道酬勤，日常做家务勤快些，不仅能提高家庭生活质量，而且有利于减肥，又能预防多种疾病，甚至有利于长寿。

对中国人群的研究发现，消除生活条件、体重和饮食习惯差异，勤做家务的老年男性全因死亡风险降低28%，癌症死亡风险降低48%。美国西北大学健康研究中心对1700名45~79岁的成人进行长期跟踪调查后发现，每天在家里从事4小时以上轻体力劳动的人，日后因膝关节炎残疾失能的风险可降低30%以上。

我十几年前就认识到，做家务并不是吃亏的事。在体力承受范围之内，做家务相当于眼睛和脑的休息，就像饭后的散步活动，比饭后躺在沙发上看手机更健康。

　　特别是餐后半小时做点家务劳动，既能预防肥肉上身，又能帮助控制餐后血糖峰值，是个特别好的习惯。很多人认为餐后半小时必须坐下或躺下才有利于消化，其实这是对胃下垂患者、严重胃肠疾病患者或身体非常虚弱的人而言的。除了这些人外，餐后立刻起身擦桌子、洗碗、收拾屋子，做些轻微活动，或者放松地散步，对健康只有好处。如果人衰弱到这么轻微的活动都会影响消化的程度，那也就无须担心肥胖问题了。

　　生活中的日常小活动虽然不起眼，但积少成多，同样可以增进健康。如果把健身减肥的目标融入日常活动，生活中会增加许多乐趣，烦琐的家务也会成为美妙的健美操。

10 防肥的九大行为调整要点

　　大多数人肥胖的主要原因是生活习惯不良。如果不改变这些不良的生活习惯，即使用所谓"神奇"的减肥药减去10千克体重，以后仍然会反弹。

　　目前一些发达国家不再将肥胖单纯看作是生理问题，而认为它是生理、营养、心理、行为多方面复杂问题综合的结果。于是，他们在减肥计划中进行多学科综合管理，确保安全有效地减肥，主要内容包括以下几点。

　　（1）营养专家帮助控制饮食，保证每日摄入营养平衡的低脂肪、低能量食物。

　　（2）运动专家指导运动，保证每日运动量达到一定水平，促进体重下降。

　　（3）心理学家改善心情，教授人际关系技巧，以及负面情绪的排解方法。

　　（4）行为学家调整行为，讲解如何改变有关饮食的不良习惯。

　　在以上各学科疗法当中，以行为疗法最为简便易行。对于那些只是稍微有点超重，还未患上各种疾病的人来说，这些办法既能预防继续发胖，又能预防减肥后的体重反弹。

◆ **只在一个地方吃东西，餐桌之外的任何地方绝对不碰食物。** 超重者多半有随时随处吃东西的习惯，而且无法像正餐时那样控制进食的数量。所以，看电视、看书报、与人聊天时绝对不能吃东西，在厨房做饭时也不能边做边吃，这一点最好请家人协助监督。

◆ **把家里的糕点、饼干、糖果、坚果、甜饮料等零食藏起来。**这些食品有的油脂含量高，有的糖分过多，对减肥计划有很大的威胁。据调查发现，超重者多半很难抵御食物的诱惑，而且特别喜欢高油高糖且香气浓郁的食品，所以，必须切断诱惑之源。家里最好不放自己爱吃而又随手可取的食品，如果一定要放，也要装入不透明的包装袋，放在看不见的地方，或让别人保管。专家建议，放弃高脂肪高糖的零食，家里只存放能量较低的果蔬，如黄瓜、番茄、胡萝卜、梨、苹果等，甜饮料也放弃，只准备白开水、矿泉水、各种茶和无糖柠檬水。

◆ **盛好饭后取掉一勺，吃什么都要剩一口。**这样做可以在无形中减少进食量。盛饭时把米饭打散，松散地盛入碗中，绝不往下压，更不堆得冒尖。添饭的时候每次只添1/3碗。

◆ **除了凉拌蔬菜之外，绝对不要"收盘子"。**很多中老年妇女勤劳节俭，看到剩下一点饭、少量菜，即使自己已经吃饱了也要把它们都吃掉。这种"收盘子"的习惯会让人在无形中增加食量，而这是个重要的致肥因素，因此，一定要坚持避免"收盘子"的原则。餐桌上剩下的食物，若舍不得扔掉，就装入保鲜盒放到冰箱里，下一餐再吃。

◆ **进食速度要放慢，每吃一口就把盘碗往远处推一推。**日本的一项调查发现，在各种不良进食习惯中，吃饭快致肥的效果最显著。许多人在餐馆就餐时都有这样一种体验：感觉还没有吃饱，但是菜不够了，于是赶紧催着添些菜肴，然而，待到追加的食物送来时，却感觉自己已经饱了。因为人的食欲是由下丘脑的摄食中枢控制的，消化道的各种信息传到下丘脑需要时间。肥胖者的通病是吃饭太快，大脑还来不及充分感受饱的信息，胃里已经糊里糊涂地装入了过多的食物。

◆ **进餐之前照照镜子，坚定控制饮食的信心。**控制饮食是一件非常艰难的事情，许多人常常会半途而废。在进餐之前如果照照镜子，看到自己体形臃肿，减肥的自觉性便会得到加强，能够更好地遵循医生和营养师的教导。如果减肥有所成效，看到自己的身材日趋改善，自然会更加信心百倍地坚持下去。

◆ **尽可能在家就餐，不要经常去餐馆吃饭。**国外多项调查发现，居所周围餐馆林立，特别是快餐店多，会增加发胖的风险。餐馆中的菜油脂高、能量高、分量大，最容易使人发胖。去餐馆点菜或叫外卖时，一定要珍惜自己的点菜机会，点些清淡、低脂肪的菜肴，如白煮、清蒸、凉拌等。把这些菜品事先写在单子上，因为看见香喷喷的油腻菜肴，或者饥肠辘辘的时候，十有八九是把控不住自己的，很容易改变主意多点菜。

◆ **参加社交活动的时候告诉朋友和家人，自己正在减肥。**一方面，免得他们过于热情，催促自己大吃大喝；另一方面，用这种方法也可以提高自制力：既然已经宣布减肥，自然不好意思再放开肚量大吃大喝。

◆ **调整情绪，多和周围人交流，不要用食物来减压。**有些人情绪紧张时喜欢用吃东西的方法来安慰自己，而且这种时候往往会选择不健康的食物。可以采用各种放松活动米取代进食的欲望，如写日记、听音乐、弹琴、运动、购物等。如果还是感觉情绪低落、孤独无助，不妨给家人、朋友或减肥同伴打电话，倾诉之后心情放松，就不再需要一个人闷闷地吃东西。

生活没有目标，经常空虚无聊，最容易依赖食物带来的安慰。要给自己的生活找到兴趣和目标，增加更丰富的休闲活动，最好是户外活动或集体活动。离开家门，走入大自然，进入社交圈，不仅能暂时忘记食物的诱惑，心情也会开朗起来。

持之以恒，将这些行为上的改进变成自己的终生习惯，对维持健康体重大有好处。

测试2：你的吃法有利于防止发胖吗

请如实回答下面各个问题。选A计1分，选B计2分，选C计3分。

如果你正在减肥，那么请你按照减肥之前的真实情况回答，而非依据现在用意志强迫自己所做的饮食选择。

1. 你觉得自己多年来日常的食量与同年龄、同性别的人相比如何？

　　A. 多一些　　B. 差不多　　C. 少一些

2. 从主食的口感来说，你更喜欢哪种？

　　A. 不加油、盐、糖的原味主食

　　B. 喜欢有点甜味的主食

　　C. 喜欢口感香酥的主食

3. 从主食的稠度来说，你更喜欢哪种？

　　A. 水分大的粥和汤面之类

　　B. 米饭、捞面、馒头之类

　　C. 烧饼、千层饼、烤馒头片之类干硬的，煮米饭也要硬一点

4. 从主食的食材来说，你更喜欢哪种？

　　A. 常吃燕麦、荞麦、藜麦、黑米等全谷物，红豆、绿豆、芸豆等豆类，用它们替代至少一半的米饭、馒头、面条

　　B. 常用各种全谷杂粮和米面搭配着吃，但不到一半

　　C. 除了白米白面做成的食物，其他食材很少吃

5. 选择解渴饮品时，你日常最常饮用的是哪种？

　　A. 没有一点甜味的饮料，比如白开水、矿泉水、茶水、黑咖啡

B. 除了没有味道的饮料，也少量喝些加糖的咖啡，偶尔喝点甜饮料

C. 经常用甜味明显的市售瓶装饮料解渴，平均每天至少一瓶

6. 在三餐之外，你是否想吃零食？

A. 根本不想吃　B. 想吃，但是吃一点就够　C. 想吃，而且吃了就停不下来

7. 假如给你机会吃零食，其中你最想吃的是哪种？

A. 葡萄干、枣之类的水果干，果冻，话梅之类的蜜饯

B. 薯片和其他膨化食品

C. 饼干、蛋糕、曲奇和其他点心、甜点

8. 选择荤菜时，你更喜欢什么原料的菜肴？

A. 鱼和海鲜　B. 鸡鸭肉和瘦的猪牛羊肉　C. 五花肉，或肥牛和肥羊肉

9. 在你的餐桌上，你希望肉类和蔬菜的比例是多少？

A. 1：3~1：2　B. 1：1　C. 2：1~3：1

10. 吃鸡蛋时，你最喜欢怎么烹调？

A. 煮鸡蛋、蛋花汤或蒸蛋羹　B. 煎荷包蛋　C. 炒鸡蛋

11. 以下三道菜你最喜欢哪道？

A. 清蒸鱼　B. 红烧鱼或炖鱼　C. 松鼠鱼或糖醋鱼

12. 以下三类菜你最喜欢哪一类？

A. 白斩鸡、萝卜炖排骨　B. 炒鸡丁、孜然羊肉　C. 炸鸡排、锅包肉

13. 以下三类菜你最喜欢哪一类？

A. 大拌菜、烫青菜　B. 炝炒圆白菜、清炒油麦菜　C. 烧茄子、干锅菜花

14. 如果用餐时喝汤，你经常选择什么样的汤？

A. 没什么油的汤，或者茶和白水也可以

B. 有一点油但不多的清汤

C. 浓汤或奶汤

15. 如果吃凉菜，你希望厨师怎么做?

A. 把生蔬菜或者焯过的蔬菜放调料拌一下就好，油放得很少

B. 放一勺香油或葱油来拌

C. 基本上是用红油或香油泡着原料

16. 如果吃火锅，你喜欢以下哪种食物搭配?

A. 没多少肉，蔬菜、豆腐和鱼片等多一些

B. 兼顾各种原料，肉和菜都不少

C. 主要是肉，吃够之后再考虑蔬菜和其他东西

17. 如果菜非常好吃，你会产生多加一碗饭的愿望吗?

A. 没有，菜好吃或不好吃，食欲都一样

B. 还是很想少量加一点

C. 非常想多吃，菜好吃就要多吃饭才过瘾

18. 今天吃的主菜太好吃，很快就吃完了，剩下一些很香的汤汁，你会不会把它倒进碗里拌着米饭吃?

A. 肯定不会　　B. 有点想，但只是偶尔　　C. 特别喜欢，经常这么吃

19. 你更喜欢吃味道重一点还是淡一点的菜?

A. 习惯于淡一些，味道重了就觉得受不了

B. 至少一部分菜要味道重点才好

C. 味道不重就受不了

20.吃完饭后，你还想再吃点坚果吗?

　　A.饭后不想吃，等饿了再吃

　　B.还可以少量再来点儿

　　C.坚果真好吃，一吃就停不住

21.你吃主食和菜肴的情况符合以下哪个选项?

　　A.无论多少菜，米饭、面条、馒头永远比周围人略少点

　　B.主食、菜肴的量和周围人的平均水平差不多

　　C.无论多少菜，米饭、面条、馒头必须吃得足足的，比周围人主食多而菜肴少

22.你吃饭时的顺序是什么?

　　A.先吃半碗蔬菜，再用鱼肉、蔬菜和主食配着吃

　　B.先吃鱼肉蛋类，再吃蔬菜和主食

　　C.先来几大口米饭、馒头之类的主食，再开始吃各种菜肴

23.通常你吃饭的速度如何?

　　A.比一般人慢　　B.和多数人差不多　　C.比一般人快

24.通常在哪一种状态下你会停止就餐?

　　A.觉得可吃可不吃了　　B.觉得对食物没什么兴趣了　　C.觉得胃里已经有点撑了

25.通常你吃饭的规律是什么?

　　A.每顿按点吃饭，很少改变时间和数量

　　B.饿了就吃，时间不是特别固定，饿了会多吃一点

　　C.经常过了饭点饥肠辘辘，甚至省略一顿，饿得不行了就放开大吃

26. 你吃晚饭的时间距离睡觉时间有多久？

A. 4小时或以上　　B. 3~4小时　　C. 2小时甚至更短

27. 你的夜宵情况符合以下哪一个选项？

A. 基本上不吃夜宵

B. 加班比较晚，或晚餐较少时，会吃点水果、牛奶、酸奶、豆浆、粥糊之类

C. 夜宵常吃，烤串、方便面、面包、点心等，想吃什么吃什么

28. 通常你会怎样吃水果？

A. 每天都吃半斤，但会在两餐间吃，或者在用餐前后，吃饭的时候会留出余地

B. 吃饭时没有减量，但是吃水果的数量也基本稳定

C. 吃饱了饭也还是想吃，而且数量根本控制不住

29. 你经常在外面吃饭或叫外卖吗？

A. 很少，一周不超过2餐　　B. 一周有个3~4次吧　　C. 一周5次以上在外面吃

30. 你经常吃速冻饺子、速冻包子和方便面之类凑合一餐吗？

A. 很少吃，每周不超过一餐　　B. 一周有2~4次　　C. 经常使用它们代餐

如果分数在40分以下，那么恭喜你，你的饮食习惯相当好，发胖风险很小，只要运动跟得上，很容易维持健康的体重。

如果分数在40~60分，那么你有发胖的危险，饮食要适当调整。

如果分数在60分以上，而且你已经超过35岁，又不经常运动，还能够保持苗条身材，那就要万分感谢上帝赋予你苗条基因了。

测试3：你善于在日常活动中防止发胖吗

测一测你是不是一个善于在日常生活中消耗能量的人。

1. 我经常对爱人或父母说："给我倒杯水来。""给我把东西拿过来。"

    A. 是　B. 不是

2. 我一陷进沙发里就会全身放松，轻易不肯抬起身子。

    A. 是　B. 不是

3. 我饭后经常不想动，不是马上躺下休息，就是坐着玩手机、看电子阅读器或看电视。

    A. 是　B. 不是

4. 如果出租车司机因为掉头不方便把我放在马路对面，我会很不高兴，因为我不想多走路。我情愿多给他钱也要让他绕个弯送我到楼门口。

    A. 是　B. 不是

5. 我玩手机、玩电脑或追剧时，可以连续两三个小时一动不动。

    A. 是　B. 不是

6. 无论电梯要等多久，我也一定要等，懒得爬楼。

    A. 是　B. 不是

7. 在地铁站里，我总是使用扶梯，从来不走楼梯，哪怕空着手。

    A. 是　B. 不是

8. 我在家里或办公室里总是坐着接电话，甚至是躺在沙发里听电话。

    A. 是　B. 不是

9. 如果要走路5分钟以上，我就总想骑共享单车；如果要骑车10分钟以上，我就想开车或打车。

    A.是　B.不是

10. 办公室里的同事请我帮忙拿东西、取快递，或出去办些小事，我总是感到很麻烦，即便答应去，也觉得站起来很勉强。

    A.是　B.不是

11. 人们说我是个闲不住的人，即使坐在那里也不踏实，随时准备站起来忙点什么。

    A.是　B.不是

12. 我走路的时候总是提醒自己挺胸收腹、拔腰提臀，加快步伐，走起来很轻盈。

    A.是　B.不是

13. 我经常不等电梯自己上楼，因为爬三四层楼对我来说不辛苦。

    A.是　B.不是

14. 我午餐后不会马上午睡，晚餐后也不会马上坐下，不是散步，就是走来走去做点杂事。

    A.是　B.不是

15. 我在家比较勤快，经常主动打扫卫生、收拾屋子。

    A.是　B.不是

16. 做饭做菜时，如果有一两分钟的空闲时间，我会在厨房里做几个伸展和扭腰的动作。

    A.是　B.不是

17. 我打电话时经常站起来，不停地交换两腿的重心，左右扭动身体，或边走边说。

    A. 是　B. 不是

18. 在电脑前和书桌边，我会不时地提醒自己做些小运动，如收紧腹部，摇晃肩膀，扭动身体，手臂后展，旋转脚踝，脚面绷住—放松，双腿悬空抬高等。

    A. 是　B. 不是

19. 看电视、看碟时不是一直陷在沙发中，而是经常站起来原地踏步，扭动和伸展身体。

    A. 是　B. 不是

20. 在超市里买东西时，如果东西不太多，就不用小推车，而是自己挎着篮子走来走去。

    A. 是　B. 不是

    如果1~10题的答案是"不是"，而11~20题的答案是"是"，那么你是一个非常善于消耗能量的人，变胖的危险性不大。

    如果你的答案有一半以上与此相反，那么你要小心了：你不善于在日常生活中消耗能量。若不注意节食和运动，多余的能量很可能正在变成脂肪，悄然沉积在你最不希望它们光临的地方。赶紧改变习惯吧！

特别关注2：节日享受美食不长肉的方法

"工作任务忙，没时间运动；聚餐饭局多，没机会节食。这样的日子从年底轰炸到春节，什么人能够扛得住呢？"A女士叹了一口气。

B女士也开始诉苦："单位聚会还好，回家探亲最难熬，爸爸妈妈、七大姑八大姨都一个劲儿地往你碗里夹菜，你能不吃吗？明知道要长胖，也要抱着上刀山下火海的精神吃下去。"

我接过他们的话："没错，该有的应酬必须去，该吃的聚餐必须吃。社会学家说'吃饭不仅仅是吃饭'，无论古今中外，为别人提供食物，是一件有面子的光荣事情；而被别人请吃饭，说明被重视、被惦记、被关怀、被爱，这是不能拒绝的感情交流机会。

"至于能拥有父母的爱，更是一种莫大的幸福。老人是从贫困时代熬过来的，他们当年最想吃的无非就是白米白面、大鱼大肉。出于一片爱心，他们认为好的东西，当然想让孩子们多吃点儿。想想你们自己，对孩子不也是一样的心情吗？孩子多吃几口，做父母的就有成就感。"

两位女士脸上不由现出一点羞愧之色："让你这么一说，还真是，没准我女儿心里也在埋怨我把她喂胖了呢！"

我说："这么想就对了。所谓己所不欲，勿施于人，你们自己不想长胖，孩子们也一样不想。养孩子不是养猪，又没人来评比体重增长速度，用不着每天给他们塞大量'饲料'。只要孩子聪明活泼、活力十足、不易生病，就是健康的好孩子，别总拿喂宠物的劲头来喂孩子。

"言归正题，赴宴并不意味着一定会长胖。本着'节源'和'开流'的原则，对策无非就是两方面——管住嘴和迈开腿。"

两位女士都撇撇嘴："还以为你能出什么高招呢，原来还是这老一套。"

我说："原则超级简单，细节无穷丰富。先说第一条，管住嘴，就是看似多吃，实则少吃。"

这下她们都来了兴趣："愿闻其详。"

于是我详细解释："在餐桌上，你要表现得对食物特别感兴趣。比如说我自己，在宴席桌上，看看左右，就数我盘子里的东西多，而且除了偶尔说话之外，我的确在认认真真地吃东西。不过，我把大部分精力都用在啃骨头、挑鱼刺上了。吃肉只吃带骨头的肉，吃鱼专门吃背鳍附近和尾巴。这些东西吃起来慢，而且实际上进嘴的肉并不多，还显得很有饮食乐趣，吃得很投入。

"另外一部分精力用在吃蔬菜上，特别是那些没什么油的绿叶蔬菜和凉拌菜，比如白灼芥蓝之类，要拖几根到盘子里，慢慢地嚼。凡是沾着油的菜，以及煎炸食品，都要少动筷子。小碗里要盛上汤，不仅显得食物多，同时还能用来涮油。"

两位女士都哈哈笑起来："高，实在是高。可是，如果父母总给你做红烧肉，这一套也行不通啊！"

我说："这就要看你撒娇的功夫了。回家探亲时，你要及时给父母和公婆做工作，告诉他们自己平日工作辛苦，天天只能吃到大鱼大肉和白米饭，饭店做得又油腻又难吃，根本吃不上新鲜蔬菜，实在怀念妈妈做的炒小青菜和清蒸鱼啊！太想念爸爸煮的南瓜百合小米粥了！梦里都想吃婆婆亲手制作的白萝卜汤和素馅饺子了！各种清淡美食愿望轰炸一番，他们肯定会忙不迭地满足你的要求。然后你就吃得津津有味、满脸幸福，同时甜言蜜语，赞不绝口，家乡的菜就是清甜啊！家里煮的粥就是好喝啊！这样，父母亲友也就十分开心了。

"当然，迈开腿也很重要。虽然没有运动场、健身房，但是饭后半小时内千万别马上坐下看电视，要抢着干点活，比如收拾桌子、刷碗刷锅、打扫卫生之类，不仅有利于消耗能量，还显得你很勤快。买东西、取东西等能上下楼的机会都要抢着去，逛公园、看庙会等各种走路的机会可不能错过。最好带根跳绳、带个毽子，每天拉着孩子一起下楼玩。看电视的时候一定要站着看，一边看一边扭扭腰、伸伸臂。

"若有独处的机会，你就赶紧做点肌肉运动。比如在起床后、休息前做做仰卧起坐，仰卧举腿，平日做做剪蹲（跨弓步，身体和后腿向下压），踢踢腿，做做广播操。"

"时间就像海绵里的水，运动也一样，只要想做，我们总能创造机会来做。"

"当然，既然回家嘛，也要交流亲情。每天只要有半小时陪长辈说说话，听他们唠叨一番，老人就足够满意了。只要他们高兴，其他方面都会遂你心愿。"

这次两位女士频频点头："我看行！"

故事分享3：吃素之后，反而变胖了

经常会听到女性问这样的问题："我想减肥还能吃肉吗？她天天吃肉为什么血脂一点不高？我基本上吃素为什么血脂还是这么高，人还是这么胖？"

其实这些问题无法一概而论。因为让人发胖和得"三高"的，并不是某一种或某一类食品，比如肉类、蛋类、奶类等，而是错误的饮食生活习惯。即使摄入的能量不算太多，但如果消耗实在太少，也是容易发胖的。

另外，如果摄入的食物比例不合理，也容易发胖。比如说，鱼肉蛋奶都不吃，未必是个健康的饮食策略，弄不好更容易带来肥胖和"三高"的麻烦。

一位女士非常困惑地问："我最近一年基本上都吃素，结果反而变胖了，尤其是腰围变大了。为什么呢？"

我回答：人每天三餐都要吃东西，每一类食物都会占据一定比例，包括主食、鱼肉蛋奶、果蔬、坚果等。肉不吃，这一份省略了，就要用其他食物来填补，比如说，不吃肉的人大多数需要增加鸡蛋、奶类、坚果、豆制品，以便替代肉类供应蛋白质，来保持营养平衡，这样摄入的能量未必比吃肉的时候少。炒鸡蛋、奶酪、炸豆腐泡、花生、瓜子之类，脂肪含量也很高，吃多了当然也容易能量过剩。"

她问："如果连鸡蛋、牛奶、坚果之类的东西也不吃呢？"

我说："如果这些都不吃，至少还会吃各种主食，比如米饭、馒头、面条、烙饼等，还可能会吃饼干、米饼、薯片、锅巴、萨其马，还会喝甜饮料，这些蛋白质含量很低的食物也都是素食啊！难道这些食物中就不含让人发胖的能量吗？我可以负责任地说，精白淀粉和甜食，就促进长胖、升高甘油三酯的力量而言，比鸡蛋、牛奶、瘦肉、鱼类等更大。"

女士的情绪有点激动："我明白了！我婆婆就是这样，几乎不吃肉，可是白米白面吃得不少，炒素菜油盐又多，她确实肚子很大，糖尿病、高血压都有。可是鱼肉蛋奶都不吃了，要是连各种主食、面点和零食都不让吃的话，活着还有什么意思啊！"

我提示她："为什么不换个角度想呢？如果你不吃各种饼干、糕点等零食，不喝甜饮料，再少吃点白米白面，给鱼肉蛋奶和坚果留一点空间不好么？比如说，米饭少吃1/3碗，换成等量的白斩鸡块，或者清蒸鱼块；饼干不吃了，换成一小把核桃仁，这样不就可以享受美食了吗？若不加油烹调，其实去皮鸡肉或清蒸鱼的能量和米饭是差不了太多的。"

她似有所悟："对啊，听起来好像不错！不过这么吃，是更容易胖，还是更不容易胖呢？"

我说："根据国外目前的研究结果，这样吃既不那么容易发胖，也不容易出现'三高'。在控制脂肪摄入量的前提下，适当提高蛋白质的摄入比例，减少白米白面和甜食甜饮的比例，能让体重随着年龄增长而增加的速度减慢，也有利于减肥成功。

"原因之一，是蛋白质的食物热效应特别强，摄入后会让身体产生更多热量，把能量额外消耗掉一部分。淀粉和脂肪虽也能让身体产热，但没有这么显著的效果。

"原因之二，如果能保证蛋白质供应充足，减肥时就不容易把肌肉减掉。而肌肉一旦减少，基础代谢率就会下降，容易形成'易胖难瘦'的体质。

"不过一定要注意，在烹调的时候，不要让蛋白质食物搭配过多烹调用油和淀粉。比如市售快餐中的炸鸡，带着鸡皮，外面还裹了一层吸饱煎炸油的面糊和面包渣，味道超级咸，再加上高脂肪的沙拉酱，用这种菜肴来搭配主食，无论是面包还是米饭，都不太可能对控制体重和预防'三高'有什么好处。"

第三章

为什么你控制不了
自己的食欲

1 什么叫作"七八分饱"

人们经常说，要想不长胖，要想不给肠胃增加负担，吃饭要吃到七分饱。但说起来容易做起来难，什么叫作七分饱？或者说，七分饱是什么感觉？到现在也没有一个准确的说法。

在科学研究中，对饱感的评价，是用视觉模拟评分法（visual analog scale，VAS）来定量的。先筛选出一批日常饮食习惯正常的受试者，排除那些经常暴饮暴食、不吃早饭、食不定时、不知饥饱的人。对受试者进行培训，让他们注意每一餐饭前后的饱感变化，逐渐对自己的饱感拥有更好的鉴别能力。

研究者给每个受试者若干张印有100个刻度的评分表。其中刻度100定义为"自己能感受到的最极端的饱"，刻度0定义为"最不饱的状态，即极度的饿"。受试者在进食之前，以及进食之后的各时间点，均要在这个表上做一个标记，表示自己的饱感到了多少分。

饱感是一个主观感受，容易因为受试者的心情产生误差，所以一个评分还不够，通常会再添加其他评分表。比如说，再给一个饥饿评分表，然后再给一些辅助问卷，比如："你现在想吃什么类型的食物？""如果给你某种食物，你觉得自己想吃多少？"

对饱感的研究进行了一段时间之后，我按照个人经验，对"几分饱"这个模糊的说法进行了比较容易操作的定义，得到了很多专家的支持和认可。

所谓十分饱，就是一口都吃不进去了，再吃一口都是痛苦。

所谓九分饱，就是还能勉强吃几口，但每一口都是负担，觉得胃里已经胀满。

所谓八分饱，就是胃里感觉到满了，但是再吃几口也不痛苦。

所谓七分饱，就是胃里还没有觉得满，但对食物的热情已经有所下降，主动进食的速度也明显变慢。习惯性地还想多吃，但如果撤走食物，换个话题，很快就会忘记吃东西的事情。最重要的是，第二餐之前不会提前感觉到饿。

所谓六分饱，就是撤走食物之后，胃里虽然不觉得饿，但仍觉得不满足。到第二餐之前，会有明显的饥饿感。

所谓五分饱，就是已经不觉得饿，胃里感觉比较平和，但是对食物还有较高的热情。如果这时候撤走食物，会有没吃饱的感觉。没过多久又感觉到饿了，很难撑到第二餐。

再低程度的食量，就不能叫作"饱"了，因为饥饿感还没有消除。

七分饱，就是身体实际需要的食量。如果吃到七分饱时停止进食，人既不会提前感觉到饿，也不容易发胖。但是，大部分人找不到这个点，经常把胃里感觉满的八分饱当成最低标准，甚至到了多吃一口就觉得胀的九分饱。如果餐后没有足够的运动，这样必然容易发胖。

很多人会说："你怎么能感觉出这么细微的差异呢？我根本感受不到几分饱啊？"这是因为，你在吃饭的时候可能从来没有细致地体会过胃里的感觉。如果专心致志地吃，细嚼慢咽，从第一口开始，感受自己对食物的急迫感和热情，进食速度的快慢，每吃下去一口之后的满足感，饥饿感的逐渐消退，胃里逐渐充实的感觉……慢慢就能体会到这些不同程度饱感的区别，然后找到七分饱的点，把它作为自己的日常食量，如此就可以预防饮食过量。

对饱的感受是人的本能之一，每个人都天生具备。不过，这种饱感的差异，一定要在专心致志进食时才能感觉到。如果边吃边说笑，边吃边谈生意，边吃边看电视，就很难感受到饱感的变化，就容易在不知不觉中饮食过量。

另外，很多人从小就被父母规定食量，必须吃完才能离开饭桌，而不是按自己的饱感来决定食量。这样，他们渐渐丧失了感受饥饱的能力，不饿也必须吃，饱了也必须吃完。父母通常都希望孩子多吃一些，总是多盛饭、多夹菜，使孩子以为一定要到胃里饱胀才算饱，打下一生饮食过量的"良好基础"。

在外就餐时，食物的分量通常也是按照胃口最大、口味最重的人来设计的。很多人习惯于给多少吃多少，把食物吃完的时候，实际上已经过量了。一些加工食品也一样，都尽量把分量设计得足一些，让人们习惯于多吃，这样对商业销售有利，但是对于消费者控制体重是不利的。

所以，我们在日常生活中，需要放慢速度，专心进餐，习惯于七分饱。

吃含水量高的食物可以让胃提前感受到"满"，所以有利于控制食量。比如八宝粥、汤面、大量少油的蔬菜、水果，都比较容易让七分饱的感觉提前到来。

那些需要多嚼几下才能咽下去的食物，比如粗粮、蔬菜、脆水果，能让人放慢进食速度，也有利于对饱感的感受，可以帮助我们控制食量，避免饮食过量。

精白细软、油多纤维少的食物则正好相反，它们会让人的进食速度加快，不知不觉吃下很多，而饱中枢还来不及接收信息。当胃里感觉到饱胀之后停住嘴时，食物中的能量早就超过了身体的需要。之后能做的事情，也只有增加运动来消耗多余的能量啦。

2 人的饱饿是靠什么机制控制的

人吃东西的欲望会受到很多方面因素的影响，简单来说，包括血糖水平、胃的排空状态、肠道中分泌的激素和脂肪组织分泌的激素等，最后汇总于下丘脑的摄食中枢，综合影响我们对食物的欲望。

一般来说，胃里填入食物之后，饥饿感就会逐渐减轻。胃对饱的感知分为物理信号和化学信号两个方面。

所谓物理信号，就是由胃的膨胀带来的胀满感受，可以用超声方法测定胃的体积。如果以能量较高、水分较少的食物为主，等到胃撑起来时，必然超过七分饱的进食量，对于体力活动不太多的人而言，长此以往极易产生发胖后果。

所谓化学信号，就是食物早期消化吸收所产生的小分子物质，如氨基酸和葡萄糖。氨基酸被吸收进入血液后，会促进胰高血糖素样肽-1（glucagon-like peptide-1，GLP-1）、葡萄糖依赖性胰岛素释放肽（glucose-dependent insulinotropic polypeptide，GIP）和缩胆囊素（cholecystokinin，CCK）的释放，而这些胃肠激素的作用都会增加饱感。缩胆囊素还能够延缓胃的排空速度。葡萄糖的吸收促进GLP-1和胰岛素的早期释放，有利于降低血糖高峰值，同时提升饱感。

为什么细嚼慢咽有利于增加饱感？部分理由正如上述。充分咀嚼之后，食物中少量的游离氨基酸、小肽、葡萄糖和麦芽糖能更快速地被消化吸收，有利于提升饱感相关的激素水平。同时，缓慢的进食速度会延缓餐后血糖、血脂上升的速度，并给大脑饱中枢更充分的时间来形成饱感印象，避免在充分体会饱感之前就已经进食过量。

定时定量进食也有利于饱感的调节。如果已经感觉到饥饿还迟迟不进食，当血糖下降到正常水平以下，体内能量供应不足时，人最容易出现强烈的食欲。这与摄入的食物体积大小没有绝对的关系。在血糖低的状态下，人对食物有强烈的渴望，特别喜欢那些高能量、高淀粉、高糖的食物，吃得既快又猛，这是正常意志难以克服的。这时候想吃东西而克制不住，千万不要责怪自己，这只是身体的本能而已。

节食的时候，身体的脂肪逐渐分解，脂肪组织产生的"瘦素"减少，"瘦素"有降低食欲的作用，分泌减少则会增加食欲。同时，胃里总是空空如也，"饥饿素"分泌量上升，使食欲反弹，难以克制。

总之，在营养供应严重不足的情况下，身体会用各种方法提醒你赶紧找点吃的。这是千万年来进化形成的生理机制，抱怨不得。

所以，仅仅靠少吃减肥，没有与之配套的提高饱感的技术措施，是很难获得长期效果的。如果我们不是意志特别坚强的人，过不了多久克制食欲的防线就会崩溃，开始无法抑制地暴饮暴食，然后自暴自弃，最后体重反弹。前面辛辛苦苦挨饿减下来的体重迅速回升，这种经历很多人都有过。早知如此，何必当初那么苦苦挨饿呢？

如果饮食营养均衡，胃排空速度较慢，食物体积又较大，即便食物的能量稍微低一点，人也不容易感觉到饥饿，直到几小时后的下一餐都能保持稳定的体能，对食物没有强烈的渴望，用餐时也不容易过量。如果摄入的营养不平衡，则稍微减少能量供应，就很容易克制不住乱吃东西。所以，减肥时更要注意少吃营养价值低的食品，少喝甜饮料，少吃体积小、干货多的食物，因为这些东西容易使人食欲过强，让人不知不觉中摄入过多的能量。

如果每天吃粗粮、豆类和蔬菜，加上少量水果和肉蛋，饮食中几乎都是天然食物，很少有加工品，那么吃到饱也不太可能发生能量过剩的问题，所以根本无须刻意节食。可惜，许多人现在总是吃饼干、巧克力、煎炸食品、沾着油的大菜，胃还没感觉到撑，能量已经超标了。

3 脂肪能帮助你控制食量吗

人们常常认为，脂肪会让人感觉满足，所以，多吃脂肪也会让人更快地感到饱和满足，从而降低食欲，达到控制食量的目的。

这种想法对不对呢？脂肪真的能够抑制食欲吗？最近的一项研究结果给了人们很大的启发。

原来，人的食欲受到多种生化因素的控制，比如前面说到的血糖水平、"瘦素""饥饿素"、缩胆囊素（CCK），还有内分泌调节肽（PYY）等。其中"饥饿素"是胃里产生的一种食欲调节因子，早有研究发现，如果人体减少能量摄入，节食挨饿，那么下一餐时，"饥饿素"的水平就会上升，使人的食欲更强。

看起来，似乎少吃东西是"饥饿素"增加和食欲增强的主要原因。节食减肥之所以难以成功，一个重要的原因也在于此。只有一个办法能够避免这种麻烦，那就是施行胃旁路手术。简单说，就是把胃扎起来一部分，这样"饥饿素"的产生就会减少，食欲就不会因为进食少而增强。

不过，辛辛那提大学近年来的一项研究提出了一个惊人的观点，"饥饿素"实际上是被食物中的脂肪激活的！

这项发表在《自然医学》（*Nature Medicine*）上的研究发现，"饥饿素"并不是一制造出来就有活性的，它要经过一种酰基转移酶的作用才能变成活性形式，这种酶简称为GOAT。研究者发现，在空腹时，活性"饥饿素"的含量并不升高。一旦摄入高脂肪食物，GOAT的活性大幅度上升，活性"饥饿素"的含量也会迅速上升。研究者发现，那些善于制造GOAT的小鼠，只要得到高脂肪食物，就会迅速长胖；而缺乏GOAT的小鼠，即使摄入高脂肪食物，也不会明显长胖。

简单来说，就是人体摄入富含脂肪的食物时，大脑就获得"能量充足，可以储备"的信号，通过发挥GOAT的活性，制造"饥饿素"，促进人体大量进食，然后把多余的能量储备起来变成脂肪。

这个研究对我们的启示是什么呢？那就是食物中的脂肪并不会降低人的食欲，反而会让人多吃。高脂肪加上高淀粉或高糖的食物，正是最能激起食欲的。想想日常生活的例子就知道了，那些让我们食指大动、意犹未尽的食物，几乎都符合这个美味公式：高脂肪高糖的红烧肉、糖醋排骨，外面裹上淀粉糊或面糊油炸的鸡米花、肉排、软炸虾仁，高脂肪高糖的蛋挞、蛋糕、冰激凌、甜巧克力、慕斯，高脂肪高淀粉的印度飞饼、葱油饼、玉米烙，更不要说各种酥香的饼干、曲奇、薯片了。

虽说吃这些有"油水"的食物会令我们感觉饱足，似乎能够抑制食欲，但是千万不要忘记，当我们感觉饱足的时候，早就已经摄入了过多的能量。如果吃低脂肪的食物，同样吃到不想吃为止，摄入的能量会少得多。大量有关饱感的研究证明了这一点：按单位能量计算，脂肪是最不容易让人感觉到饱的食物成分，也是最容易造成能量超标的食物成分。想靠多吃脂肪来控制食量，真是犯了方向性的错误！

如果每一餐的菜肴中多放1汤匙（约8克）油，我们的胃几乎不会有任何感觉，但是，这1汤匙油会给我们带来72千卡的能量（相当于1个小一些的苹果），还会让"饥饿素"增加，我们的胃口会变得更好，不自觉地再多吃一些食物，而且不容易感觉到饱。这些加在一起，多摄入的能量就不只是72千卡啦。

我国改革开放40年来，人民生活富裕了，B族维生素、维生素A和钙的摄入量却没有增加多少，膳食纤维和维生素B_1的摄入量甚至大幅度下降。脂肪是唯一一种随着国民收入水平提高而上升的营养素，也是唯一一种和肥胖率不断上升呈现高度正相关的食物成分。

改善饮食营养的第一要务，就是减少饭菜中的脂肪含量。别忘记，过去贫困时，人们日常饮食中的脂肪很少，只有过年过节才能大快朵颐，而如今每天都像过年那样吃高脂肪食物，人能不容易长胖吗？

4 什么食物最容易让人饱

人们虽然可以主动控制自己的饥饱程度，但未必能够控制摄入的能量。大多数人只能感觉到满足不满足、饱胀不饱胀，并不能精确地靠感觉估算摄入的食物有多少能量。最麻烦的是，有些食物体积小而能量高，即便并不觉得饱，胃还没有鼓起来，实际上能量已经过多了。

那么，怎样才能减少能量摄入，同时让胃满足，不至于饭后很快就感到饥饿呢？这绝对是个技术活儿。

好在已经有很多相关研究了，它们提供的答案就是：选择高饱感的食物。

很多人会问，什么叫作"高饱感"食物呢？我怎么才能找到这些食物呢？

在回答这些问题之前，先来了解一下与饱感相关的基础知识。

所谓饱感，其实包括两个方面：一是饱足感（satiation），就是胃里充盈，客观上已经摄入足够的食物，让人自觉地停下筷子；二是饱腹感（satiety），就是身体感觉满足，主观上没有兴趣再吃东西。

换句话说，什么时候饱足感达标了，你就不想再吃了，而且觉得继续吃是一种负担；什么时候饱腹感下降了，你就再次想吃东西，不吃就感觉到不满足，甚至其他事情都干不下去，难以集中精力，总想着赶紧找点吃的。

前面提到过，在研究饱感问题的时候，通常要做一些带标尺的问卷，把饱和饿的感觉分成不同层次，让人们在上面做标记。是特别饿，饿得烦躁不安，什么都干不下去；还是稍微有点饿，觉得等会儿再吃也可以？是饱到再多一口都感觉痛苦的程度，还是多吃几口也可以，停下不吃也可以的程度？

在比较各种食物饱感的时候，要把每一种受试食物按照同样的能量（比如都是300千卡）分成份，给空腹状态的受试者吃。然后，按照每个受试者在餐后不同时间点记下的饱感、饥饿感的分数，做出一条饱感曲线。

显然，刚进餐时人们饱感最高，之后稳定一段时间，饱感曲线开始逐渐下降，直至基本回归到餐前的状态，但也可能比上一餐用餐之前更饿，或没有那么饿。

这条饱感曲线下的面积，被定义为"饱腹指数"（satiety index，SI）。不同的食品，饱腹指数是不一样的。曲线下面积越大，饱腹指数越高，说明在摄入同样能量的前提下，某种食物越容易让人长时间维持饱感。这样的食物，当然特别适合减肥者食用。

在比较不同食物的饱感时，不是按同样重量或同样体积，而是按同样的能量进行比较。

比如说，能量同样是300千卡的食物，如果是巧克力，只有约55克，没多大一块，吃了也不觉得饱；如果是苹果，相当于600克，约3个中等大小的苹果，显然吃起来比巧克力要慢得多；如果是菠菜，相当于近1100克，这个恐怕真的没法一次性吃完。所以说，有些人抱怨吃得少而长胖，真相是他们没有选对食物，吃的东西太多干货了。

如果按能量来比，还会发现，在蛋白质、脂肪、碳水化合物三大产能营养素中，蛋白质的饱腹指数最高，脂肪的饱腹指数最低。碳水化合物食物如果纤维高、脂肪少，则饱感会提升；反过来，精白淀粉加上很多脂肪，饱感就会降低。糖、盐和鲜味剂，以及辣椒之类的调味料，可以提升口感，让人感觉"过瘾"，也会让饱感姗姗来迟，使食欲控制变得困难。

当然，饱和饿是个人的主观感觉，无法用仪器来具体测量，所以也没有绝对一致的数据，只能通过尽量多的受试者进行试验，然后算一个平均值。

◆ **饱感和饥饿感与血糖水平有关。**血糖低的时候，人的饱感迅速下降，饥饿感会疯狂上升；血糖水平上升之后，人的饱感就会上涨。果糖不像葡萄糖那样会快速升高血糖，所以含有很多果糖的碳酸饮料尽管能量不低，饱感却不高，基本上不影响人们进餐的食量，从而带来发胖的隐患。

◆ **饱感受食物好吃程度的影响。**不好吃的食物通常饱感会比较高，好吃的食物则饱感较低。最早研究饱感的科学家是Holt，她从1992年开始进行相关研究，测定了很多食品的饱感，发现按相同能量来比较，以不甜的白面包作为参照食物，把它的饱腹指数定为100，煮土豆的饱感最高，达到343，而牛角面包的饱感只有40。

◆ **饱感受胃肠功能的影响。**消化能力差的人，哪怕没吃多少食物，也经常会在餐后胃中胀满，很不舒服。比如人们情绪痛苦、郁闷的时候，胃里会感到顶着吃不下东西，没吃多少也感觉很胀；人在非常兴奋或紧张的时候，到了吃饭的时间却一点也不觉得饿。此外，人在无聊和沮丧的时候，容易放大饿的信号，用吃东西来让自己有事干或转移情绪。人在睡眠不足的时候，对饱饿信号的敏感度也会降低，容易吃多。

回到我们的主题：什么样的食物容易让人饱，而且吃了之后很久都不会感觉饿？

大量相关研究发现，真正能够大幅度提升饱感的是3个因素：一是蛋白质多一点，脂肪少一点；二是膳食纤维多一点，血糖升得慢一点；三是质地耐嚼一点，需要充分咀嚼后才能咽下去，也就是降低进食速度（Campbell et al，2016）。

在用餐的时候，只要选择符合这3个标准，或者符合其中一两个标准的食物就行了。要避免和这几个标准正相反的食物，特别是蛋白质少而脂肪多的食物，如带着厚厚的面糊煎炸的鱼肉、肥肉、"香酥"菜肴、油炸主食、油酥点心等。

用餐时先吃膳食纤维含量高的食物，如杂粮、薯类，各种叶菜、根茎，以及各种菌类，就不那么容易摄入过多的油水。菌类食物尤其有优势，它们既属于耐嚼的食物，又是高纤维、低能量食物。还要注意喝少油、无糖、低盐的汤水，餐后避免各种甜点，也要少吃各种坚果、瓜子等高能量食物。

当然，我们也没有必要每一餐都计较食物的饱感。比如说，节日就是放松的时候，美食当前，亲情浓浓，偶尔多吃一点没什么关系，只要注意增加运动量——肌肉运动能够消耗过量的脂肪，多吃蛋白质帮助增肌，一部分碳水化合物也会变成肌糖原储藏起来。吃饱后多运动，即便体重暂时上升一些，体形也不会有明显的变化。关于这个问题，后面的章节还会详细解释。

5 盘子大小影响食量吗

盘子大小会影响食量吗？听起来，这好像是一个趣味心理问题，事实上，这是一个不可忽视的营养问题。美国营养学家指出，食物分量太大，可能是美国肥胖者众多的重要原因之一。

现在人们的生活越来越富裕，食物越来越廉价，很多营养价值低的食品都喜欢用"加量不加价""买一赠一""家庭特大特惠装"的促销方式来拉动销售，餐馆也经常会用"量大实惠"的口号招徕顾客。在这种情况下，消费者的食量会受到什么样的影响呢？近年来的研究证明，食物的分量大小的确会影响消费者的饱感，从而影响一日能量的摄入。

一项研究发现，如果加大一份意大利面快餐的分量，人的食量也会随之变大。

虽然这时人吃了更多的东西，饱的感觉却没有什么不同。提供的食物越多，食客们感到饱的时间就越晚，这说明，食物分量可能影响到饥饿感和饱感。

另一项研究发现，食物的提供方式也影响食量。假如孩子得到一份定量的快餐，如果食物分量大，一餐的食量会加大25%；如果让孩子自己动手盛饭菜，那么孩子每餐的食量基本上是恒定的。研究者们分析，这可能由于家长的教育是"只有把盛到盘子里的东西吃光的孩子才是好孩子"，孩子们会努力把盘子里的东西吃完；如果孩子们自己盛饭菜，他们就能靠本能的食欲来控制食量。

一项研究证实了这个推测，研究人员发现，在餐馆吃饭时，盘子里的食物越多，食客的食量也就越大。25%的人承认，食物的分量大小决定了他们要吃多少东西。67%的人坦承，他们在餐馆就餐时，总是把盘子里所有的东西都吃光。众所周知，餐馆里食物的分量通常比较大，所以，常常下馆子的人更容易发胖。

看来，控制食物分量是一个简单而有效的体重控制方法。那么，在生活中应当怎样操作呢？不妨遵循以下几点。

（1）出门吃饭或者采购食品时，一定要避免购买太大的包装，拒绝加量促销的把戏。买大包装食物不仅会因为"怕吃不完过期坏掉"而多吃，还容易真的过期坏掉，最后除了增加肥肉，在经济上也占不到什么便宜。

（2）在餐馆吃饭时，尽量选择分量较小的菜肴，或者多请几个朋友分享。不要总想着"这些菜分量少，不实惠"，或者"来个大盘的看着比较体面"，这都是贫困时代的思维方式了。

（3）在食堂、餐厅里，如果有些食物分量太大，不如找个同学、朋友、同事来分享。比如，虽然盖饭上的菜肴很让你心动，但一份盖饭中米饭太多了，可以和朋友合买一份，一人一半，然后再添点其他少油菜肴或凉菜，既省钱又环保，还不容易长胖。

（4）在控制不住想吃甜点或其他零食时，直接买最小份的。比如，去最高档的甜品店买最好吃的一款，但只买最小份，这样既吃得特别幸福，心理上得到满足，又不至于摄入太多能量。

（5）如果已经买了大包装的零食或高能量食品，就将它们分装成几个小份的，一次只取一小份来吃，避免一次食用过量。或者，找几个朋友一起来分享，独乐乐不如众乐乐，自己少吃点，但赢得了友情，也是很快乐的。

（6）采购天然食物素材，在家里自己烹饪，用较小的餐具盛饭菜，做到少量、多样、丰富、新鲜。

（7）给需要减肥的家人盛饭盛菜时，饭盛得松一点、少一点，不够吃就再加一点点。

总之，让身体学会按照自然的食欲调节机制来调整食量，才是长期维持正常身材的关键所在！

6 吃对顺序有利于防止发胖吗

你在家吃饭的时候，有没有先吃什么后吃什么的规矩？

年轻人的回答通常是："这有什么规矩，想吃什么先吃什么呗！"

40岁以上的人却常常会回答："有啊，爸妈教育说，吃饭的时候要先吃两口饭，再一口饭一口菜地吃。不能不吃主食，上来就拼命吃自己喜欢的菜。"在过去物质匮乏的时代，常常吃好几口饭才能吃到一口菜，那时候许多家庭还常常把菜分到小盘子或者饭碗里，每个人一小份。父母经常教育那些馋嘴的小孩子："不要一下子把菜都吃完，还有一大碗饭呢，菜要慢慢吃，最好吃的要留到最后吃。"

另外，进餐时要先吃干的，后喝稀的：先吃馒头或饼，后喝稀饭；或者先吃米饭和菜，后喝汤。水果和花生、瓜子之类的零食当然是饭后才能吃……

这种进餐顺序确实是中国传统的饮食教育，但是，这样真的符合科学吗？要看具体情况，或许在过去是正确的，但换到如今的生活环境中，还真不一定。

在物质匮乏的时代，人们的生活以体力劳动为主，那时候既不用考虑发胖的问题，也不用考虑高血糖、高血脂的麻烦。人们唯一期望的，就是能够摄入充足的能量，把蛋白质和脂肪吃够。由于鱼肉蛋奶太少，饮食中的蛋白质似乎永远不够，人们便极度珍惜这种资源。

淀粉的供能速度快，消化吸收所耗费的能量比蛋白质少，而且还有"节约蛋白质"的作用。如果在饥饿时先吃蛋白质，后吃淀粉类，就可能有一部分蛋白质被消耗。哪怕只是浪费一点儿，在那个年代都会令人心疼。所以，父母教育孩子们，不要还没有吃饭就把菜盘中珍贵的鱼肉蛋类食物先塞到嘴里，这是合情合理的。

进入21世纪，我国国情发生了巨大的改变。如今人们体力活动很少，超重、肥胖，以及患有脂肪肝、高血脂、高血糖的人越来越多。这类人不缺蛋白质和脂肪，但很喜欢各种精加工的淀粉类食物，而且坚守着先吃主食后吃菜，主食比菜看重要的原则。白米饭、白馒头、花卷、大饼、炒粉，样样都爱，即便肚凸肠肥，也不肯放弃原有的饮食习惯。要让他们克制旺盛的食欲，每餐少吃一点，难度也非常大，人们在自己的习惯和本能面前，总是意志薄弱的。

在体重和血脂、血糖一路飙升之后，既能控制自己的食量，又无须挑战自己的意志力，无须刻意节食，这到底能不能做到呢？很多人都求助于各种药物和保健品，却忽视了一个简单而无须额外花费的方法：改变饮食顺序和食物比例。

研究发现，在吃饭之前，如果能够先吃点富含蛋白质的食物，或者喝一两勺橄榄油等油脂，有降低餐后血糖反应的作用。这种吃法能够提升GLP-1、缩胆囊素等与食欲控制有关的激素，降低胃的排空速度，从而降低食物的消化吸收速度，延缓餐后血糖上升速度。

还有研究发现，如果不是先吃饭后吃菜，而是把奶类、豆制品、肉类等富含蛋白质的食物和主食配合食用，餐后血糖反应也会下降。特别是奶类，能够提升餐后的胰岛素分泌量，从而降低血糖反应。也有研究者把白面包等升血糖极快的主食和巴旦木等坚果一起配合食用，发现这样能够有效降低餐后血糖反应。这可能与坚果类食物膳食纤维含量高、脂肪和蛋白质含量高、消化速度特别慢有一定关系。

这些研究结果说明，很多减肥者和高血脂、糖尿病患者饮食过度单一，只吃一点主食，鱼肉蛋奶、坚果油籽都不敢吃，反而不利于血糖控制。主食配合富含蛋白质的食物，这种饮食方式才有利于控制食欲、稳定血糖。

与进食顺序有关的最经典的研究还要数日本的一项大型研究。

研究者让健康志愿者和患糖尿病的志愿者先吃一盘蔬菜，再吃其他菜肴，最后菜配着米饭吃，跟踪测定他们从用餐前到用餐后4小时之间每个时间点的血糖水平，发现与先吃米饭再一口饭一口菜的方式相比，先吃菜的方式能让餐后血糖峰值大幅度降低。这个结果无论在健康人还是糖尿病患者中都是一样的。

研究者又让200多名糖尿病患者按这个方案吃饭，结果在两年半的时间中，患者的血糖水平得到改善，而且腰围缩小、体脂下降、血脂下降。后来，这个"先菜后饭"的饮食方案被推广开来。

一个简单的防止肥胖的进食顺序可以得出来了。

首先，餐前20~30分钟喝一大杯水，或者先吃个苹果。然后，吃一碗煮蔬菜，最好是加少量油、少量水，蒸两三分钟的绿叶蔬菜。最后，把其他菜肴拿到面前，把米饭、馒头推到远处，一大口菜，一小口主食。

菜肴的种类也很重要，蔬菜必须包括3类：深色蔬菜类、浅色蔬菜类、菌藻类。再加上一份富含蛋白质的食物，如豆腐、鱼虾、瘦肉等。

举个例子，在吃饭之前，先吃一小个苹果，然后吃一碗加半汤匙香油煮熟的小白菜，其中小白菜200克、水半碗。此时再开始正式吃饭，一口青椒香菇炒豆干，一口炖冬瓜，再配一口米饭。这么吃的好处是：蛋白质的量得到保障，蔬菜的数量大幅度增加，膳食纤维特别充足，胃里觉得非常饱，主食想多吃都吃不下，下一餐之前根本不觉得饿，自然也就无须刻意控制食量了。

其实，不仅仅控制血糖该这么吃，凡是患有脂肪肝、高血脂以及肥胖的人，都不妨试一试改变自己的进食顺序，相信一定会有大不一样的结果。若能再加上一点运动，轻轻松松就能慢慢瘦下来呢！

7 拿什么食物来垫垫底儿

最近十几年来，在职人员都有一个很明显的感受，就是生活节奏越来越快，人们越来越忙了。忙到什么程度呢？不少人经常不能按时吃好三餐。工作越是忙，人反而越是容易胖，为什么呢？

所谓"先饥而食，先渴而饮"，稍微有一点点饿的时候吃一点东西，就不容易"饥不择食"，丧失理智地胡吃海塞。人们都有体验，在饥饿的时候吃什么都特别猛、特别快，很难理性地选择食物品种，也很难控制食量。所以，如果不想吃得过多，还要注意别让自己过度饥饿，因为人的理智在与生理本能对抗时，大多数时候是失败的。

而且，人如果一直处于饥饿的状态，工作效率也会降低。人在低血糖状态下，动作准确性和思维敏捷性都会下降，很容易出现工作效率低下，甚至频频发生失误的情况。在饥饿状态下，人会变得不耐烦，心情容易沮丧，往往会做出错误的决策。

特别要注意的是，如果因为加班而推迟晚餐，直到深夜再暴饮暴食，不但容易患上胃病、胆结石，夜里进食过多，还会增加心脑血管疾病的罹患风险。

如果不能及时就餐，不妨先拿些食物来填填肚子。比如，在办公室或手提包里放一些食品，作为"备荒食物"。

我问了很多人，发现最常见的"备荒食物"是饼干，然后是能量棒和巧克力，有人会准备一些袋装膨化食品、派之类的小零食，还有人在办公室准备了糖块、蜜饯、果冻、奶片、甜饮料等。这些食物的共同特点，就是容易携带和保存，而且能够一边吃一边在电脑前工作。

读过前面的内容之后，各位读者都已经明了，垫底儿最好不要用饼干、蛋糕、巧克力、糖果、薯片一类的食物。

饼干是什么做的？想想就知道了，它的主要成分是油、糖和面粉，维生素含量非常少，钙、铁含量都很低，营养价值还不如馒头和米饭，脂肪含量和能量却很高。一般来说，越是酥脆好吃的饼干，所含油脂就越多，能量就越高，对减肥的阻碍就越大。

饼干还有一个坏处，就是吃起来往往很难停住，特别是一边吃一边工作，一不小心就会把一包饼干吃完。吃了饼干，等工作结束再吃饭，恐怕就有发胖的风险了。

除了饼干之外，蛋糕、曲奇以及西饼店里的各种酥点都有这类问题。所以，这类食物切不可经常作为代餐食品。

甜巧克力约含糖50％，含脂肪40％，能量非常高。它的蛋白质含量很少，维生素含量也不高，也不适合作为代餐食品。

有很多朋友说，巧克力对健康有益。其实，所谓巧克力对人体有益，是说其中的多酚类物质含量较高，抗氧化效力特别强，故而有利于预防心血管疾病。但这并不是说，市面上销售的巧克力一定有这样的功效，只有那些味道苦涩浓重，没有明显甜味、油脂少、可可原浆或可可粉含量高达80％以上的黑巧克力才有一定的类似功效。而那些明显有甜味的巧克力基本都是高糖、高脂肪、低可可原浆的品种，达不到预期的健康促进作用。

膨化食品中除了淀粉类原料，还有相当多的油、盐、味精、糖等，是高能量、高盐食品。为了达到酥脆的口感，膨化食品必须用低蛋白的材料来制作，所以，那些又爽又脆的膨化食品，蛋白质含量通常比方便面还要低。另外，它们的维生素含量很低，根本不含维生素A、维生素C、维生素D，钾、钙、铁等矿物质含量也不足，把它们作为代餐食品，实在是不可取。

如果因为长时间吃不上饭，就一瓶又一瓶地喝甜饮料，摄入的糖分很容易严重超标。比如，一大瓶可乐含糖达到130克，相当于高高堆起的一碗米饭，而营养价值却是负数，常用它来安慰饥饿的胃肠，只能让人变得虚胖。喝那些所谓的无糖饮料，虽不会升高血糖，却也不能控制食欲，绝对不是充饥的好饮料。

用来垫垫底儿的食物，应富含蛋白质，或者富含膳食纤维；可以水分多一点，体积大一点，能给胃带来充实感；或者特别耐咀嚼，能量还不能太高。

如果综合营养、耐饥、方便3个方面的考虑，入选的食物有以下这些。

（1）液体食物：推荐牛奶、酸奶和豆浆。按单位能量来计算，豆浆的饱腹指数是最高的。

（2）半固体食物：燕麦片冲的粥，五谷杂粮粉冲的糊。能量不太高，但饱腹指数相对高。

（3）固体食物：牛肉干、煮鸡蛋（不太咸的卤蛋也可）、苹果、干枣。

可以把这些食物放在包里或办公室里，在稍觉得饿时吃一点，过半小时再吃一点，以便维持工作效率，延迟饥饿感。可以考虑固体和液体配合食用，比如燕麦粥加牛肉干、酸奶加苹果、牛奶加干枣。

与饼干、糕点之类的食物相比，以上这些食物的充饥效果怎么样，试一试就知道了，而且营养价值完全不可同日而语。

另外，还是要忠告一句：如果饭前已经吃了不少东西，那么推迟的那一餐就要相应少吃，否则总能量还是会过剩的。

8 饮料能帮你控制食量吗

很多人都听说过，甜饮料会让人发胖。的确，多项流行病学调查研究发现，随着甜饮料摄入量的上升，居民的肥胖率也会增加。例如，最近20年来，在美国儿童和青少年中，甜饮料的消费一直在增长，而肥胖率也在不断上升。美国农业部的数据表明，56%~85%的未成年人每天在学校消费至少1罐软饮料，而20%的未成年人每天消费4罐以上软饮料。每罐饮料大约含有40克糖、150千卡能量。

甜饮料也会让人感觉饱，不考虑营养质量的问题，喝甜饮料之后，人体会不会感觉到已经摄入一定量的糖分，等到吃饭的时候少吃一些呢？

研究发现，大部分甜饮料的确具有饱感。如果在喝甜饮料后短时间内吃饭，比如半小时之内，的确会少吃一些，餐前30分钟喝甜饮料的效果最明显。饱感专家们把这个反应叫作"补偿效应"，也就是说，人体有一种保持能量平衡的本能，如果这会儿多吃了一点东西，饥饿感下降，之后就会少吃一些东西。与成人相比，孩子的这种补偿效应更明显一些。

这样看来，似乎喝甜饮料并不会造成肥胖的问题，但事实并非如此，为什么呢？其中可能有两个主要原因。

　　第一个原因是，甜饮料的饱感维持时间是有限的。过了一定的时间，就不会有这样的作用。因为甜饮料容易吸收，喝了甜饮料，血糖升高比较快，下降也比较快。一旦血糖下降，饱感就不复存在。如果血糖下降过快，还有可能增加食欲。

　　第二个原因是，人们吃饭的时候，并不总是可以自由地控制食物的数量。对于很多人来说，午餐的食物往往是定量的，无论之前是否喝了饮料，都要吃完一份饭菜。学生们吃学校午餐，成人们吃盒饭或快餐，每一份饭的量都是固定的，而人们从小就受到"不要浪费"的教育，习惯于把饭菜消灭干净，所以，如果饭前多喝了一罐饮料，结局显然是增加一天摄入的能量，从而引起肥胖。

　　那么，有没有可能让糖帮助人体控制食欲呢？有。如果感觉饥饿难耐，又无法马上开饭，可以先吃一两块糖，或者喝一杯含糖饮料，缓和一下焦躁的情绪，再于半小时之内开饭，就可以避免因为饥饿过度大吃大喝，使体内的能量过剩了。

　　当然，喝含糖饮料的效果并不是最好的。如果喝加糖的豆浆或牛奶，会产生更为明显的饱感，也能提供更多的营养成分，这是餐前安慰情绪、提高体能的好方法。

9 狼吞虎咽会让人发胖吗

　　人们经常听说，吃饭快会让人发胖，"十个胖子九个快"，而细嚼慢咽会让人瘦。影视明星也常会分享自己"一口饭嚼几十下"之类的瘦身秘诀。

　　吃饭快慢会影响胖瘦，这个说法并非空穴来风。

　　早就有多项调查证明，吃饭快的人的确具有更高的发胖风险。一项在6000多名日本居民中进行的调查研究证实，不吃早餐、吃晚饭时间太晚、吃饭太快这3个不良进食习惯当中，只有吃饭快和发胖有正向联系。那些吃得快的人，确实成为胖子的风险更大，而吃饭快再加上吃晚饭时间晚，或者吃饭快再加上不吃早餐，或者3个不良进食习惯兼有，那么肥胖的风险就更大（Lee，2016）。

　　总之，学界公认，进食过快是一种可能导致肥胖的行为。

　　然而，有些人尝试每餐都细嚼慢咽，结果发现食量和体重并没有什么变化。这又是为什么呢？

　　就我所获得的国外研究资料，以及我们实验室的研究结果来看，吃饭速度并不是影响胖瘦的独立因素，它和胖瘦之间很可能是一种间接的关联。

为什么这么说呢？我们来看看研究证据。

有研究者就进食速度对能量摄入、饥饿感的影响做了系统性综述（Robinson，2014）。研究者纳入了21项高质量的人体进食行为研究，发现进食速度快确实显著增加了自主能量摄入。简单说，吃得快就容易吃得多这个基本结论是正确的，不过总体而言，影响力度没有那么大。在此前的各项研究中，并不是每项研究都发现改变进食速度能够降低一餐中的能量摄入，或者降低肥胖的危险。这是因为，每项研究的设计都不一样。

有4项研究只是口头告诉受试者，要吃慢一点，多嚼一嚼；有7项研究改变食物质地，将食物做得软一点或者硬一点，使人们客观上缩短或延长咀嚼时间；有6项研究采用监控受试者摄入速度并通过电脑屏幕给予反馈的方式来控制进食速度；还有4项研究通过调整食物供应速度或改变餐具/容器的方式来人工调整进食速度。

口头告诉大家要吃快点或吃慢点的研究，没有取得明显效果；而那些改变食物质地的研究发现，摄入需要充分咀嚼的食物，的确有降低能量摄入的效果（Forde et al，2013）。

对进食速度与下一餐前的饥饿感之间的关系进行分析，未发现进食速度快会增加下一餐前的饥饿感。也就是说，吃慢一点，还是吃快一点，似乎不影响食物的耐饿的效果。

那么，吃得快为什么在各项流行病学调查中表现出促进肥胖的效果呢？

这很可能是因为，一方面，人们吃得快或慢，是依赖于食物本身的质地、特点；另一方面，人们的身体状况各不一样。

如果是同样一种食物，同样的消化吸收能力，那么吃得快一点或慢一点，对食量的影响并不大，对耐饿效果的影响也不大。

在流行病学调查中，人们所吃的食物本来就是不一样的，有些食物人们想吃快都做不到。我在电视台做节目时，就现场试验过。

我们先让自认为"吃得快"的现场观众举手上台，然后给每个人一大片面包。所有人都在半分钟内吃完了，最快的只用十几秒就塞进嘴里咽下去了。

然而，给每个人一个完整的苹果，速度就明显放慢了，没有一个人能在1分钟之内吃完苹果。一个苹果和一片面包的能量差不多，但是因为苹果的质地特点，不好好嚼实在没法咽下去。

同理，吃白米白面做的食品，人们可以吃得很快，但吃全谷杂粮，如整粒煮的燕麦粥，就需要更认真地咀嚼才能咽下去，这就属于被迫放慢进食速度，按单位时间来算，每分钟摄入的能量明显下降。

我们实验室所做的血糖研究，几乎每次都要测定进食速度（由于文章篇幅所限，大部分进食速度数据没有发表）。我们一次又一次发现，那些质地更耐嚼的食物，会使人进食速度更慢，血糖反应更慢，这样的食物饱感更强（王淑颖等，2013；Zhu et al, 2019）。研究证实，较慢的进食速度可以提升肠道中的GLP-1和PYY这两种与饱感有关的胃肠激素水平（Sonoki, 2013），吃得快则会增加中年人出现胰岛素抵抗的风险（Otsuka, 2008）。

所以说，进食速度未必是一个影响胖瘦的独立因素，但如果进食速度总是太快，说明这个人的饮食结构有问题，很可能是全谷杂粮比例低，果蔬没吃够，这样的饮食结构本来就容易令人发胖。此外，吃得太快会让下丘脑的饱中枢来不及做出反应，从而没有机会控制食量，使人更容易发胖！

进食的最大速度还与身体条件有关。那些胃肠不好的人，以及牙不好的人，即便想吃快也很困难。他们牙齿力度不足，不得不慢慢嚼；而胃肠不好的人如果不慢慢嚼，胃肠就会感觉不舒服。进食速度慢，很可能意味着消化能力弱，这样的人本来就不容易发胖。

总之，"吃得快"这件事，很可能不是一个独立的发胖因素，更多的可能是因为食物不同，消化吸收能力不同。

要想预防发胖，最重要的是吃高纤维、耐嚼、富含营养的食物。吃这种食物很难吃得太快，而且营养合理，自然不容易发胖。

测试4：你善于控制自己的食量吗

一位严重肥胖的女士问营养师："我怎样才能瘦下来？"

营养师回答："吃到七分饱就停下来。"

她接着问："吃多少才叫七分饱呢？"

如果连感知饥饱这种本能都丧失了，体重控制大业就很难成功了。

请如实选择下面各个问题的答案。选A计1分，选B计2分，选C计3分。

1. 你为家人做了一顿丰盛的晚餐，饭后收拾桌子时，你发现其中有道菜没吃完，电饭锅里的米饭也剩了两口，你会怎么做？

    A. 已经吃饱，但浪费了有点可惜，拿保鲜盒把它盛起来放冰箱里

    B. 喜欢吃的我就吃掉，不太爱吃的就剩下或扔掉

    C. 不就两口嘛，吃了也不会撑得慌，光盘是美德啊

2. 如果去餐馆吃饭，盘子里的菜有点多，你会怎么做？

    A. 盘子里菜多菜少，都不影响我的食量

    B. 菜多就多吃点，实在吃不下就剩一点

    C. 习惯性地必须把盘子里的食物吃光

3. 如果你去吃自助餐，你会按什么顺序吃东西？

    A. 先喝点汤，吃点蔬菜，再吃鱼肉海鲜，最后吃主食，不管价钱，只考虑胃里舒服

    B. 先吃肉类，再吃小包子、饺子、饼、炒饭、披萨饼等主食，最后吃点菜

    C. 先吃块甜点，再吃海鲜和肉类，最后吃小吃，基本不吃蔬菜，把价钱吃回来

4. 如果别人请你吃宴席，你会怎么吃？

　　A. 先吃些蔬菜和油少的鱼肉类，油腻味重的菜肴浅尝辄止，食量不明显增加

　　B. 各种菜肴都吃点，主食就吃点白米饭，食量难免比平日多点

　　C. 什么菜味重吃什么，最后再吃些饺子、葱油饼、炒饭之类的花色主食，不控制量

5. 在开始减肥之前，对于自己喜欢吃的东西，要吃到什么程度才会停嘴？

　　A. 对食物没兴趣了就停嘴，胃里还没有明显的胀满感

　　B. 直到胃里有顶起来的感觉才停嘴

　　C. 只要面前有就会继续吃，直到食物彻底吃完了才停嘴

6. 减肥开始之后，你吃到什么程度就停嘴了？

　　A. 感觉不饿了，吃也可以、不吃也可以的程度就停嘴

　　B. 不太清楚什么叫作"不饿"，要给自己规定一个量才能避免多吃

　　C. 对饱和饿都失去概念，如果不是克制自己，就会一直吃下去

7. 你认为以下哪种情况叫"七分饱"？

　　A. 胃里还没有饱胀的感觉，但停下不继续吃，下顿也不会提前饿

　　B. 胃里微微有点饱胀的感觉，但还能再塞下一些食物

　　C. 还没有正常吃饱，刚刚不饿就停下来，过不了多久就又饿了

8. 如果因为在办公室加班，午饭很可能要推迟2小时，你会选择以下哪种做法呢？

　　A. 提前准备好牛奶、豆浆、果仁、枣等方便吃的食品，在正常午餐时间之前垫垫底儿

　　B. 准备饼干、点心、面包之类，饿了就一边工作一边吃点

　　C. 什么都不吃，饿了就扛着，一直到工作结束再去找吃的

9. 如果你饿了，可以选择一种食物当零食，你认为以下哪一种比较容易吃饱?

　　A. 能量为100千卡的豆浆

　　B. 能量为100千卡的烤馒头片

　　C. 能量为100千卡的巧克力

10. 如果你去超市买食物，你会怎么选择?

　　A. 什么都优先买小份的，不考虑"加量不加价"的诱惑，吃完再买好了

　　B. 对大份的优惠装比较动心，但也要考虑一下是不是吃得完

　　C. 经常买大份的特惠装，怕吃不完过期，就每天多吃点

11. 你在西饼店里看到了自己最爱的奶酪蛋糕，特别动心，又怕它能量过高，你会怎么办?

　　A. 选最贵的奶酪蛋糕，要最小份的，吃完真满足，晚上炒菜改蒸菜，减点脂肪就行

　　B. 没有买奶酪蛋糕，买了个肉松面包，也算心理平衡点

　　C. 平日都忍了，今天实在忍不住，干脆买个大的吃个够，明天饿一天好了

12. 如果你晚上睡前容易饿，你会在睡前1小时吃以下哪种夜宵?

　　A. 喝一杯牛奶

　　B. 吃一根香蕉或一个大苹果

　　C. 吃半包饼干、两片面包，甚至来包方便面

　　分数越低，说明你对食量的控制能力越强，越不容易进食过量而发胖。分数超过18分，就要注意了。如果分数在24分以上，那就令人担心啦，你可能正在饥饿和饱胀的冰火两重天中挣扎，失去了本能的饱感，找不到合适的食量，找不到控制食欲的方法。

故事分享4：为什么你管不住自己的嘴

有一次，我到一个电视台做节目，到了午餐时间，餐桌上只有一盘炒白菜和一碗米饭。我很是惊讶，因为即便条件艰苦，这么单调的午餐也极为罕见。

电视台人员解释说，这是为我特别制作的。他们不知从哪儿听说，我是个素食主义者，鱼肉蛋奶都不吃；还听说，我不吃反季节蔬菜，深秋季节应季的只有大白菜；此外，听说我不吃辣椒、花椒，所以炒白菜只放了姜丝、盐和醋。

我无语，这谣言未免和事实差距太大了吧？虽说对各种食物的喜好度有所差异，但除了肥肉，我并没有绝对不吃的东西。别说鱼肉蛋奶，就是肠子肚子、肝脏肾脏、蚕蛹蚂蚱，也都不是我的禁忌。在调味方面，花椒、辣椒、孜然、芥末、小茴香、大茴香、鼠尾草、甜紫苏、迷迭香、百里香……各种香辛料我都能欣赏。至于蔬菜，对我来说，不管是否应季菜，每天半斤深绿色叶菜都是必需的。

我默默地把那盘白菜吃完，米饭也吃了大半碗，然后继续录节目。但是，胃里实在是极不满足。简单算了一下，这餐午饭的蛋白质摄入量只有7克，与20克的基本要求还差得很远，也难怪我的胃很不满意。于是，我要求再供应一瓶酸奶，总算是保持了正常的体能。

录完节目，赶到火车站，时间是下午4点，我已经饥肠辘辘，有一种要马上进餐的冲动。看看周围的快餐店，日常不屑一顾的汉堡包，从来不感兴趣的炸鸡腿，此时都显得诱惑无穷。

我克制着立刻吃掉一个大汉堡的欲望，买了一杯牛奶、一杯豆浆，加上一根烤鸡翅，没有碰油炸食品。在火车上，我把它们全部吃完之后，胃肠的情绪才逐渐恢复到平和状态。算了一下，这些食物大概含蛋白质17克，加上午餐那7克，大致与我日常正餐中摄入二十几克蛋白质的状态相当。看来，补充了蛋白质和能量之后，身体暂时感觉满意了。

很多人问过我，为什么不吃垃圾食品？为什么不吃甜食和油炸食品？克制自己的食欲会不会感觉不幸福？事实上，日常我的饮食注重营养平衡、数量合理，不到第二餐的时间就不会感觉到饥饿，所以，三餐之外，我对点心、快餐等食物几乎没有什么欲望。由于日常蛋白质和脂肪数量都已经足够，我对油大味重的食物根本没有向往。

回想那次经历，我再一次体会到：如果你对很多高能量食物总是心向往之，那么最大的原因可能是，日常三餐的质量太低，没有满足身体的营养需求。很多女性都有这样的体会，在节食减肥之后，原来那些并不觉得好吃的东西，突然变得特别有诱惑力，比如甜点、饼干、月饼、黄油之类，因为身体没有得到足够的营养，就容易对高能量食物产生异常热切的向往。

人们迫切想吃的食物，往往都是马上能够入口的、油大糖多淀粉多的食物，很多人不一定能像我这样，先喝一大杯牛奶和豆浆来抑制食欲。其实，如果当时只有一角蛋糕或一只大汉堡的选择，我肯定也会用最快的速度把它们吃完，但营养质量远不如我选择的那些食物，而且能量要高得多。但是，在生理本能的驱使下，有多少人能保持理性呢？

不合理的节食只是暂时的自我克制，却难以避免克制之后的爆发。克制食欲，处于饥肠辘辘的状态，会令人产生不满足感和被剥夺感；营养不良的状态，造成精神不振，头脑迟钝，工作效率降低，同时还会带来食欲的异常、食量的爆发。由于暴食时选择的都是低营养价值的食物，只会让人长胖，不能改善营养，此后又带来深深的悔恨和自我厌弃，进一步让人走向不幸福的深渊，甚至发展为暴食症、贪食症等进食紊乱相关的心理行为疾病。

要解决这些问题其实并不难，只需要从远离节食减肥，补足身体所需营养开始。如果已经因为节食减肥而导致食欲爆发，那也不要因为暴食一次，下一餐就不敢进食，相反，三餐要定时定量。每一餐都要比以前吃更多的蛋白质，包括鱼肉蛋奶和豆制品，同时吃足够多的主食和蔬菜，这样饱感充足，餐后就不再想吃其他东西，下一餐的食欲也自然会下降。忘记体重，专注于学习、工作、健身等，一段时间之后，你就会发现，虽然体重可能有所上升，体形却没有明显变差，甚至还有所改善。最重要的是，心情和脸色都变好，活力也增强，人的自信心和幸福感也慢慢回归。

每个人都不要忘记，吃好三餐、平衡营养，照顾好自己的身体，身体才会回报给你美丽、活力和幸福！

故事分享5：怎样点菜不容易发胖

某日晚上和朋友聚餐，说到了北京最有名的烤鸭。烤鸭为什么那样令人馋涎欲滴，美名传于四海？想来想去，无非是"肥美"二字，加上又甜又咸又刺激食欲的调料。研究表明，烤鸭的脂肪含量高达40%，普通鸭子的脂肪含量则要低得多。

如今生活好了，烤鸭的诱惑力也逐渐变小，就好像月饼早已被都市人厌倦一样。朋友对此大加感叹，我说："无非是日常饮食中油水太多而已。只要提前一周天天低脂肪素食，保证见到烤鸭热情万丈，感觉味美无比。"

朋友说："虽说如此，烤鸭其实吃不了半盘就饱了，蔬菜和水果却可以大盘大盘地吃。所以，还是吃有油水的东西更容易饱，没油水的东西更容易过量。"

我说："事实正好相反，很多研究一致证明，论饱感的强弱，排序是蛋白质>碳水化合物>脂肪>酒精。平日人们都说吃脂肪多的东西容易饱，其实那是一种表象。你想想，过去油水少的时候，大家拼命吃东西，怎么就不胖？现在吃东西油水大了，怎么吃一点点就胖？除了运动因素之外，脂肪多了不容易饱也是一个重要原因。"

朋友不可思议地看着我："怎么可能，吃脂肪多的食物反而容易吃多？"

其实，这正是脂肪的欺骗性所在，研究已经揭穿它的伪装。

在一项研究中，研究者给受试者吃看起来相同的食物，但悄悄地把食物中的脂肪含量做了调整，有的高，有的低，然后请受试者报告吃完后的饱感。

结果，无论选择什么食品，选择什么年龄、性别的受试者，结果都大同小异：食物中的脂肪含量低一点或高一点，饱感都差不多。如果按照单位能量来计算，脂肪摄入量越高，单位能量的饱感就越低。也就是说，如果同样吃500千卡的食物，脂肪多的东西体积又小，味道又香，吃起来反而更不觉得饱，所以更容易吃过量。所谓过量不过量，是按总能量来计算的，不是按照总重量来计算的。

我给朋友计算了一番。

烤鸭含有40%的脂肪，每100克的能量高达420千卡左右。如果三个人分一只鸭子，大概每人吃150克烤鸭，加上50克面粉制成的荷叶饼，一共得到约800千卡的能量。加上其他凉菜和配料等，能量大概达到1000千卡。

如果把烤鸭换成低脂鸡胸肉呢？它的脂肪含量只有5%，每100克含能量130千卡。同样吃150克烤鸡胸肉，刷点甜面酱和其他配料，加上50克面饼和一点凉菜，一共得到660千卡左右的能量。可是，哪个更容易让人停下来呢？恐怕烤鸭会让人意犹未尽，而烤鸡胸肉则让人觉得不想再吃了。两者相差300多千卡的能量呢。

我们的身体习惯于用重量来计算食物的摄入量，而不习惯用其中的能量多少来评价食物是否吃得够了。在能量相同的情况下，高脂肪食物的重量一定是比较小的，所以身体会感觉意犹未尽，而且高脂肪食物的口感比较好，更能激起人的食欲，让人更难以自主控制食量。

一篇研究文献综合了13项相关研究的结果，得出这样一个结论：在不进行"低碳饮食"等特殊饮食模式的前提下，"证据强烈地支持这样一个结论，低脂饮食才是预防体重增长的最佳选择"。

这里所说的"低脂饮食"，不是说一点脂肪都没有，而是把脂肪供能比例控制在30%以下。所以，《中国居民膳食指南》推荐大家每天把烹调用油控制在25~30克，而且这个数量不仅包括炒菜油，还包括了煎炸食品、各种面点、饼干、蛋糕等含淀粉食品中添加的油脂。

听完我的分析，朋友终于露出恍然大悟的表情："原来是这样，怪不得我觉得自己吃得不多，却总是瘦不下来，原来我爱吃的都是高脂肪食物啊。得，明晚我改吃白斩鸡加大拌菜加蒸芋头，这总行了吧？"

我竖起大拇指："你学得可真快。没错，这是低脂选择。不过，不用那么严苛，贵在坚持啊！"

第四章

选择什么减肥方法

1 谁需要通过饮食控制体重

减肥的基本方法无非3种：生活方式调整、药物治疗、手术治疗。

具体要采取哪一种减肥方法呢？首先需要让专业人员全面评估你的情况。

需要给指导减肥的营养师提供以下资料。

● 性别、年龄，本人疾病史、用药史，家族疾病史等，如有基因检测结果最好。

● 身高、体重、腰围、体脂率、肌肉量等。

● 血压、血糖、血脂、血胆固醇水平、肝功能、肾功能、心功能等。

● 饮食习惯、运动习惯、生活状态、烹调条件、消化吸收能力等；最好能够提供详细记录的3天食谱，包括食物的品种、数量和烹调方法，食用后的感觉等。

● 减肥行为相关历史、减肥意愿、减肥速度预期等。

● 最好能够进行营养知识理解能力和心理行为特点方面的问卷测试。

　　专业人员根据这些情况，评估各种减肥方法的风险，制定具体减肥方案。

自我评估：你需要采用什么减肥方法？

BMI超过35，属于严重肥胖，有患慢性病的风险因素，又有肥胖相关的并发症时，可以考虑手术治疗，如胃肠手术、抽脂手术等。手术之前需要做详细的健康检查和风险评估。手术之后，还要做生活方式的调整，改变饮食和运动习惯，否则即便瘦下去，将来还有可能反弹。

慢性病风险因素评估依据以下几方面。

● BMI≥24。

● 男性腰围≥90厘米，女性腰围≥85厘米。

● 男性体脂率≥25%，女性体脂率≥30%。

● 有高血压、高血糖、高血脂、睡眠呼吸暂停综合征等情况。

BMI为28~35，属于肥胖，而且用调整生活方式的方法减重难以奏效，可以考虑在肝肾功能许可的前提下，在营养师指导下使用减肥药物。服药减重之后，还要做生活方式的调整，改变饮食和运动习惯，否则即便瘦下去，将来还有可能反弹。

BMI为24~28，属于超重，不建议使用手术和药物方法，应当直接通过调整饮食、增加运动、改变错误行为、调整生活习惯的方式来减肥。

BMI在24以下，但体脂率过高的情况，应当直接采用增加运动、改变饮食结构的方式来增肌减脂，不能采用饥饿节食方法。

BMI在24以下，而且体脂率并不过高，只是想让体形更加完美的情况，应当咨询健身专家，采用运动塑形的方式改善身材，无须降低饮食能量。

如今我国处于社会主义初级阶段，而我国的肥胖状态也是"肥胖社会的早期阶段"。中重度肥胖者不多，绝大多数需要控制体重的人还处于超重和轻度肥胖状态，并没有达到需要手术的程度。甚至大部分嚷着要减肥的女性，实际上体重并没有达到超重标准，仅仅是体脂率略高一点，或体形不够完美而已。凡是今后想生育的人，想快乐地运动的人，以及绝大多数只想减重几千克到二十几千克的人，不适合走手术减肥这条路。

也就是说，如果靠调整日常生活习惯的方式就可以达到减肥目标，最好还是不要吃药、做手术。哪怕是吃了减肥药物，甚至做了减肥手术，最终还是要回到日常生活中。如果不注意日常饮食和运动，用各种药物或手术减掉的那些肥肉，最后很有可能又会回到身上。

所以说，控制饮食是减肥的必经之路。

胃肠减肥手术是怎么回事？

胃是一个像袋子一样的空腔器官。胃壁很有弹性，平时缩得比较小，吃东西之后就会伸展开来，容积增加十几倍甚至二十几倍。

许多人可能都听说过"缩胃手术"，就是给胃做个"袖状切除"，能让平日食量特别大的胖子少吃东西，达到减肥的目的。说得简单一点，就好像把一个袋子纵向缝起来一部分，让它变窄，盛东西的容积就小了。

切掉或缝起来一部分胃之后，减肥者就不敢多吃东西了。一旦吃得太多，胃不仅不舒服，而且还有撑爆的危险。一旦胃发生破裂，食物直接进入腹腔，造成感染，那可是要命的事情！

切除一部分胃还能降低食欲。胃可以分泌一种激素，叫作"饥饿素"。一旦食物摄入不足，这种激素的分泌量就会增加，让人产生更强的进食欲望。如果切掉一部分胃，这种激素的分泌量就会跟着下降，这样就不那么想吃东西了。目前还有另外一种手术可以达到这个目的，就是通过血管手术，减少分泌"饥饿素"的胃底部的血液供应，从而降低"饥饿素"的分泌量，让人少吃，又不会增强食欲。

对于一些重度肥胖并患有糖尿病、心脏病等并发症的人来说，医生可能不仅要切除部分胃体，还要让小肠"短路"，以便减少小肠吸收营养素的面积，从而达到少吃、少吸收的长期效果。

总之，这种方式一下子就把那些原来无法自己控制食欲的人管住了，帮助他们快速减轻体重。不过，吃得少了，吸收效率下降，如果吃的东西营养价值不够全面，非常容易造成营养不良的后果。所以，他们在术后必须长期接受营养指导，避免出现贫血、缺锌、缺钙、缺维生素等不良后果。

由于手术都是有风险的，如麻醉风险、出血风险、感染风险等，这类手术减肥方法仅适用于BMI≥35且有并发症，自己也没有信心靠慢慢改善生活方式、增加运动的方式减肥成功的严重肥胖者。

2 一次减肥，要减掉多少体重

减肥的人都希望经过一次减肥，身材就变得苗条，但对于不同肥胖状态的人来说，减肥速度和目标的制定必须理性、科学。如果目标制定得不恰当，就会面临痛苦和失望，容易半途而废，或者选择错误的方法，最后使减肥以失败告终。

根据《中国超重/肥胖医学营养治疗专家共识（2016年版）》的建议，减重目标要按现体重的5%、10%、15%三个阶段目标来划分，一个减肥周期为3~6个月。初级目标是体重下降至少5%，中级目标是体重下降至少10%，高级目标是体重下降至少15%。国外学者也认为，6个月中需要达到减重10%的目标。不过请注意，这些治疗目标是针对已经达到肥胖标准，需要医学治疗的人，而不是那些仅仅想减小肚子和"游泳圈"的人。

严重肥胖者

BMI≥35的人，其最终的目标体重设定在BMI < 24，但不能要求一次实现这个目标。

例如，某位女士身高1.60米，体重92千克，BMI为35.8。她最终的目标体重是60千克，BMI为23.4，进入正常范围。为了达到这个目标，她需要减少32千克，相当于她现有体重的34.8%。

所以，对她来说，减肥是项大工程，需要分几步走，要花费1~2年甚至更长的时间。

她先要在2~3个月中减掉5%~10%的体重，即5~10千克。然后稳定1~2个月，让身体慢慢适应。再减掉5%~10% 的体重，这次是4~8千克。再稳定一段时间，继续减掉10%的体重。如此，在1~2年时间中，逐渐减掉32千克。

对于那些肥胖程度比较高，又有一种或更多肥胖相关疾病的人来说，在咨询医生和营养师之后，可以考虑服用减肥药物。不过，每一种药物都有副作用，要看自己的健康状况，考虑内脏是否能够承受。如果的确是严重肥胖，而且因为疾病必须马上改变肥胖状态，那么可以考虑手术。当然，减肥手术必须经过全面的身体检查，由医生许可之后才能实施。

轻中度肥胖者

BMI为28~35的人，一样要分步骤减肥。

例如，某位女士身高1.65米，体重77千克，BMI为28.3，属于轻度肥胖。她的目标是BMI下降到23.5，也就是体重64千克，比现在的体重轻13千克。她需要减掉的重量相当于目前体重的16.9%。

她先要在3个月中减掉体重的5%~10%，也就是4~8千克。然后稳定一段时间，再用2个月减掉体重的5%，也就是3~4千克。再稳定一段时间，最后用2~3个月减掉体重的5%，也就是3千克，就达到她的目标值了。

超重者

BMI为24~28的人，需要减掉的体重不多，所以可以一次减肥就达到健康目标，但如果想达到自己的理想体重，可能也需要分两次来减重。

例如，某位女士身高1.65米，体重68千克，BMI为25.0，属于超重。她的目标是BMI下降到22.0，也就是体重60千克，比现在的体重轻8千克。她需要减掉的重量相当于目前体重的11.8%。由于一次减重不建议超过体重的10%，因此她也需要分两步走。先在2~3个月内把体重减至64千克，稳定一段时间，再花3个月把体重减至60千克。

仅需降低体脂率者

许多励志减肥的年轻女性，体重属于正常范围，她们只是想减减小肚子，减减腰上的肥肉，或者减掉大腿和臀部过多的脂肪。这种情况可以维持正常食量，只需少吃零食，戒掉饮料，提高饮食营养质量，加上运动健身就足够了，根本不需要节食，更不需要吃减肥药。

3 慢减肥的九大理由

减肥的人总是求快，恨不得第二天起来就变成魔鬼身材。许多人都会疑惑：为什么减肥要分步走？不能一下就达到减重几十千克的目标吗？

我的回答是：减肥最好不要有不切实际的预期。

关于减肥速度，有一句至理名言：减得快，反弹快；减得慢，放弃快。

这句话的意思是，所有快速降低体重的方法，毫无例外都会快速反弹，同时还会造成代谢紊乱，甚至出现很多严重的副作用（有关减肥可能出现的副作用，本书后面的内容会详细讨论）。凡是多次减肥的人，几乎都知道这个规律。

尽管多数人知道肥肉是"冰冻三尺，非一日之寒"，减肥也不是一朝一夕能够成功的，慢慢减才比较健康，但出于急于求成的人性弱点，如果一个月还不能看到期待的体重下降幅度，人们就会觉得自己的辛苦没有得到回报，从而轻易放弃努力。减肥之难，就难在这里，不是科学问题，而是心态问题。

减肥也好，成功减肥之后的保持也好，归根到底是拼心态、拼理性，是与人性的弱点搏斗。

前面说到，对于那些体重过高的人来说，必须分阶段进行减肥，千万不能直接把减肥目标定在"减重20千克"这样的远期目标上。为什么呢？

目标定得太高，就不容易实现，就会产生心理落差。人付出努力，都希望尽快看到成果，尽快得到激励。分段设定一系列小目标，实现目标就容易一些。一个一个小目标的实现，会带来一次一次的快乐和激励，离大目标也会越来越近。即便最终的大目标没有实现，但至少和原点相比，已经有了扎扎实实的进步，而且能够长期保持，这就足够令人欣慰了。

如果你的目标是60千克，但你从100千克减到了90千克，然后减到80千克，最终稳定在70千克，几个月不反弹，这已经是巨大的成功。千万不要以为没减到60千克就是失败，这样的自我否定是不理智的。

对于大部分没有到达肥胖程度，甚至只是超重，或者连超重标准都没有达到的人来说，只是想减少几千克体重，根本不该用快速减肥的方法。一个月减1.5千克才是理想的减肥速度。

很多人看到这里，已经忍不住着急起来："太慢了太慢了！不能多减一些吗？"为什么要慢减肥呢？

下面就告诉大家慢减肥的九大理由。

理由1：慢减肥能够保护皮肤

随着年龄的增长，皮肤越来越禁不起折腾，一不小心就会长皱纹。一切极端措施都会损害皮肤健康。快速减肥虽然能让人短期内就瘦下去，但皮肤的代谢有周期，如果体重下降太快，就会导致皮肤松弛。很多原本高体重又经历快速减肥的人，腹部、大腿、上臂、颈部等部位的皮肤都松松垮垮。

千万不要以为皮肤是橡皮筋，可以随时撑起来又快速缩回去。特别是25岁后，随着年龄增长，皮肤弹性不断下降，经历快速减肥—反弹—再减肥—再反弹的循环后，皮肤极易松垮，使脸部提前出现皱纹。一个月瘦1.5千克，可以让皮肤自然地收缩，不易出现皱纹。

理由2：慢减肥能够避免掉头发

快速减肥的方法，无论是节食减肥法，还是生酮减肥法，都无法避免体内蛋白质的流失。这时，不仅肌肉会减少，头发、皮肤等由蛋白质构成的身体组织也会受到影响。头发的化学成分是角蛋白，营养缺乏时，特别是蛋白质不足时，会使头发细弱、发脆、缺乏光泽甚至大量脱落。

头发是女性重要的美丽资本，要做出好看的发型，需要拥有丰满润泽的发质。很多女性在快速减肥之后发现自己的头发状况惨不忍睹，停止减肥后几个月，头发的数量和质量仍然难以恢复。如果采取营养合理的慢减肥方法，就不会因为减肥影响到头发的数量和质量。

理由3：慢减肥能够避免脸色枯槁

快速减肥通常会造成营养不良和代谢紊乱，而这种情况又会影响人的气色。无论是缺乏蛋白质，还是缺乏铁、锌、B族维生素和维生素A，都会影响人的气色。

美人的一个重要特征是"光彩照人"。真正的美女唇红齿白、皮肤光润、眼睛明亮、神采奕奕，即便没有粉底遮掩，没有腮红修饰，也会散发出健康的魅力。很多人减肥后虽然人瘦了，但是气色非常难看，脸色发黄，暗淡无光，全靠化妆遮掩，卸妆之后，脸色的枯槁病态一览无余。

如果选择慢减肥，只要按照本书中的原则，三餐合理安排，做到营养供应充足，各种抗氧化物质和膳食纤维丰富，不仅脸色不会变差，皮肤质量还能得到明显改善，粗糙的皮肤有可能变得光滑而润泽。

理由4：慢减肥可以保持积极情绪，避免沮丧和暴躁

减肥过程中，由于饥饿、低血糖、多种营养素缺乏等，减肥者往往脾气暴躁、难以自控，还可能经常出现沮丧、抑郁等情绪。人们常会感觉减肥者脾气很坏，喜怒无常、性格古怪，这其实是生理原因造成的。这种状况会给工作和生活带来不必要的麻烦，甚至造成人际关系紧张。

慢减肥时，由于营养供应较为充足，不会引起明显的低血糖，身体感觉舒适，

能够保持稳定的情绪和积极的态度。从心理上来说，目标很高而实现不了，会导致失望和沮丧。每月瘦1.5千克的目标是比较容易实现的，把目标定得低一些，实现了会很愉快，如果超出预期就会更快乐。

理由5：慢减肥可以避免出现月经失调甚至闭经的情况

快速减肥时，每日能量摄入大幅度降低，营养摄入严重不足，身体感觉进入"饥荒"状态，往往会暂时关闭生育功能。想一想就能明白，如果身体感觉自身生存都成了问题，哪里还会考虑生育后代的事情呢？每个月来月经本身也是需要耗费营养的，经血和子宫内膜的脱落会带走蛋白质、铁、锌、B族维生素等营养成分。

营养供应不足的时候，身体会自觉地减少经血数量，延长月经周期，甚至干脆闭经。检查会发现雌激素和孕激素水平下降，子宫内膜过薄，甚至出现子宫萎缩，很多女性在减肥过程中或减肥之后都遇到过这种情况。许多人为此惊慌失措，开始寻求药物治疗，并恢复正常饮食量，结果往往是月经还没有恢复正常，体重先回到原点。

如果不大幅度降低能量供应，而是采取营养合理的慢减肥方式，性激素水平就不会因此受到影响。未婚、未孕女性一定要考虑到这个关键问题，特别是备孕女性，绝对不能采取极端减肥方法，以免影响到生育功能。

理由6：慢减肥可以避免出现代谢失调

在快速减肥时，可能会出现意想不到的各种麻烦，如胆结石、高脂血症、脂肪肝、高尿酸血症等。研究表明，肥胖者减肥时体重下降速度越快，患上胆结石的风险就越高。由于蛋白质营养不良，肝内的脂肪难以被转送到组织中充分利用，还可能出现高脂血症和脂肪肝的问题。低碳水化合物减肥时，由于碳水化合物供应不足，无法发挥节约蛋白质的作用，身体组织分解导致内源性尿酸增加，可能出现高尿酸血症，甚至发生痛风。

营养合理的慢减肥不需要使用极端的低碳水化合物食谱，也不会造成蛋白质营养不良，不仅不会引起代谢失调，还能有效地减轻原本存在的脂肪肝、高脂血症、胰岛素抵抗等问题，全面改善代谢状态。

理由7：慢减肥可以避免身体对减肥的抵抗

人们可能都听说过一个体重"定点"理论，就是身体长期习惯于一定的体重后，会形成与之配合的代谢模式。一旦体重快速改变，身体会想方设法抵抗这种变化，从而使减肥最终归于失败。

比如，身体脂肪数量减少之后，脂肪组织分泌的"瘦素"也会减少。"瘦素"有利于抑制食欲、减少脂肪的合成，从长期而言有利于预防发胖。节食减肥后，胃肠激素分泌会发生改变，"饥饿素"增加，使人食欲增强。脂肪和蛋白质摄入太少，则缩胆囊素、GLP-1、GIP等胃肠激素分泌减少，饱感下降，饥饿感上升。在血糖水平过度下降的情况下，食欲暴增，人会更喜欢那些高糖高淀粉食物。这些因素都容易带来体重的反弹。

即便不减肥，人的体重也总会有点波动。一个月1.5千克，大致是体重正常波动的上限，所以，如果一个月减重1.5千克，身体不会感到异常，也就不会产生各种抵抗，健康也不会受到损害。

采取营养充足的慢减肥方法时，食物的数量和内容与减肥前的差异没有那么大，营养供应甚至更加充足，所以身体的各个器官都能很好地接受这种改变，不会因食物过少而进入应激状态，血糖水平和各种激素水平都保持正常，减肥就更容易坚持。

理由8：慢减肥可以保证生活质量和工作质量

想要快速减肥的人，需要遵循特殊的进食规律，甚至很少吃东西，无法和别人一起就餐。家人担心，朋友询问，同事议论，自己的精神压力也很大。

因为吃得太少而营养不良，或者食物内容与此前完全不同，身体状态欠佳，饥饿、疲倦、沮丧、失眠、思维速度下降……日常工作和学习的质量都无法保证。毕竟我们不是专职减肥人士，还是要工作、学习和生活的。三两天可以，要长期坚持就很困难了。

如果选择营养合理的慢减肥，减肥期间不但能吃饱饭，还可以和家人、同事一起至少吃一餐饭，甚至可以偶尔和朋友聚餐享受美食，心情轻松而阳光。减肥期间既不会饿得头昏脑涨，也不会因为营养不良降低工作效率，生活质量也不会下降。

理由9：慢减肥不但可以避免代谢率下降，还能提升身体活力，从根本上预防反弹

快速减肥时，很少有人打算坚持几年，更不要说坚持一生了。因为采取的是极端措施，会让人认为这只是一个短期行为，容易产生特殊时期特殊对待的心

态，之后还是会恢复原来的生活习惯。最初的致肥因素没有消除，体重自然容易反弹。

另外，快速减肥会导致肌肉流失和代谢功能下降，使人体进入一种"节能"状态。在这种状态下，身体会感觉疲倦无力、动力不足，此时身体会降低体温，尽量减少能量消耗。减肥者会发现，少吃不见瘦，而稍微多吃一点就会胖。减重之后，减肥者从此无法与食物和平共处，"吃饱饭就会胖"的恐惧心理，以及节食导致营养不良的痛苦，将长期如影相随。

慢减肥则可以让人在减肥过程中养成良好的习惯。减肥措施实行6个月以上时，习惯也就慢慢养成了。通过减肥，人们知道该怎样选择营养充足的食物，知道如何控制自己的食欲，知道需要每天运动，形成了健康的生活方式。同时，身材改善、皮肤改善，心理逐渐强大，自我感觉越来越良好，就会愿意继续保持下去。一旦养成了良好的习惯，就克服了致胖的根本原因，能够长期地保持健康和美丽。

总之，一个月减1.5千克的速度，不会让身体产生不愉快的感觉，目标容易实现，坚持起来就不难。不要小看每个月减掉的这1.5千克，如果能坚持半年，就能减掉9千克。如果这9千克大部分是纯脂肪，那么从外形上看简直就是"大变活人"。

4 减肥拼的是心态

选择减肥方法也好，减肥过程也好，都需要保持良好的心态，但问耕耘，不问收获。

举个例子，某日楼里的电梯坏了，你不得不爬18层楼回家。如果你一开始就两个台阶、两个台阶快速地爬，爬到五六层就会呼哧呼哧喘息了，之后腿就会酸得爬不动，连声抱怨："怎么还不到啊？"但是，如果你想着"就当锻炼，慢慢爬吧，不着急"，按自己能接受的速度一个台阶、一个台阶地上，就能在不知不觉中轻轻松松到家。

减肥也是一样，不怕慢，就怕轻易放弃。很多人频繁地称体重，每次看到体重没变化就很失望，如果稍重一些就更加郁闷，这种急躁的心态只会让自己陷入沮丧。正确的方式是每个月称一次体重。如果能够不称体重，只是每个月量量自己的腰围、臀围，就更好了。

　　我在前面的内容中之所以建议在经期后称体重，是因为经期中由于激素的作用，体重会出现正常的波动。如果频繁地称体重，这种波动会严重影响自己的心情。一般来说，只要努力，每个月总会有所收获，所以，一个月称一次体重，能给自己很好的鼓励。

　　为什么各种快速减肥法有那么多人趋之若鹜呢？这是因为人性都存在弱点。

　　人性的第一个弱点是懒惰。一听到别人说不用运动、不用少吃就能瘦，便怦然心动。世上并没有天上掉馅饼的好事，更没有不需要努力就可以得到成效的好事，一切皆有代价。越是说得天花乱坠的事情越要小心，因为付出的代价可能会更大，所以，每当听到好得让人不敢相信的宣传时，更要理性思考。

　　人性的第二个弱点是急于求成。一听到一个月可以瘦十几千克就心动不已，梦想一个月后自己就拥有魔鬼身材。很多人自己用慢减肥的方法努力了一个月，才瘦下去1~2千克；看到别人一个月就瘦下去好几千克，难免会产生不平衡的心态。

　　还有很多人问："我能不能先用那些快速减肥法，然后用你的健康慢减肥方法来维持呢？"

　　当然可以。不过，减肥方法的快和慢，从不同的时间跨度来看，产生的结局是不一样的。看下面的案例就很容易明白了。

　　A女士需要减重15千克。她用健康慢减肥方法，调整饮食且坚持每天运动40分钟，在不感觉明显饥饿的情况下，每个月平均减重1.5千克，前3个月只瘦了4.5千克。她坚持了12个月，得到减肥15千克的成绩。从此，她养成好习惯，对甜点、饮料等零食不再感兴趣，三餐正常进食，不刻意限量也不过量，每天适当做点运动。到第24个月时，她的体重保持稳定，身体健康，精力充沛，人也变美，生活更幸福了。

　　B女士也需要减重15千克。她用低碳饮食方法，最初3个月咬牙坚持，瘦了12千克，非常开心。之后，她几乎坚持不下去，稍微多吃一点体重就反弹，即便少吃，体重也难以明显降低，月经也不来了。她在长达一年的时间中心情压抑，对食物产生了恐惧，总在考虑能量高低、能不能吃、能吃多少的问题。她的抵抗力比以前下降了，皮肤变差，体能和精神状态也不如以前好。

　　于是，从第12个月开始，B女士改用慢减肥方法，调整饮食，加上每天运动1小时。这次她决定忘记体重，专心改善体质。在3个月中，她的体重增加了3千克，月经也正常了。随后，体重开始缓慢下降，到第24个月时，她一共减重15千克，身心又恢复良好的状态。

从一年乃至两年的时间跨度来看，其实慢减肥和快减肥的方法得到了差不多的效果。只不过，前者的体重缓慢持续下降，而后者是先快速下降，然后体重下降减慢甚至停止，还要长期与反弹搏斗。如果把身心健康因素和美容因素考虑进去，显然前者更合理。

　　如今常见的各种商业化的减肥措施，包括医院的减肥治疗，在某种意义上，都是利用了人性的弱点。他们当然都知道慢减肥更有利于健康，但是，如果他们承诺一个月只瘦1.5千克，谁还愿意花钱接受治疗呢？恐怕人们还没有听完说明，就已经扭头而去了。另外，学术界和大众都期待有快速解决肥胖的"银子弹"（silver bullet）和神奇方法，如果走慢减肥的老路，研究结果又有什么新意呢？所以，专家也只能开发那些快减肥的方法和理论，以便吸引希望能快速减肥的人。

　　有人做过调查，世界上有据可查的减肥方法有2万多种，其中90%以上都是没有效果的，甚至还有一些对健康有很大的损害。有效果的方法不超过5%，而在这5%中，真正能够达到远期效果的，也只有少数。在美国专业减肥咨询机构设置的减肥课程中，参加课程的学员80%~90%都会反弹，3年以后还能保持减肥成果的寥寥无几。这些人都是在专家指导下进行减肥的，依据的都是最先进的理论，结果也不过如此。

　　回到前面两位女士的案例。比较有趣的是，B女士之所以采用低碳饮食方法，是因为她既不想运动，也不想考虑食物能量，觉得有个特殊食谱吃了可以直接瘦下去是非常省心的事情。但结局出乎她的意料，为了维持减肥后的体重，她反而要比A女士运动得更多、吃得更少。

　　其实，各种快减肥方法的奥秘就在这里。首先，因为快速瘦下去了，减重成功的喜悦会暂时让人克服快减肥过程中的种种痛苦和不适。其次，一旦变瘦，人们就不想再回到肥胖状态。为了保持减重成果，少吃也好，运动也好，对很多人来说，再苦再难也愿意坚持。如果一开始就对他们说，你以后要一直少吃，要天天运动，大部分人估计直接就放弃了。

　　只有那些理性、智慧的人，才会从一开始就拨开浮云，抵制各种快速减肥法的诱惑，直接选择健康慢减肥的方法，不让自己走弯路。

　　我们要选择做哪一类人呢？是做各种减肥药、减肥食谱的试验品，还是做能把握自己的生活方式、爱惜自己、追求身心健康的人？

5 节食减肥需谨慎

减肥的时候，绝大多数人首先想到的是节食。

节食减肥法主要适用于那些并没有胖到病态的人，他们不需要结扎胃、截短肠子，也不需要吃大量的减肥药。

所谓节食，就是为了减肥瘦身而主动减少进食量，食物量或能量摄入水平与以往相比有明显的下降。请注意，节食不是"绝食"，还是要吃东西的，只是吃得少一些，或食物类型与日常状态相比发生了改变。

节食减肥法也有很多类型。

◆ **均匀减少型。**什么都吃，饭菜都有，主食、鱼肉蛋奶、果蔬齐全，身体需要的营养素一种都不少，只是总能量减少。这种减肥法，在专业上被称为"限能量平衡膳食"（calorie-restricted diet，CRD），也被称为"传统低能量膳食"（conventional hypocaloric diet）。在营养充足的基础上，少摄入500千卡左右或25%左右的能量，对于减肥、预防和控制慢性病皆有效。这种膳食的基本组成是50%的能量来自碳水化合物，30%的能量来自脂肪，20%的能量来自蛋白质，食物多样化，各种微量营养素都很齐全。

要减肥就得减少能量的摄入，这一点从未改变。不过，除了上面所说的营养平衡的限能量平衡膳食之外，还可以通过不同方式来减少摄入的能量。

◆ **食物成分减少型。**使用这种减肥方法，可选择减少碳水化合物摄入，也就是少吃含有糖和淀粉的各种食物，如各种粮食、水果、饼干、膨化食品、甜食、甜饮料等。例如，生酮减肥法就需要尽量不吃含碳水化合物的各种食物。也可选择减少脂肪摄入，主要是少吃食用油、坚果、肥肉等脂肪含量高的食物。如将油很多的菜肴换成少油菜肴，其他食物如鱼肉蛋奶、豆制品、坚果都正常吃，那么无须担心营养问题。如果长期坚持这种少油烹调方法，保证食物种类足够丰富，对健康有益无害，而且可以预防远期的体重反弹。

◆ **食材类别减少型。**比如完全不吃含面粉（小麦粉）的食物，或者不吃肉类。如果减少的是主食，那么除了能量降低之外，也会带来蛋白质总量减少和利用率下降的问题，还可能带来B族维生素不足的问题。

◆ **餐次减少型。**或者不吃早餐，或者不吃午餐，而更多的人选择不吃或少吃晚餐。如果取消一餐，若另外两餐质量比较高，也不至于产生严重问题；若早餐凑合，

午餐质量不高，晚餐又不吃，那就令人担心了。

◆ **间歇性断食型。** 每周有一两天断食，其他日子正常吃；或者每个月有两三天断食，其他日子正常吃。所谓断食，就是食量减少到正常的1/3以下。若不断食的日子吃得特别丰富，身体没有营养不良的情况，那么是比较安全的。如果日常吃得就少，或已经营养不足，还要时不时断食，就会加剧营养不良和食欲紊乱。

◆ **单一食物型。** 只吃一种或一类食物，不限数量，其他完全不吃。比如，苹果减肥法、蔬菜汤减肥法、肉类减肥法、鸡蛋减肥法、黄瓜鸡蛋减肥法等。选择这种减肥方法，就无法做到营养合理。健康的饮食由多种食物组合而成，没有一种食物能够提供身体所需的所有营养成分。只吃一种食物难免造成食欲下降，等于变相节食，必会产生营养不良的后果。

在节食减肥时，是否能量摄入越少越好？摄入多少能量才合适呢？这要因人而异。

在我国，正常身材、体力活动不多的健康成年女性（18~49岁），一日能量推荐摄入量是1800千卡，轻体力活动的健康成年男性（18~49岁）的一日能量推荐摄入量是2250千卡。

由于每个人遗传因素不同，体型不同，肌肉量不同，基础代谢率不同，每天体力活动强度不同，需要的能量也不同，有些女性可能1700千卡就够了，有些女性可能需要2000千卡才够。如果体力活动相对较多，或属于业余健身人士，可能需要再增加300千卡。如果是职业运动员，可能需要增加1000千卡，甚至更多。

如果在正常能量基础上减少100~200千卡，身体饥饿感并不明显。加上40分钟的运动，就可以缓慢瘦身，不仅不影响正常生活，也不会带来营养不良和食欲紊乱的问题。

如果一日能量摄入比正常量减少300~400千卡，身体就会感觉饥饿和不满足。如果精心安排高饱感、高营养素密度的饮食，保证蛋白质、维生素和矿物质充足，可以把不良影响降到最低限度。

如果一日能量摄入比正常量减少500~600千卡，无论怎样制作食谱，身体都会感觉不满足，极易发生营养不足和食欲暴增的情况。如果身体营养基础较好，可以坚持几个月；如果原本营养基础不佳，那么随着时间推移，极易出现月经失调、营养不良、贫血、消化吸收功能下降等不良反应。

如果摄入的能量再减少呢？从安全角度来说，总能量低于1200千卡的饮食方案就不能由个人随便采用了，800千卡以下更加不能轻易采用，因为这种饮食不仅极易造成营养不良，还可能出现明显的健康损害。为了治疗某些疾病而使用这类低能量食谱，需要提前全面评估身体状况，还要有医生的监护和营养师的指导。

传统的限能量平衡膳食，人体摄入的能量通常比实际消耗的能量减少500~750千卡，女性每日摄入1200~1500千卡，男性每日摄入1500~1800千卡，同时进行耗能300千卡左右的运动。这个能量范围是比较安全的，也能够让人保持较为充足的营养素摄入，不至于因严重饥饿而影响正常生活。这类食谱每个月大约可以减重2千克，其中主要减少的是脂肪。

遗憾的是，网上有很多低能量食谱，能量低于每日800千卡，甚至让人连续几天、几十天绝食，如果没有医嘱和医疗监护，这么做是非常危险的。还有大量的单一食物减肥法，也非常不靠谱。

有些人会把基础代谢消耗的能量当成自己日常饮食的能量摄入标准，认为"我的基础代谢消耗1200千卡，所以我摄入1600千卡能量会发胖"，这种观点是错误的。

所谓基础代谢，是在环境舒适的状态下，没有衣物负担，躺着不动，没有消化负担，也没有思考负担时的能量代谢。一个正常人可能一天24小时都躺着不动，连脑子都不转吗？显然不可能的。哪怕完全不做运动，只是坐在电脑面前，坐在课堂里，或者坐在餐厅里吃饭，也比躺着不动消耗的能量多。所以，人们在摄入了基础代谢所需的能量外，还需要补充学习、工作、日常生活所需的能量。假如能量摄入不足，就会造成负平衡。

比如说，一个身材中等的女生，每日基础代谢消耗1200千卡，但她还要刷牙、洗脸、打扮，要上课6小时，要看书、做作业，要在校园里的各个教学楼和食堂、宿舍、图书馆之间走来走去，有时还要出校门买东西、逛街、看电影……这些活动就需要额外消耗约600千卡的能量。如果她再去更远的地方看同学、看展览、逛公园，或者参加跑步、跳操等活动，就需要消耗更多的能量。

假如她比以前增加1小时的跳操，额外消耗250千卡的能量，但还是保持以前的食量，一口也没有多吃，她就有了250千卡的能量负平衡，必然需要分解脂肪来弥补，就起到了逐渐减少储备脂肪的瘦身作用。

所以，只要增加运动消耗，即便不少吃，也能逐渐变瘦，而且，这种瘦身几乎全部源自脂肪的分解，而不是蛋白质和水分的减少，这种方式是最健康的。

反过来，如果只减少进食量，不运动，而且进食量减少的程度比较大，那么减掉的不仅仅是脂肪，更多的是蛋白质和水分，对身体健康会产生不良影响。

无论每日摄入的能量是多少，减肥期间都必须保证营养素供应基本充足，8种必需氨基酸、2种必需脂肪酸、13种维生素、20多种矿物质，一种都不能少。

一般来说，减肥期间，每天摄入1200~1600千卡就可以了。总体而言，减肥期间摄入的能量是平常摄入量的60%~70%，正常吃饭，减少糖和油的摄入，适当减少精白淀粉，少吃1/3的量就可以了。没有必要每天让自己饿得前胸贴后背，各类营养素摄入严重不足，反而容易导致半途而废。

各位朋友，千万不要把自己的健康当儿戏，不要做长期的极低能量饮食试验或单一食物减肥试验！

6 调整食物成分的饮食减肥法

饮食减肥法是通过合理搭配、减少能量摄入来达到减肥效果的。

说到这里，先要复习前面的内容，食物中的能量来源包括三大类：碳水化合物、脂肪和蛋白质。既然身体中的脂肪是一种能量的储备，那么要减脂，就要想办法改变能量平衡，让身体的能量变成"入不敷出"的状态，减少能量摄入，逼着身体不得不动用储备，消耗身上的赘肉。

根据能量来源，在保证蛋白质摄入充足的前提下，有多种减少能量方案。

◆ **同时减少碳水化合物和脂肪。**这是最常见的传统的营养平衡减肥方案。因为蛋白质是人体必需的，所以尽量不要减少，甚至比例还要增加。为什么蛋白质不能单独减呢？因为食物中很少有单独含蛋白质的，或者是蛋白质加脂肪，或者是蛋白质加淀粉。在减少碳水化合物和脂肪摄入的同时，蛋白质也可能跟着减少，所以要特别注意避免蛋白质摄入不足。

◆ **大幅度减少碳水化合物，同时增加蛋白质。**这是20世纪70年代以来一直流行不衰的方法，尽管副作用较大，但因为效果明显，还是为很多人所推崇。最早的阿特金斯饮食（Atkins diet）就属于这一类。

◆ **大幅度减少碳水化合物，同时增加脂肪。**生酮饮食就属于这一类。这是近年来最为流行的方法，目前已得到很多医生和营养师的青睐。

这里必须解释的是，首先，如果总能量不减少，减肥就难以实现，所以，减肥餐都要适当减少能量，或者想办法让人们不要吃得过多；其次，3种供能成分之间有"跷跷板效应"，也就是说，这个少了，那个就会增加，很难说某种吃法之所以能达到减肥的效果，究竟是因为碳水化合物少了，还是因为脂肪多了。

多年以来，曾经大规模流行的时髦减肥法主要是后两类，它们都需要大幅度降低碳水化合物的摄入量。南海滩饮食（South Beach diet）、石器时代饮食（Paleo diet）等，都属于大幅度减少碳水化合物摄入量的饮食方式。

要理解这些减肥法，就要先简单说明，什么是三大营养素的供能比。

食物中的能量来自碳水化合物、脂肪和蛋白质。在我国的传统饮食中，碳水化合物供应的能量占每日摄入总能量的50%~65%，贫困时代甚至高达70%以上。目前我国营养学界推荐的比例，是碳水化合物50%~65%，脂肪20%~30%，蛋白质10%~20%。

根据《中国超重/肥胖医学营养治疗专家共识（2016年版）》，在限能量平衡膳食中，安全而可持续的供能比例是碳水化合物占40%~55%，其中尽量减少精制糖和甜味糖，增加富含膳食纤维的全谷物和淀粉类；脂肪占20%~30%，要保证ω-3脂肪酸的供应；蛋白质占15%~20%，或每千克体重1.2~1.5克，要有足够的豆类、蛋奶、肉类。注意提高膳食纤维的摄入量，保证每天25~30克。

多项研究发现，如果适当提高蛋白质的供能比例，使蛋白质供能达到20%~30%，把碳水化合物供能降低到40%~50%，在摄入的能量相同的情况下，往往可以得到更好的减肥效果，还能减少减肥过程中的肌肉流失。

为什么减肥食谱中的蛋白质供能比通常比正常食谱高呢？这是因为，蛋白质是人体的必需营养素，即便在减肥期间，蛋白质的摄入量也是不能减少的。如果总能量低了，那么按比例计算的蛋白质摄入量就会减少，这必然会影响健康。所以，随着能量摄入的降低，蛋白质的比例就要上升。减肥者的身体在分解脂肪的同时，也会分解蛋白质，因此，需要额外提供蛋白质来弥补体内蛋白质的流失。

为什么低脂肪减肥食谱中的脂肪供能比和正常食谱一样，都是30%呢？这是因为，脂肪是能量最高的营养素。如果脂肪不减量，食谱中的能量就很难减下去，除非是生酮减肥法。所以，减肥食谱中的总能量降低了，而脂肪比例不变，就等于减少了脂肪。

同样，减肥食谱中的碳水化合物供能比如果和正常食谱一样，在总能量降低时，就相当于碳水化合物减量。如果总能量再降低到50%以下呢？就需要大幅度削减主食的量。主食的量削减到很低的程度时，会出现生酮的情况。有关生酮的原理，后面会详细介绍。

什么叫作"高碳水化合物、低脂肪"和"低碳水化合物、高脂肪"呢？

在西方营养学界，所谓高碳水化合物饮食，就是碳水化合物供能比达到或超过45%或50%的饮食。在欧美国家当中，居民的平均膳食碳水化合物供能比一般为45%~50%。按每天摄入2000千卡能量来计算，50%的能量相当于250克碳水化合物。按不同文献中的分类方式，如果一日中的碳水化合物供能比低于45%，或摄入量低于130克，就属于低碳水化合物饮食；如果低于50克，就是极低碳水化合物饮食，常见于生酮饮食。

西方营养学界所谓的低脂肪，就是脂肪供能比低于30%。实际上，这对于亚洲、非洲的传统饮食而言，并不算很低，而是正常的脂肪供能比。例如，日本膳食的平均脂肪供能比至今都没有超过30%。不过，按照2012年全国营养调查数据，目前我国城市居民膳食的脂肪供能比已经达到35%。

所谓高脂肪，最高可达到70%，如以坚果和黄油等高脂肪食材为主要食物。不过，由于人体消化系统需要适应，从高碳水化合物食物为主转为高脂肪食物为主，需要至少2周的代谢切换时间，消化酶和消化液也需要一个逐渐适应的过程。部分消化能力差、肝肾功能不足的人适应起来会有困难。

由于本书内容有限，很难把几十年来围绕三大营养素供能比变化做的无数研究向大家详细说明。本书重点围绕碳水化合物摄入量不同的减肥方法进行简要说明。

7 高碳水化合物、低脂肪有什么错

一些人为了减肥，每天只吃水煮菜和水果，觉得只要不吃油腻的脂肪，身上的肥肉就会逐渐远去，这个想法对不对呢？

脂肪是人体必需的营养成分

的确，减肥期间要减少烹调用油，但是不能简单地把所有含脂肪的食物都拒之门外，因为脂肪是人体必需的营养素。

有些脂肪酸身体能够自己生成，但有些不饱和脂肪酸属于必需脂肪酸，身体无法合成，必须从食物中获取。真正的必需脂肪酸只有两种，就是 α-亚麻酸和 α-亚油酸，它们能够在体内分别合成 ω-3和 ω-6系列的脂肪酸。

α-亚麻酸在人体内可以合成二十碳五烯酸（EPA）和二十二碳六烯酸（DHA）。

EPA具有抗血管炎症、抗血栓形成、抗心律失常、抗类风湿、舒张血管的特性。DHA是人体大脑脂质的重要组成部分，对智力和视网膜发育起着决定性作用。

因为人体需要必需脂肪酸，需要脂肪来促进脂溶性维生素的吸收，也需要脂肪维持基本的饱感，所以每天摄入脂肪的量以不低于40克为佳。白水煮菜、各种杂粮搭配纯蛋白粉类型的低脂肪食谱将难以长期持续。甚至有研究发现，对控制体重来说，如果只喝一杯奶，脱脂牛奶不一定比全脂牛奶好（有关减肥期间蛋白质食物的选择详见第五章）。

在食物中，脂肪和蛋白质往往是相伴存在的。在追求低脂肪的同时，稍不小心，就会降低蛋白质摄入量。所以，低脂肪饮食往往会导致碳水化合物摄入量上升。一旦降低了蛋白质摄入量，减肥时就容易丢失肌肉，这对减肥和健康都是有害无益的。

曾经风光无限的低脂肪减肥理论

在20世纪90年代，低脂肪减肥法曾经在西方国家，特别是美国广泛流行。当时学者们发现，肥胖者更喜欢选择能量密度较高的食物（所谓能量密度，就是同样重量的食物含有更高的能量），对高脂肪食物特别偏爱。的确，脂肪是饮食中能量最高的成分，也是对改善口感最有效的成分。只要减少脂肪摄入，无须刻意控制食量，就能逐渐瘦下去；同时，还能预防和控制高脂肪带来的罹患高血脂、心血管疾病的风险。

当时一项广受注意的研究是女性健康试验，其中包括303位健康女性。研究者发现，在她们的饮食中，脂肪供能比高达39%。研究者指导她们将饮食脂肪供能比降低到20%。一年之后，她们的饮食脂肪供能比降到了22%，摄入的总能量降低了25%。虽然这个试验并不是一个减肥研究，并未要求女性刻意降低能量摄入，但参加试验的女性一年后平均体重降低了3.1千克。当时很多研究都发现，只要降低脂肪供能比，自由饮食状态下便能获得体重下降的效果，在6~24个月内，非刻意的体重下降为1~6千克。

用肥胖大鼠进行的动物实验发现，同样的能量，低脂肪饮食比低碳水化合物饮食的减重效果更好。在人类中进行的减肥研究发现，低脂肪并限制能量摄入的确可以有效降低体重，但是，能量限制一旦停止，体重就会反弹。对不同脂肪供能比的饮食（分别有10%、35%和45%能量来自脂肪）进行比较，并未发现各组之间的体重下降有显著差异。

不过，生物化学专家通过理论计算发现，食物脂肪转变为人体脂肪组织时，仅需要消耗总能量的3%；而食物中的碳水化合物转变为人体脂肪组织时，需要消耗总能量的23%。换句话说，吃脂肪长肥肉，效率特别高；而吃淀粉长肥肉，效率就低多了。学者们还发现，在蛋白质摄入量相同的情况下，人们采取高碳水化合物、低脂肪的饮食策略时，身体的能量消耗要比高脂肪、低碳水化合物饮食时高。

多项饱感研究证实，在提供高脂肪食物的情况下，人们的自主能量摄入（即没有人来限制，自己也不刻意控制，想吃多少吃多少的情况）会增加。在能量相同的情况下，高脂肪的食物体积小、饱感低。这个结论至今没有被推翻，的确，高脂肪食物容易让人不知不觉摄入过多的能量。

近年来，肠道微生态研究也证实，过多的脂肪会让肠道菌群失调，菌群结构变得更有利于使身体发胖。

总之，虽然证据还不够充分，但当时低脂肪饮食有利于减肥的理论被广为接受，不仅发表了大批SCI论文，食品工业也乐于为"低脂肪能减肥"这个理论提供物质支持。那个时期出现了各种可以替代脂肪的工艺手段，既可以用可溶性膳食纤维来替代冰激凌中的奶油，也可以用合成的类似脂肪口感的不可消化脂类替代奶油涂抹酱中的黄油。消费者以选择低脂肪产品为时尚。

但是很遗憾，这个减肥理论以发达国家的居民肥胖率越来越高而告终。甚至有人怀疑，这是食品界和营养界相互勾结的阴谋。我认为阴谋论不可取，但当时人们对于各种脂肪替代物和低脂肪食物的期待确实是太高了，也太天真了。

少吃脂肪时，实际上吃进去的是什么

公平地说，适当控制脂肪摄入量、提升单位能量食物的饱感，这个想法并没有错。在烹调和加工过程中添加油脂后，无论是黄油、牛油还是植物油，都会使食物的能量大幅度提升，饱感下降，营养素密度也下降，这些都不利于预防肥胖。

到目前为止，控制饮食中额外添加油脂的量，少吃煎炸食物，做菜不要放过多油脂，以利于控制体重，这个说法仍然成立。如果其他食物都没有多吃，只是把放很多油的菜换成少油烹调的菜，远离煎炸食物，不吃含油脂的主食（如油酥饼、油条之类），肯定是会瘦的。

需要注意的是，在购买食物时，"低脂肪"不一定等于"低能量"，更不一定等于不促进肥胖。

真相是，市场上的很多加工食品，虽然脂肪含量降低了，甚至号称"低脂肪""零脂肪"，但是替代脂肪加进去的是什么？是精制糖和大量精白淀粉，而不是富含各种微量营养素、膳食纤维和保健成分的新鲜天然食材。这样的"低脂肪"食物，并不利于预防和控制肥胖。在我们今天看来，用加了很多糖的"低脂酸奶"来替代糖较少的全脂酸奶，并不能让人变瘦，这件事一点都不奇怪。

人们的饮食中只有碳水化合物、脂肪、蛋白质这3种能量来源，它们此消彼长，少吃了这个，就会多吃那个。少吃脂肪，通常会多吃碳水化合物，但为什么少吃脂肪的同时，通常不会多吃蛋白质呢？

因为蛋白质食物通常都和脂肪做朋友。鸡蛋也好，肉也好，坚果也好，豆腐也好，其中有蛋白质，也有脂肪，如果多吃这些东西，脂肪的比例是很难减少的。只有在吃碳水化合物的时候，特别是多吃水果、精白淀粉食物（如粉条），以及多喝甜饮料的时候，脂肪供能比会下降，碳水化合物供能比会上升。这些都是营养价值很低的食品，不仅不利于预防肥胖，还会让人变得虚胖。

比如说，饼干原本是精白低筋面粉+大量脂肪+精制糖的组合。为了保持口感松脆，面粉中的蛋白质含量很低（低筋粉的蛋白质含量很低）。就算脂肪减少一点，它仍然是精白低筋面粉+少量脂肪+精制糖的组合，营养价值并没有提高多少。脂肪少了，就要增加一些精白低筋面粉和糖来填补。

在西方食品市场上，那些去掉一部分脂肪的冰激凌、低脂酸奶、低脂牛奶等，都加了很多糖，对预防肥胖并没有多大意义。在我国市场上，一些号称"零脂肪"的饮料，实际上含有15%的糖；号称"低脂肪"的酸奶，其实也含有很多糖，而且质地太嫩，饱感不足。相比而言，那些全脂无糖的酸奶，喝起来饱感还更高一些。

对于家庭而言，很多家庭的老年人只吃白米饭、白馒头，不吃鱼肉蛋类，结果吃进去大量精白淀粉，维生素和矿物质摄入严重不足，三餐的营养素供应更加不足。这种吃法不仅不能减肥，还很容易吃出高血糖问题。

不过，后来的研究发现，如果摄入的碳水化合物不是来自精白淀粉和糖，而是一些营养价值高、低血糖指数的食材，饮食整体的营养素密度很高，那么高碳水化合物、低脂肪减肥饮食也能取得不错的效果。同样，脂肪以烹调用油的方式被摄入，预防肥胖的效果就不如我们直接吃天然状态的坚果、油籽。

8 高蛋白减肥法：吃肉减肥是神话吗

高蛋白减肥法，分为适度增加蛋白质的高蛋白减肥法，以及高脂肪、中等蛋白质、极低碳水化合物减肥法两类。

在碳水化合物、脂肪和蛋白质3种供能营养素中，身体最偏爱碳水化合物消化吸收而来的葡萄糖。日常生活中，50%左右的能量来自葡萄糖。肌肉运动的时候先消耗血液中的葡萄糖，然后消耗肝和肌肉中的糖原，最后才开始消耗脂肪。

大脑和神经系统对血糖的浓度十分敏感，所以，在考试、复习时，中间加个餐，吃少量含淀粉或含糖的食物或饮料，会发现大脑更加灵活。一旦饥饿造成低血糖，人就会出现注意力无法集中、思维速度变慢、理解能力下降、记忆力下降等情况。

蛋白质是身体最不舍得动用的，而且利用效率最低。从食物中吸收的蛋白质首先被用来满足身体组织合成和修复、含氮物质合成等重要需求，只有摄入的蛋白质超过身体所需时，多余部分才会被分解消耗供能，或者转变成脂肪储存起来。

用蛋白质来供能，效率特别低

分解蛋白质不像分解葡萄糖那么简单，葡萄糖可以直接变成二氧化碳和水，分解蛋白质要先脱掉氨基，这样就多了一个要处理的"垃圾"——氨，氨在肝中合成尿素，然后从肾排出去。人尿可以作为氮肥，主要是因为其中含有尿素。合成尿素的过程还要额外耗能。

另外，食物中的蛋白质一进入身体就会引起身体发热，这又要浪费一部分能量。我们都有这种经验：冬天吃完一锅涮羊肉时，会有热气腾腾、全身发热的感觉。如果是吃一锅涮白菜，就不会有那么暖和的感觉了。这种吃饱了之后身上额外多放热的现象，称为"食物热效应"，或者"食物的特殊动力作用"。每摄入100千卡的蛋白质，就会有30千卡能量通过食物热效应散出去，而摄入100千卡的脂肪或者淀粉，只有5千卡左右通过食物热效应散出去。

显而易见，如果同样多吃100千卡食物，吃蛋白质比吃脂肪和淀粉更不容易胖。所以，在能量供应水平相同的情况下，多摄入蛋白质，就成为减肥饮食的一个窍门。很多女生一减肥就不吃肉，不吃鱼，不吃鸡蛋，然后饿了再大吃含大量淀粉和糖的零食，这种做法其实最不利于减肥。

高蛋白减肥：到底要吃多少蛋白质

我国临床营养师把蛋白质占饮食总能量的20%甚至18%以上的饮食都叫作高蛋白饮食。对健康人而言，减肥期间把蛋白质供能比从10%~20%升高到20%~25%，并未发现任何有害作用。只有同时存在肝功能或肾功能下降的肥胖患者，才需要慎重使用。

《中国超重/肥胖医学营养治疗专家共识（2016年版）》中也提到，在碳水化合物不过低的前提下，可以采用高蛋白减肥法。所谓高蛋白，是指每日蛋白质供给量达饮食总能量的20%或更高，或者超过1.5克/千克体重。

按照25%的蛋白质供能比，如果每天食用1600千卡的减肥餐，那么需要供应100克的蛋白质。这个量的蛋白质大致相当于250克低脂肪烹调的瘦肉（50克蛋白质）、2个鸡蛋（12克蛋白质）、400克牛奶（12克蛋白质）、200克谷物（18克蛋白质）、500克少油烹调的蔬菜（6克蛋白质）和200克水果（2克蛋白质）。

在减肥期间，适当增加蛋白质的供应量有几大好处。

（1）高蛋白食物具有较强的饱感，能提升与饱感相关的激素的水平。与碳水化合物配合食用时，更容易避免饮食过量。

（2）高蛋白食物能够增加控制血糖相关的胃肠激素的分泌，并延缓胃排空。与碳水化合物配合食用时，可以更好地延缓消化速度，避免餐后血糖升高过快，从而减少脂肪合成。

（3）高蛋白食物具有很强的食物热效应，餐后一部分能量作为发散出去的热能被消耗，合成脂肪的风险低。

（4）研究发现，减肥期间用同样减少能量摄入的食谱时，增加蛋白质供能比，减重后的肌肉损失更小，减少腹部脂肪的效果更为显著。

（5）摄入足够的高蛋白食物时，三餐的适口性好，容易坚持，减重后更不易反弹。

不过，这种25%的能量来自蛋白质的高蛋白饮食并不是低碳水化合物饮食，因为它的碳水化合物供能比仍然在40%以上。碳水化合物可以发挥节约蛋白质的作用，所以减肥过程中能帮助保存肌肉，使基础代谢率降低幅度不明显。

我所设计的减肥营养餐中，蛋白质供能比通常为18%~25%。这个量既能避免减肥期间的肌肉流失，又不会增加人体代谢负担；既安全，又容易长期坚持。

高蛋白、低碳水化合物减肥其实并不神奇

坊间所谓"光吃肉就能瘦"的高蛋白饮食，和前面说到的方法完全不同，因为它实际上是高蛋白、高脂肪和低碳水化合物的组合，在饮食中去掉了谷物和水果，甚至牛奶都不建议喝（因为其中含有乳糖），只剩下鱼肉蛋类和蔬菜。

几十年前，一位名叫阿特金斯的医生就创立了这样一种另类减肥法：只吃鱼肉蛋，凡是带淀粉的食物一律不吃，食量不用刻意控制。他宣称，这样的方式能够让人体快速地分解脂肪，在短时间里也会有快速的体重下降。他有一句名言："汉堡对减肥是有害的，但是其中夹着的肉饼对减肥是有益的。"

大鱼大肉有利减肥，能量高低无须介意，这样的好消息，让全世界的减肥者为之欢欣鼓舞。这是神话还是事实？

不错，这种吃法的确能让人在短期内体重下降明显。有的运动员需要在比赛前快速瘦身，有的女性需要在穿婚纱之前暂时缩小穿衣的尺码，他们都觉得这种方法特别神奇。演员们也喜欢这种方法，很多人长年累月地不吃主食，曾经火爆过的"杜坎减肥法"也利用了这种基本原理。

这个方法具有生物化学基础，30年前我在大学学习生物化学课程的时候，老师就已经讲过了，它并不是什么新理论。

碳水化合物不足，会导致蛋白质损失

在人体三大能源（蛋白质、脂肪、碳水化合物）中，身体最喜欢用的是碳水化合物，最不想用的是蛋白质。可以这么打个比方：碳水化合物就好比家里的现金和活期存款；脂肪好比定期存款；而蛋白质相当于自己住的房子和家具，在生活中是有用的东西。现金和活期存款使用方便，提前取定期存款是不情愿的，而卖家具、卖房子更不愿意，卖的时候会折价，损失比较大。除非食物中的蛋白质供应绰绰有余，否则身体不会轻易把用于身体维护和组织更新的蛋白质用来"燃烧"供能。

在极低碳水化合物饮食的时候，身体中的碳水化合物实在不够用了，身体能量不足，会怎么办？它肯定会分解一部分脂肪来供能，不会马上把摄入的蛋白质都分解掉。

脂肪分解经过的是 β-氧化途径。它会一截一截地断下来，先生成一种叫作"乙酰辅酶A"的中间产物。然后这个中间产物与碳水化合物分解产生的草酰乙酸结合，再进入三羧酸循环，最后全部氧化成二氧化碳和水，放出大量的能量。

人类之所以储存脂肪，而不是储存淀粉或糖，就是因为脂肪体积小、能量高。所以，不要仇恨身上的肥肉，如果身体把多余的能量储存成糖的话，体重就会多出几十千克。

当碳水化合物（包括淀粉和糖）摄入过少，身体会严重缺乏葡萄糖，这时就会出现两个代谢变化：一是糖异生作用，二是生酮作用。

所谓糖异生作用，就是血糖降低到一定程度的时候，身体会考虑分解蛋白质，用产生的部分氨基酸来合成葡萄糖，以便维持血糖水平的稳定。血糖过低的情况下，人会疲乏、注意力难以集中、心慌、腿软、手抖、烦躁，乃至眼前发黑、失去意识。所以尽管身体非常不想浪费蛋白质，但为了保命还是要分解蛋白质的。

碳水化合物的一个重要功能，就是"节约蛋白质作用"。碳水化合物摄入过低，就等于过度消耗蛋白质。这是为什么很多女生在不吃或很少吃主食后，虽然每天有肉、有鱼、有蛋，健康状况还是越来越差的重要原因之一。

碳水化合物在体内属于"清洁能源"，分解供能后产生的是二氧化碳和水，没有一点"垃圾"留下。脂肪的分解就不同，它不能自己直接变成二氧化碳和水，而是需要碳水化合物帮忙才行，如果没有碳水化合物，就需要蛋白质来帮忙。否则，脂肪分解到一半就停下来，还会产生一些有毒"垃圾"。

如果饮食中缺乏碳水化合物，每日摄入量在120克以下时，脂肪就不能完全分解。如果再少一点，到50克以下，脂肪分解就会在半途中停下来，形成酮酸（酮体），这就是所谓的"生酮"。因此，碳水化合物的另一个主要功能是"抗生酮作用"。

正常情况下，人们每天总会摄入一定量的碳水化合物，以帮助脂肪分解。但如果采用阿特金斯饮食，人们不能吃含碳水化合物的食物，身体只好动用蛋白质来帮助脂肪分解。所以，虽然看起来摄入了很多蛋白质，但还是不太够用，因为它会配合脂肪一起分解掉。

在蛋白质配合脂肪分解的过程中，也会产生"垃圾"，因为蛋白质分解过程中会产生氨，氨是有毒的，身体会把它转变成尿素，再经过肾从尿液排出去。同时，脂肪不完全分解产生的"垃圾"也要从尿液排出去。所以，采用这种减肥方法的人，尿液的味道都会很大，嘴里也有臭味，严重时呼吸都有明显的味道。

为什么减肥中心不让你吃主食

很多人曾经去减肥中心减肥。减肥中心号称按摩减肥，或针灸减肥，但几乎都要给你一个食谱，上面列出什么食物不能吃，然后告诉你，只能吃鱼肉蛋类和蔬菜，这些食物不限量，但主食是不能吃的，水果是不能吃的，土豆是不能吃的，等等。其实，这就是高蛋白、低碳水化合物减肥法。

脂肪是人体储备的能量。1克纯脂肪相当于9千卡能量。一位女士如果一天摄入1800千卡（轻体力活动的成年女性能量供应推荐值）的能量，相当于摄入200克脂肪。也就是说，如果一整天一口东西都不吃，纯饿着，还按正常状态来工作和生活，也只能减少200克脂肪，一个月只能减6千克。再说，如果每天什么都不吃，连半个月也扛不住。

所以，若说两天能减掉1千克脂肪，根本不可能！那么，那些号称"3天减5斤（2.5千克）""一个月瘦20斤（10千克）"的减肥方法，又是怎么实现的呢？

显而易见，减掉的体重里，决不可能全是脂肪，还有蛋白质和水分。节食减肥法，以及不吃主食的极低碳水化合物减肥法，减掉的体重中都有"水分"。

采用不吃主食的减肥方法时，看起来能够吃大鱼大肉很幸福，实际上摄入的能量比平时少。人们都有这样的体会，红烧肉配着米饭最好吃，光吃肉类、蛋类而不吃主食，是吃不了很多的。看起来好像是随便吃，但很快就会发现食量逐渐变小，其实总的能量摄入比搭配主食进食时明显下降，而摄入的蛋白质，有一部分又通过散热、代谢为尿素被消耗掉了，真正用于补充身体蛋白质的也变少了。

所以说，虽然吃的是高蛋白食物，但因为总能量减少，又失去了碳水化合物的节约蛋白质作用，蛋白质要拿来"当柴烧"，身体还是间接处于一种缺乏蛋白质的状态。这时，肌肉量不仅难以增加，甚至可能会分解、减少，而身体分解了蛋白质，体重会很快下降。

同时，因为产生的废物要从尿液中排出，尿液排出量增加，所以体内就会缺水。用这类方法减肥的人都要喝大量的水，但是因为排尿量大，身体仍会处于水分减少的状态。

此外，排出的大肠内容物（食物残渣和微生物发酵产物、肠道黏膜脱落物等）也占了一部分重量，再加上损失的蛋白质和水分，综合结果就是体重下降很快。

一天排出500克粪便是能够做到的，再加上减少100克脂肪，减少100克蛋白质，同时丢掉200~300克的蛋白质结合水，以及因为减少钠摄入量而排出的水分，加起来就是1.5千克左右了。很多减肥法正是用这种方法来吸引人的。所谓减肥时的"水分"，道理就在于此。

说到这里，人们就会明白很多减肥中心减肥治疗的猫腻了。承诺一个月瘦5~10千克，就不可能让人们正常吃饭。对正常人来说，不采用极低碳水化合物饮食，减重不可能那么快。

为什么分解蛋白质时体重下降得比分解脂肪时更快呢？因为蛋白质是与水结合的，比如，肌肉里有70%以上的水分，只有20%左右的蛋白质，还有少量脂肪。每减少1千克肌肉，就等于减少0.25千克蛋白质和至少0.7千克水分。反之，如果减掉1千克蛋白质，同时就会流失2~3千克水分。若是减掉1千克脂肪呢？就是减少纯粹的1千克脂肪，因为脂肪跟水是不相溶的。因此，减掉1千克脂肪和减掉1千克蛋白质相比，后者的体重下降数量更大一些，会给人带来更大的成就感。

减1千克蛋白质，或者减1千克脂肪，两件事情相比，哪个更容易呢？同样重量的脂肪所含的能量本来就是蛋白质的2.25倍，减1千克纯脂，需要消耗9000千卡能量；减1千克蛋白质，只需要消耗4000千卡，显然，前者难度大得多。而减1千克蛋白质，称起来就会至少掉3千克，因为1千克蛋白质还结合着2~3千克的水呢。所以，减1千克脂肪所耗的能量，如果用于减蛋白质，减重数字会超过$2.25 \times 3 = 6.75$千克！

按照减肥中心指示的方式吃，即便不扎针、不按摩，体重也能很快下降。只不过，在交了很多钱、经常有人监督提示的情况下，许多人会非常听话地照做不误；而在没有人监督、不用交钱的情况下，大部分人忍不了几天就会中断，效果也就不明显了。这就是人性的弱点。

如果肝和肾处理代谢废物的能力都很强，采用这种减肥方法，可以坚持很长一段时间。如果肝和肾功能欠佳，或者有疾病，那么千万不要采用这种减肥方法，因为它会大大增加肝、肾等脏器的负担，严重时可能导致电解质紊乱、酸中毒甚至昏迷，饮食管理不当的糖尿病患者就容易出现这种情况。

9 高脂肪、低碳水化合物减肥法：多吃脂肪能瘦

前面说到高蛋白、低碳水化合物减肥法的秘诀之一是在代谢中产生酮体。当碳水化合物摄入量在每天50克以下的时候，脂肪会大量分解，使身体产生大量酮体。

最早的阿特金斯饮食只让人们随意吃各种大鱼大肉，不摄入碳水化合物，但是没有让人们吃足够多的蔬菜，这就难以解决酸碱平衡的问题，也不能提供足够

的膳食纤维来维持正常的肠道功能，对大批减肥者造成了很严重的健康损害，这种饮食方式最后日渐式微。

但阿特金斯饮食能让体重快速下降的生酮阶段，让无数人迷恋不已，难以放弃。于是，后来的专家们对阿特金斯饮食做了大幅度的改良。

改良1：多吃蔬菜

后来的生酮减肥饮食要求减肥者尽量多吃蔬菜。

（1）提供大量的钾、镁元素，用于平衡酮酸过多带来的血液酸化问题，避免电解质失衡。

（2）大量钾、镁元素还能减轻因为酮酸过多造成的骨钙流失，避免对骨骼造成严重的不良影响，以及可能伴随的肾结石问题。

（3）鱼肉蛋类不含膳食纤维，大量蔬菜可以提供膳食纤维，帮助预防严重便秘等副作用。

（4）蔬菜具有高度的饱感，配合鱼肉蛋类食物，能进一步减少能量摄入，放大体重下降成果。

改良2：多吃植物脂肪

近年来的生酮饮食，又提供了富含脂肪的食物，甚至还有中链脂肪酸产品，要求减肥者用脂肪来替代部分蛋白质，这样就能产生以下效果。

（1）减少蛋白质过度摄入，可以避免糖异生作用过强，更好地提高生酮效率。

（2）减轻因为摄入过多蛋白质带来的尿素氮升高、肝肾负担加重等问题。

（3）减轻因为摄入过多鱼等海产品带来的嘌呤过高、尿酸升高的问题。

（4）减轻由摄入过多鱼等海产品带来的重金属元素等环境污染物摄入过多的问题（按生态学规律，食物链上每升高一个营养级，重金属、多氯联苯、二噁英等难分解环境污染物的积累程度就会高一个数量级）。

（5）用坚果替代一部分鱼肉类，可以增加一些膳食纤维的供应量，减少便秘问题。

改良3：提供营养补充剂和代餐品

如果自己随意吃鱼肉蛋类加蔬菜的生酮饮食，很难做到营养平衡。而且这个过程会使人体进入应激状态，还会消耗大量的维生素、矿物质和抗氧化物质，导致更明显的不良反应。所以，需要补充多种维生素、矿物质、膳食纤维和抗氧化物质，来帮助减少副作用。

人们通过技术改良，提高生酮饮食的安全性，并通过提供代餐粉、营养补充剂等相关产品，使其更适合产业化，形成盈利模式。

10 极低碳水化合物减肥法的成功秘诀

最近流行的生酮减肥饮食模式，被学术界称为极低碳水化合物、高脂肪饮食（very-low-carbohydrate high-fat diet，VLCHF），每天摄入碳水化合物的量是20~50克。

最近20年来，证明VLCHF模式效果优于高碳水化合物、低脂肪模式的研究论文比比皆是，汇总分析也有多项。这些研究证明，对严重肥胖的人或肥胖合并糖尿病的人而言，采用低碳水化合物饮食，能够在不刻意控制能量的前提下，在3个月到1年的时间内降低肥胖者的肥胖程度，并有利于促进多项心血管疾病相关的生化指标恢复正常。

为什么学术界和医学界的很多专家支持VLCHF模式呢？除了它可赢利这个巨大的优点之外，还有很多重要的原因。

VLCHF模式能够让减肥者体重快速下降

找专业机构寻求减肥治疗的人，大部分都是很着急的。如果他们能够自己通过改变饮食内容、增加日常运动的方法慢慢减，就不用花钱寻求治疗了，经过半年或1年自然就能取得成效。所以，如果营养师告诉他们，减肥速度很慢，需要3个月到半年时间才能看到效果，他们很可能马上就会放弃。

VLCHF模式的最大优点就是能够很明显地看到减肥者一天天瘦下去，尤其在最初的3个月内效果最为明显。虽然其中很大一部分人也听说过，一旦停下来就会反弹，但他们会想："管他呢，先瘦下去再说，哪怕瘦3个月也值了。再说，也许我之后适当少吃点，注意一下，就不会反弹了呢。"

由于开始阶段效果神奇，减肥者会对指导人员非常信赖。然后，为了保持减肥效果，害怕出现反弹，他们会在减重之后变得更加努力。原本不肯运动的，为了不反弹，也开始运动了；原本不肯改变饮食的，为了不反弹，也开始吃杂粮吃蔬菜了……

所以，VLCHF模式是有智慧的，因为它洞察了人性的弱点，提高了减肥者对指导人员的依从性。

VLCHF模式有利于自主控制食量

一项在2014年发表的有关高碳水化合物和低碳水化合物减肥的高引用率比较研究得到这样的结论：低碳水化合物饮食组的体重下降更多，血脂下降也更多（Bazzano，2014）。

在这项研究中，并没有要求受试者控制自己的能量摄入。简单说，就是自己想吃多少吃多少，这就对受试者的食量和食欲控制能力提出了挑战。

对低碳水化合物饮食组的受试者来说很简单，只要遵守坚决不碰碳水化合物食物的饮食原则就行了。这个要求简单粗暴，好遵守，在外就餐时也非常容易实现，只要不吃主食，鱼肉、脂肪加蔬菜沙拉随便吃。

鱼肉蛋、豆制品和蔬菜，哪个都具有强大的饱感。高蛋白食物会提升人体与饱感相关的激素水平，如GIP、GLP-1、CCK、PYY等。这些食物的消化速度本就很慢，吃多了还会感到腻，摄入量不可能达到能量过剩的程度。

相比而言，高碳水化合物饮食组的受试者就很辛苦了，他们要遵守碳水化合物摄入量占供能比的55%、脂肪占30%的要求。虽然研究者给了一份不同能量摄入水平的样板食谱，给了购物指导，还给了代餐包，并给了配餐软件等，但受试者是不是真的按报告的那样每天精准达到要求，恐怕很难说。

肥胖者之所以长期发胖，很大的原因就是他们没有管理自己食量和食物内容的能力和知识，也懒得进行各种食物营养素的计算。

如果不按照基本固定的食谱来吃，就算给了各种指导，给了计算软件，恐怕他们也很难轻易判断清楚，自己怎么吃才能保证每天达到30%的脂肪供能比和55%的碳水化合物供能比这样复杂的要求。

另外，由于大部分减肥对比研究中只算营养素供能比和总能量，并不计算微量营养素的摄入量，很少考虑碳水化合物的来源是精白淀粉还是全谷杂粮，所以很难保证这些受试者能处于健康的生活状态。

VLCHF模式对医生或营养师的要求较简单

前面已经说到，VLCHF模式中，医生或营养师的指令容易操作，即便不了解生酮原理，也不妨碍受试者去实践。同时，还有很多代餐产品和营养补充产品可以应用，花了钱就必然会实施。

从前面的研究文献案例中可以看到，高碳水化合物组的措施复杂多了，不同能量摄入水平的样板食谱、购物指导、配餐软件、代餐包……即便如此，也不一定能保证每天严格按计划执行。

如果让我制定一周的低碳水化合物食谱，仅仅需要保证每天碳水化合物摄入量低于50克，比起辛辛苦苦做均衡营养、50%碳水化合物供能比的7日减肥食谱，把十几个营养素摄入量指标、一日营养素供能比指标、三餐大量营养素摄入指标等全部平衡好，要简单太多了。

所以，我们可以理解，在受试者自制力较弱、医生或营养师没有精力一一做营养教育、粗放管理、自由摄食，以及没有具体食谱和能量目标值的日常情况下，低碳水化合物饮食能够比50%以上碳水化合物供能比的减肥饮食在短时间内取得更好的减肥效果，这是无须争议的。

文献中排除了不适宜人群，并保证严格的专业指导

研究文献中招募的受试者都通过了严格的纳入标准，属于肥胖、高血脂、高血糖等确实需要减肥的人群，而且没有各种不适合生酮减肥的身体状况和生理状况，并且有专业人员的指导。

然而，在我国的减肥人群中，有很大一部分是没有达到肥胖标准，只是轻微超重甚至还没有达到超重标准，是否适合用肥胖者使用的减肥方法，研究文献并不能给出答案。同时，我国很大一部分使用者是自助减肥，并没有经过身体状况评估，实施VLCHF模式时也不能保证达到合理的能量水平和营养供应水平。

11 生酮饮食法是否适合所有人

生酮饮食，或极低碳水化合物供能比的饮食，对某些疾病状况可能具有治疗效果，或可能具有一定的改善作用，对另一些人则不太适合。

适合人群

◆ **癫痫患者**。有较多研究认为，生酮饮食可以减少癫痫症状的发作。

◆ **肥胖状态的多囊卵巢综合征患者**。对胰岛素敏感性下降、肥胖程度高的部分多囊卵巢综合征患者来说，通过短期生酮饮食尽快降低体重、降低血糖反应，对恢复正常的激素水平可能有所帮助。

◆ **碳水化合物嗜好症患者。**对于一些特别偏好甜食和其他高碳水化合物食物的人，短期使用生酮饮食之后，消化酶和代谢模式对碳水化合物的依赖程度降低，可以减轻对碳水化合物的成瘾心理。

◆ **部分肥胖的糖尿病患者。**一些日常饮食量大、餐后血糖高的人，控制食量有困难，而餐后又因为血糖水平高而昏昏欲睡，改为生酮饮食之后体验到食量减小、中午不困、头脑清醒的状态，同时血糖降低，身体状况得到改善。

不适合人群

部分人可能不适合这类饮食，需要特别慎重，开始生酮饮食之前要咨询医生，进行医疗评估，以避免出现不良反应，甚至危害健康。

◆ **肝肾功能下降的人群和老年人。**生酮饮食时，蛋白质代谢加强，产生的尿素增加，会增加肝肾负担。老年人代谢功能下降，使用时尤其要谨慎。

◆ **痛风和高尿酸血症人群。**生酮饮食时，身体分解代谢加强，内源性嘌呤增加，再加上食用动物性食物和坚果等导致的外源性尿酸增加，会使血尿酸水平升高。

◆ **胆结石和胆囊炎人群。**生酮饮食时，脂肪摄入量大幅度增加，胆汁分泌量上升，再加上来自全谷物、豆类的膳食纤维减少，难以阻断胆盐的肝肠循环，患胆结石的风险上升。

◆ **泌尿系统结石人群。**生酮饮食时，身体产生大量酮酸，为保持酸碱平衡，尿液酸度上升，骨钙溶出量增加，会升高患肾结石的风险。

◆ **骨质疏松症患者。**生酮饮食时，身体产生大量酮酸，为保持酸碱平衡，骨钙溶出量增加，蛋白质摄入量增加也会导致尿钙排出量增加，加重骨质疏松。

◆ **胃肠疾病和消化不良人群。**一方面，生酮饮食时，摄入的脂肪和蛋白质大幅度上升，消化系统的负担增加，消化不良人群往往会出现食欲不振，摄入能量不足，导致营养不良，对身体造成更大的损害。另一方面，生酮饮食容易导致胃肠功能紊乱、肠道菌群失调等。动物研究表明，低碳水化合物、高脂肪饮食可能导致肠道渗透性增加，炎症因子上升。

◆ **抑郁症和精神疾病人群。**生酮饮食时，体内神经递质水平发生变化，容易出现焦虑、暴躁、抑郁等情绪，会增加抑郁症患者和精神疾病患者的发病风险。

◆ **孕妇和乳母。**孕期需要特别注意避免血液酮体水平升高，以免影响到胎儿的神经系统发育。故在孕早期呕吐严重时，需要优先保证碳水化合物的摄入。哺乳期间也要避免酮体过高，因为酮体可以进入乳汁，增加婴儿的肝肾负担。

由于每个人的遗传基因不同，身体代谢模式也不一样，所以，采用一种方法之后的感受也不同。一般来说，男性对生酮饮食的接受度更高一些，体弱的女性采用生酮饮食则容易出现不良反应。有些人使用极低碳水化合物、高脂肪、高蛋白饮食之后感觉头脑清醒、心情舒畅，那么在经济条件许可的情况下可以继续下去；如果感到明显的不舒服，应立即停下来，不必因为别人说如何好就勉强继续下去。

长期使用生酮饮食是否伤害健康

生酮饮食一旦停止，人体重新摄入较多的碳水化合物，体重就会疯狂反弹，甚至变得比减肥开始之前更胖。这种现象是不以人的意志为转移的，所以在体重反弹之后，千万不要怪自己没有毅力。大批人在结束这种减肥方法后一年之内，体重反而比减肥之前增加了。

其实，很多超级胖子都是尝试各种减肥方法之后反弹的。如果正常饮食，即便不节食，也很难胖到比正常体重高几十甚至上百千克的程度。

生酮饮食中所谓5%的碳水化合物供能比，按总能量2000千卡来算，只有100千卡，相当于25克碳水化合物。蔬菜中都含有2%~5%的碳水化合物，比如番茄和胡萝卜都大约含有5%的碳水化合物，那么，吃300克番茄（两个中等大小的番茄，碳水化合物含量4%）就得到12克碳水化合物；再吃300克大白菜（碳水化合物含量3.2%），又得到将近10克碳水化合物；肉类中含有1%~2%的碳水化合物，吃400克肉就有4~8克碳水化合物。以上这些加起来已经超过25克碳水化合物的限量。

那么，如果一辈子采用生酮饮食，是不是可以呢？

只需想一想，甜食不能吃、甜饮料不能喝，对身体是没什么害处；但米饭、米粥、米糕、米粉、米线、年糕、糍粑不能吃，馒头、花卷、发糕、烙饼、烧饼、油条不能吃，各种面条不能吃，包子、饺子、馄饨等各种带馅主食不能吃，面包、比萨、汉堡、通心粉、意大利面不能吃，饼干、糕点、各种烘焙食品不能吃，各种薯条、薯片、土豆丝、炖土豆等带土豆的菜肴不能吃，蒸红薯、烤红薯、山药、芋头、藕、荸荠不能吃，红豆、绿豆、芸豆、鹰嘴豆不能吃，葡萄干、杏干、无花果干、大枣、桂圆等也不能吃，各种水果只能吃一两口……生活会不会变得毫无乐趣?

所以，即便是在西方国家，也很少有人能长期坚持生酮饮食，一方面是成本很高，另一方面是不符合正常生活状态，因此，生酮饮食放弃率较高。研究表明，大部分人在体重降低之后，就会自觉或不自觉地增加碳水化合物摄入量，达到每天120克以上的水平，这时就不会再产生生酮作用。于是，远期的体重保持就成为问题。所以，生酮饮食流行几十年来，并未起到有效降低肥胖率的社会效果。

目前，学术界没有找到坚持极低碳水化合物、高脂肪饮食超过2年的研究证据。在3~6个月期间，它的效果非常显著；但从半年到1年，甚至2年开始，随着时间的延长，低碳水化合物、高脂肪饮食的优势越来越小，减重的速度越来越慢，而反弹的风险越来越大。汇总分析6~24个月的较长期研究结果（共23项研究，2788位受试者），发现极低碳水化合物、高脂肪饮食和传统减肥饮食相比，已经失去显著的优越性（Hu et al，2012），研究者的用词是："减重效果不比低脂肪、高碳水化合物方法差。"

那么，生酮饮食控制血糖和血脂的效果是不是更好呢？结果有点矛盾。

一项研究综合了2001—2015年的相关研究，结果发现，每天摄入120克碳水化合物时，糖化血红蛋白水平下降0.9%，摄入80~90克时下降1.1%，摄入30~75克时下降0.7%，而摄入30克以下时，反而增加了2.2%。生酮饮食的时候，甘油三酯下降了，但胆固醇水平上升了（Astrup，2017）。另一项研究分析了3项大型研究的数据，发现对胰岛素敏感性正常的肥胖者来说，摄入低脂肪、高碳水化合物食物的效果更好；而对胰岛素敏感性受损的肥胖者来说，高脂肪、低碳水化合物的饮食效果更好（Hjorth，2017）。也有研究发现，脂肪供能比73%、碳水化合物供能比10%的高脂肪饮食，与脂肪供能比30%、碳水化合物供能比50%的饮食相比，只要是同样减少能量，对肥胖的男性都能起到减肥作用，血脂也都出现有利于预防心血管疾病的变化，效果并没有明显差异。

学者们总结认为，就对血糖控制和低密度脂蛋白胆固醇的影响而言，生酮饮食并没有表现出更好的效果（Snorgaard，2017）。

从对体成分和体能的影响来说，生酮饮食与脂肪供能比30%的饮食相比，不能增加肌肉，甚至持续时间较长时会带来肌肉减少和低密度脂蛋白胆固醇上升的结果（Kephart，2018），即使在持续体育训练的状态下，对体能也会产生负面影响（Urbain，2017）。

对大多数中国人来说，一辈子不吃主食是很难接受的。在吃肉减肥之后，一旦恢复吃主食，就会发现体重很容易上升。这时候要有一个思想准备，比如在吃了1个月的鱼肉蛋之后，要逐渐回归到有主食的食谱，心理上要能承受反弹几千克的现实。这时候应当增加运动，把反弹尽量控制在心理上能接受的范围内。如果没有好的生活习惯，只靠这种不吃饭、光吃肉的短期突击，体重往往会上上下下地波动，而体重波动对健康的危害比发胖本身还要大。

采用吃肉减肥法的时候，需要注意不要食用脂肪含量高的肉，也要尽量避免经过深度加工的肉，如肉肠、火腿等。很多调查证实，摄入过多深度加工的肉制品会增加患癌症（如肠癌、乳腺癌等）的风险。不能顾了这头不顾那头，为了减肥而不顾将来患癌症的风险是很不值得的。要吃尽量新鲜、脂肪含量低、自己烹调的肉，不要因为怕麻烦而天天吃肉肠、火腿、培根之类的加工肉制品。

烹调的时候还要注意，不要放很多油，也不要用过高的温度，煎炸和烤都不是好方法。可以用煮、炖的方式，里面多放些竹笋、海带、萝卜之类的蔬菜配料，这样更有利于健康。

此外，使用高蛋白减肥法时，蔬菜的摄入量一定要充足。一般来讲，吃1份肉，至少要配3份菜。很多人鱼肉没少吃，蔬菜却吃得很少，这样对身体的损害就比较大，不利于心脑血管健康和肝胆健康，容易使尿酸水平升高，对皮肤的健康也特别不好。

12 花样繁多的单一食物减肥法

在各种节食减肥方法中，单一食物减肥法可以算是花样繁多。

单一食物减肥法简便易行，不需要动脑子考虑吃什么、吃多少的问题，适合那些不愿意费心思的人使用。只要吃一种东西，一直吃，吃到吃不下去就行了，其他东西一律不能吃。

不论能量多么高的食物，如巧克力、冰激凌、蛋糕，只要做到"专一"地吃它们，都会让人瘦下来。所以，网上会有"冰激凌减肥法"之类的减肥方式。

为什么高能量、高脂肪、高糖的食物还有助于减肥呢？正如前面所说，只吃一种东西难免造成食欲下降，吃肉如此，吃鸡蛋如此，吃巧克力、蛋糕、饼干、薯片等也一样。如果把它们当零食吃，会觉得很好吃，很容易让人发胖。但无论味道多么诱人的食物，如果天天吃、顿顿吃，只吃这么一种，很快就会让人无法忍受。所以，尽管这类食物能量很高，但因为每天吃得很少，最终等于变相节食。

同时，因为只吃一种食物，营养不平衡，胃肠功能也会逐渐变弱。特别是拿冰激凌和雪糕当饭吃，胃肠功能减弱，消化液分泌变得不正常，这时候倒是可能因为患了胃病而变瘦。但是，用破坏健康的方式来减肥，是得不偿失的。

常见的单一食物减肥法是水果（果汁）减肥法、蜂蜜减肥法、蔬菜汤减肥法、奶类减肥法、鸡蛋减肥法和肉类减肥法等。一般来说，单一食物减肥法是不适宜长期使用的。短期使用还不至于出现严重后果，但如果长期应用，就会出现大问题。

鸡蛋减肥法和肉类减肥法都属于低碳水化合物减肥法，本书后面会有专门的分析，接下来的内容只对水果、蔬菜和奶类减肥法做个简单说明。

13 水果减肥法为什么只能用三天

很多女性都会在自己可以控制晚餐的时候，选择不吃其他类别的食品，只吃水果。如果早餐和午餐的营养质量较高，这种做法还不至于引起严重的营养缺乏，短期内不会造成不良后果。但如果经常用水果替代三餐，除了水果什么都不吃，那问题就比较严重了。

一天中只吃水果的做法，适合什么时候呢？

如果一个人日常吃的东西相当油腻，加工食品吃得很多，盐和脂肪摄入过量，几乎不吃水果、蔬菜，那么每个星期有一天只吃水果，或者一个月中有3天只吃水果，可能对健康还是有利的。这属于"轻断食"的一种类型，可以让消化系统获得短暂的休息，给肝放个假。

水果减肥法网上有很多，最常见的就是"3日苹果减肥法"，它宣称3天就能减重2千克左右，还能让人感觉特别清爽。这其中到底有什么神奇之处呢？

3日苹果减肥法，主要通过两个原理让人减重。

每日摄的能量大幅度减少，身体分解脂肪来供能

一个红富士苹果重200~250克，小一点的大概为150~200克。去皮、去核后，一个苹果大概能得到100~200克果肉。100克苹果果肉的能量为45~50千卡，甜苹果可以按照50千卡计算。如果一天吃10个苹果，最多能吃掉2千克苹果果肉，获得1000千卡能量。

成年女性一天需要 1800千卡能量，现在只摄入1000千卡，显然是会变瘦的。实际上，大部分女性一天无法吃10个苹果，所以一日摄入的能量会更低。能量的缺口就会通过分解身体组织来弥补，包括脂肪。

增加钾，排出钠，使身体水分流失而减重

苹果富含钾元素，而其中的钠含量微乎其微。如果只吃苹果，不吃加了盐的蔬菜，由于水果的利尿作用，身体的钠含量会逐渐降低。钠帮助人体维持渗透压，能够"绑定"大量水分子，缺少钠的同时也会流失水分。

实际上，那些不让人吃咸味食物的减肥方法，奥秘都在于减水分，因为减少水分带来的体重下降的效果明显大于分解脂肪。

1克纯脂肪含9千卡能量。正常情况下，一个成年女性一日摄入能量1800千卡，就算一天饿着什么都不吃，也不过减少200克脂肪而已，3天时间减少600克脂肪。

我国居民平均每天摄入盐10克左右，如果3天完全不摄入，体内就会减少30克盐。生理盐水的浓度是0.9%，体内的1克盐大约要结合100克水，30克盐结合3000克水。虽然身体不会把30克盐全部排出来，但盐减少带来的体重下降会轻松超过脂肪减少带来的体重下降，这一点毋庸置疑。

为什么水果减肥法不可以长期采用，只能用3天呢？因为它不符合营养平衡的原则，只能是短期行为。

首先，缺乏钠元素。

钠是人体必需元素，身体并不会因为不吃盐，就持续地把所有水分排出去。原先吃多了重口味食物，减肥开始时排出一部分盐是无害的，但3天之后，这种盐减少带来的体重下降效果就减弱甚至消失了。长期不吃盐，身体会因为缺乏钠元素而产生各种不适，包括肌肉松软、头晕乏力、消化不良、恶心呕吐、血压下降，甚至会发生低血钠昏迷。

其次，缺乏蛋白质。

从减少能量摄入的角度看，吃苹果的确不错，但从蛋白质的供应量来看，吃苹果是远远不够的。成年女性一天需要的蛋白质最低为55克，男性为65克，这是在摄入了足够动物蛋白的情况下，以素食为主的情况还需要加量。水果和蔬菜的蛋白质含量都很低，苹果的蛋白质含量不足1%，一天就算吃10个苹果，也得不到多少蛋白质。按照每100克苹果含0.5克蛋白质来算，2千克苹果所含的蛋白质只有10克，与一天所需的蛋白质的量实在相差太远。况且，一个人一天吃10个苹果也

够辛苦的。

每天摄入的蛋白质严重不足，皮肤还怎么更新？头发还怎么生长？皮肤、毛发、指甲都还是小事，可以暂时牺牲，但血红蛋白的更新、肌肉的维持、内脏的维护，这些重要的工作都会因为蛋白质缺乏而无法开展。身体要进行修补的时候总是没有原料，身体就会慢慢变成一间年久失修的"破屋子"。在短暂的3天时间内，蛋白质缺乏带来的危害还不太明显，但如果长期蛋白质供应严重不足，就会导致营养不良性水肿。

最后，缺乏多种维生素和矿物质。

很多人会感到不解，水果不是富含各种维生素和矿物质吗？事实上，水果中的矿物质比例并不完全符合人体的需要。比如说，水果中的铁和锌就很少。铁缺乏很容易引起贫血，锌缺乏人体免疫功能会失调，皮肤的损伤难以修复。

水果中所含的维生素也不全面，如苹果中维生素B_1、维生素K、维生素E和胡萝卜素都很少，完全没有维生素B_{12}。由于几乎不摄入脂肪，身体也无法吸收利用脂溶性的维生素K、维生素E和胡萝卜素。

长期采用以水果为主的饮食，会造成贫血、缺锌，脸色憔悴，皮肤损伤无法修复，抵抗力低下、低血压、身体怕冷，还容易发生呼吸道感染和消化道感染。

总而言之，水果减肥法可以短时间采用，但不能长期使用，每周决不能超过1天，一个月最多3天。

那些鲜榨水果汁或水果汁饮料减肥法的原理与苹果减肥法几乎是一样的，只不过苹果比较便宜，而那些所谓"清肠""排毒"的低卡果汁饮料（所谓低卡，意思是把果汁兑稀了）则非常昂贵，只是显得更高大上一些。特别是那些经过杀菌的果汁饮料，其超高压杀菌和冷藏运输的过程的确成本比较高，但不意味着它所含的营养素数量惊人。

除了营养不平衡之外，苹果还算是比较温和的水果。有些水果摄入过多之后会产生其他问题，如可能引起过敏、胃肠不适或腹泻等。

20世纪90年代，日本影星浅野温子的瘦身方法之一是天天吃菠萝，最后吃到胃壁变得很薄，经常胃痛、消化不良的程度，医生不得不对她发出警告，不许她再吃菠萝。菠萝的粗纤维含量很高，尤其是菠萝心。市场上卖的菠萝片是用没有去心的菠萝制成的，虽然很甜，但很硬，可以提供大量的纤维，促进肠道蠕动，具有很好的防止便秘效果。

同时，菠萝还含有丰富的蛋白酶（即帮助消化蛋白质的酶）。菠萝如果不用盐水浸泡，吃起来会很"辣嘴"，就是因为菠萝中的蛋白酶分解了口腔中的黏膜蛋白质。

如果摄入过量鲜菠萝，一方面过多的粗纤维对胃产生强烈的刺激作用，伤害胃肠道黏膜；另一方面由于含有大量蛋白酶，空腹吃菠萝也会对胃造成损伤。

一些带有小籽的水果也具有非常强的促进肠道运动的作用，比如火龙果、猕猴桃、草莓之类，都是"强力通便"的水果品种。少量食用时，它们有利于预防便秘；但如果摄入太多，甚至以此为主食，就可能造成腹泻、腹痛，甚至肠炎。

14 蔬菜汤减肥法

蔬菜减肥法包括蔬菜汤减肥法，以及一段时间内只吃某些蔬菜的减肥法。

多年前曾经有个很火的减肥食品，称为"7日瘦身汤"。它号称含大量膳食纤维和维生素，能"有效降低胆固醇、分解脂肪、畅通肠道、清除体内毒素，从而起到减肥美容效果"。减肥者饿的时候喝这种汤，每天喝10次以上，每次1碗以上，连续喝7天，就能减重4~5千克。很多想减肥的女士为之怦然心动。

这种减肥蔬菜汤制作起来倒也不难。原料是6个洋葱、6个番茄、1颗圆白菜、3个辣椒、几棵芹菜。把蔬菜切块，放入水中，加少许盐、辣椒或其他调料。先用大火煮10分钟，再用小火煮2~3小时。除喝汤之外，前3天可以少量吃点水果或其他蔬菜，第4天在水果或其他蔬菜之外加一点牛奶，第5、第6天再加一点牛肉，第7天可以再加一点米饭，但不能吃其他食物。

分析这道蔬菜汤，其中的蔬菜大约3千克，约含600千卡能量。即便加上少量其他蔬菜和水果，能量也不可能超过1000千卡。如果一天只摄入这么点能量，那是一定会减重的。

中国营养学会推荐人们每天摄入500克蔬菜，如果每天吃3千克蔬菜，一般人是难以做到的。这些蔬菜中富含膳食纤维和钾，洋葱中含有低聚糖，辣椒中含有辣椒素。吃这么多蔬菜，每天的膳食纤维摄入量的确会大幅度增加，对清理肠道很有帮助。低聚糖和多种植物化学物质也有助于改善肠道菌群的结构。假如平日饮食油腻，口味过重，蔬菜摄入不足，膳食纤维摄入过少，每个月如此喝2天，对健康可能会有好处。

后来，又出现了其他减肥蔬菜汤，比如"五行汤"，即白萝卜、萝卜叶、香菇、胡萝卜、牛蒡等5种食材以中医理念配伍而成的蔬菜汤。这些食材富含抗氧化物质、膳食纤维和低聚糖，对于降血脂、降血糖、抗氧化等可能有一定的益处。对于那些经常吃油腻食物、日常蔬菜食用量不足，有高血糖、高血脂问题的人来说，每天少吃点油腻食物，适当喝些少油的蔬菜汤，或吃些少盐的炖煮蔬菜，对健康的确是有益的。

如果认为连续喝7天蔬菜汤，身体就能大量分解脂肪，这种想法就不太科学了。这种吃法会大幅度增加钾的摄入量，减少钠的摄入量，也会造成身体水分排出，从而带来体重快速下降的假象，和"3日苹果减肥法"的道理一样。其中的蛋白质、钙、铁、锌、胡萝卜素、维生素B_1的含量都是严重不足的，对健康不利。

无论是吃水果还是喝蔬菜汤，虽然暂时看到体重下降，但只要恢复正常饮食，体重就会快速反弹。如果反复使用这些方法，就会出现饿着也不瘦、吃了就会胖的现象。

这里还需要讨论的问题是，为什么减肥方法建议喝蔬菜汤，而不是直接吃生蔬菜呢？这是因为光吃生蔬菜，吃的数量有限，别说一天3千克，就是500克都困难。而煮熟之后蔬菜变软，吃起来就会容易许多。

与其捏着鼻子天天喝蔬菜汤，倒不如平时多吃少油烹调的蔬菜，少吃油腻食物，控制一天中摄入盐的量。这样，就能在不影响营养平衡的前提下，获得吃蔬菜对减肥的各种好处了。

15 牛奶流食减肥法

国外有一种传统减肥法，称为"牛奶流食减肥法"，减肥者一天喝2000毫升左右（8杯）纯牛奶，其他什么都不吃。简单说，差不多就是回到婴儿的饮食状态。

为什么选择牛奶作为流食的原料呢？因为在天然食物中，奶类几乎是营养素最全面的一种。奶中有蛋白质、脂肪、碳水化合物（乳糖），有12种维生素和多种矿物质。

喝2000毫升左右纯牛奶，可以得到约60克蛋白质，以及1200千卡能量。因为牛奶中的蛋白质都是优质蛋白，60克蛋白质对一天来说足够了。1200千卡也达到了自助减肥能量的最低限，所以相对比较安全。牛奶中有钾、钠、钙，短期内不太容易出现电解质失衡的情况。

只喝奶和只吃肉蛋不同，它不属于快速减肥法，只是减少摄入能量的减肥法。只吃肉蛋属于低碳水化合物减肥法，而牛奶中是含有碳水化合物的，只是碳水化合物供能比例比正常饮食低一些，不至于出现生酮的情况，也不会引起身体快速脱水和肌肉快速分解。

不过，长时间将牛奶作为唯一的食物来源也是不可行的。第一，会在味觉上造成厌倦感。第1天光喝牛奶还能忍受，等到第10天就会反胃了，很少有人能坚持一个月以上。第二，牛奶的营养素仍然不全面。牛奶里的维生素C含量几乎可以忽略，叶酸含量也很少，铁的含量过低，而且没有膳食纤维。长期缺乏膳食纤维，肠道就无法正常运动。

牛奶流食减肥法尽管比只吃水果或只吃鸡蛋的方式好，但单独靠牛奶的饮食方法仍然不能长期持续，还需要配合一些膳食纤维含量高的食物，如小麦麸、燕麦麸，再加上少油烹调的蔬菜以供应维生素C、叶酸和抗氧化物质，另外加一些含铁的矿物质补充剂，预防贫血。

我国一部分人有乳糖不耐受的问题，喝牛奶会腹胀、腹泻。如果没有乳糖不耐受的问题，或者选择把乳糖水解成葡萄糖和半乳糖的"无乳糖牛奶"，在两三天内只喝牛奶还是可以接受的。如一些做牙齿矫正的人刚戴上牙箍时，暂时不能咀嚼固体食物，可以在几天中靠牛奶供应蛋白质。

对于减肥者来说，不必每天只喝牛奶，但可以把包括牛奶和酸奶的奶类纳入减肥饮食中。

首先，牛奶和酸奶的口味比较容易接受，营养比较全面，食用起来又非常方便，可操作性比较强。在一餐没有合适食物的时候，或者两餐之间需要加餐预防饥饿时，牛奶和酸奶都是很好的选择。

其次，牛奶和酸奶具有较好的饱感，还能延缓餐后血糖的上升速度，有利于控制食物摄入量，减少餐后大量合成甘油三酯的危险。在用餐之前，如果喝1袋（250克）牛奶，或等量的不太凉的酸奶，喝完以后，会发现原本很强烈的进食欲望消退了。相比而言，喝1罐可乐，或吃27克巧克力，虽然摄入的能量与喝1袋牛奶是一样的，却没有这么强的饱感。

最后，奶类中所含的支链氨基酸、共轭亚油酸（CLA）等成分有利于增加肌肉比例而降低脂肪比例，其中的钙元素有利于降低脂肪合成酶活性。多项研究表明，在能量和蛋白质摄入水平相等的情况下，奶类摄入较多时有利于预防肥胖。用奶类替代一部分肉类，也有利于预防随着年龄增长而出现的体重增加（详见本书第五章）。

不过，牛奶蛋白质也是一种常见的慢性食物过敏原，在摄入大量牛奶或酸奶之前，需要确认自己没有这种过敏情况。将奶类纳入三餐，也需要克服现有的一些条条框框，如"空腹喝牛奶不好""早餐不能喝酸奶"等说法。其实这些说法并不完全正确，饭前喝牛奶或酸奶，只要没有乳糖不耐受，在营养吸收方面并没有什么问题。

酸奶在发酵的过程中，把一部分乳糖变成了乳酸，乳酸菌中含有乳糖酶，可以帮助人体消化乳糖，因此，喝酸奶很少像喝牛奶一样出现不良反应，也就是说，除了极少数对牛奶蛋白质严重过敏的人，绝大多数人是可以喝酸奶的。另外，不太凉的酸奶对肠胃是相当友好的，减肥期间胃肠功能往往会下降，如果喝酸奶的同时再加一袋益生菌制剂，对肠道健康更为有益。

总而言之，在一日饮食中，把一部分食品换成奶类，有利于控制体重，而且容易实施。但前提一定是控制总能量，不能在原有总能量的基础上再额外增加奶类。

16 网红减肥法的原理是什么

一位营养科的医生感叹："来我这里的肥胖者，几乎都曾试验过多种减肥方法，越减越肥，但还想找到一种更新的神奇减肥方法。我对各种减肥法一一做了解释，劝告他们改变生活习惯，调整饮食结构，每天适度运动，并给他们开出营养处方，最后的结果是，他们离开之后就失联了。"

的确，对没有专业基础，也没有科学理性的人来说，"少吃零食和甜食，多吃蔬菜、增加五谷杂粮比例、少油烹调、坚持运动健身"，这些都是老生常谈，根本不值钱。相比而言，那些网红减肥法的许诺都显得特别神奇，什么"3天瘦5斤（2.5千克）""10天瘦8斤（4千克）""1个月瘦20斤（10千克）"之类，看似容易操作、效果迅速，人们难免跃跃欲试。

其实这些减肥方法的根本道理万变不离其宗，不过是减少能量、脱水、生酮等方法的组合。

采用快速减肥法都会反弹，为了解决这个问题，一些减肥法把减肥期划分为不同阶段，先用快速减肥法，然后再加上第二、第三甚至第四阶段，通过限制食量，让人们逐渐适应半饥饿状态，直到减肥者消化能力下降、食欲下降，最终形成少吃的习惯；或用间歇性断食、间歇性极低碳水化合物饮食、部分餐次少吃或生酮饮食等花样百出的方式来抵消反弹，从而长期保持减重效果。这其中最具代表性的方法是21天减肥法、麦吉减肥法和CP分食法。

下面对最近十几年流行的几种网红减肥法进行简单解读。

黄瓜鸡蛋减肥法

近年兴起的一种方法是黄瓜鸡蛋减肥法，让人们只吃黄瓜和鸡蛋两种食物，其他都不能吃。它还有一些变式，如番茄鸡蛋减肥法、苹果鸡蛋减肥法之类，道理大同小异，就是低糖分的水果或蔬菜加上鸡蛋，只要不吃其他东西，炒着吃、煮着吃、蒸着吃都行，数量不限。和各种单一食物减肥法相比，这类两种食物减肥法算是改良版。

这类减肥法有两个减肥原理。一是通过严格限制食物的品种，让人食欲下降，自然少吃东西，无形中降低一天摄入的总能量，达到减肥目的。二是避免摄入主食，绝大多数能量来自蛋白质和脂肪，属于低碳水化合物减肥法。黄瓜、番茄的碳水化合物含量都很低，苹果的碳水化合物含量也不太多，能量主要来自鸡蛋和烹调用油里的蛋白质和脂肪。

与纯正的极低碳水化合物减肥法相比，这些家常菜式的减肥法让食物略微好吃一些，碳水化合物的总量超过标准生酮饮食，成本也比较低。

相比于单纯的番茄减肥法、黄瓜减肥法、鸡蛋减肥法，这种混合食物减肥法的食谱考虑到了营养素的全面性，至少增加了膳食纤维、钾元素和维生素C的供应，使用危险也稍微小了一点。但是，它们依然只能短期应用，若长期使用，会因多种营养素不足而造成营养不良，且完全不能解决停止减肥后的反弹问题。

贴心叮咛：如果非要应用这类方法，建议作为轻断食方法的一种，每周不超过2天（而且不能连续2天，要间隔），或者只是晚餐采用这种吃法，其他两餐正常进食。

哥本哈根减肥法

有一些减肥法是固定的食谱，在一定时间内的每一餐，只能按照它所提供的食谱吃某几种食物，其他的一律不许吃，而且食量要求很严格。其中最出名的是哥本哈根减肥法。

哥本哈根减肥法是一种为期13天的低碳水化合物减肥法，而且是低能量减肥法。我对它的食谱进行了营养素计算，发现用这种方法减肥，每日摄入的能量都在800千卡以下。这种方法营养素供应严重不足，过程中会导致酮体产生，并极易出现低血糖，属于非常不安全的低能量减肥法。

它的食谱内容如下面所示。

◆ 第1~6天

　　早餐：黑咖啡1杯+方糖1块

　　午餐：煮鸡蛋2个+番茄1个+水煮菠菜（不限量）

　　晚餐：牛排200克+用橄榄油和柠檬拌食的生菜（不限量）

◆ 第7~12天

　　早餐：一杯茶（不加糖）

　　午餐：不吃，大量喝水

　　晚餐：羊肉200克+苹果1个

◆ 第13天

　　早餐：黑咖啡1杯+方糖1块+烤面包1片

　　午餐：煮鸡蛋2个+一根大胡萝卜切碎加柠檬汁

　　晚餐：鸡肉250克+用橄榄油和柠檬汁拌的生菜沙拉

　　此外，每天至少要喝2升水帮助"排毒"。

这个食谱减重的两个主要原理是：排水和生酮。一方面，空腹喝黑咖啡，利用了咖啡因的利尿作用；另一方面，不随便使用盐调味品，身体会因为钠的摄入量降低而减少水分。这些效果都被归入它"神奇的体重下降"中。

这种减肥法精准掌握低碳水化合物的数量和节奏，将身体控制在能最大限度分解脂肪而产生酮体，又不至于因酸中毒和低血糖而倒下的边缘状态。

食用大量蔬菜是为了尽量维持体内酸碱平衡，并提供膳食纤维，增加饱感和肠道运动。加入柠檬汁除了调味和提供钾元素外，也可以利用柠檬酸等有机酸为酮体的代谢提供帮助。

大量饮水是为了排出体内产生的大量有毒酮体，尽量避免酸中毒和肝肾损害。

这份食谱的要求非常苛刻，并故弄玄虚地说："所有食物链的编排必须按部就班才能改善你的新陈代谢，顺序或食物选择错误都将前功尽弃。"它还提示，一年只能实行一次，如果中间没有遵守要求，则需要等半年再进行下一次。针对女性，它提示在一个经期结束后的2周时实施能够取得最好的效果。

所谓在经期结束后2周实施，就是为了避开经期的体重波动。由于月经前体重会增加，经期后体重会下降，所以这个方法要保证结束日期正好处于月经来潮之后。同时，经前期女性的身体比较敏感，更容易出现各种不适，不适合实施这种损害身体的计划。

为什么提示一年只能实施一次，只要中间不遵守就要等半年呢？因为这种方法对身体的损害非常大，绝对不能经常实施，"作"一次，就需要至少一年的时间来逐渐恢复健康。

这类低能量加生酮的食谱，会严重影响正常生活，导致头晕、头痛、恶心、心率加快、疲劳、思维迟钝等许多不良反应。减肥结束后，胃肠功能紊乱、皮肤质量下降、掉头发等副作用可能会持续较长时间。

停止这个减肥方法之后，只要恢复正常碳水化合物摄入量的饮食，就会发生严重的体重反弹。既然很快就会反弹回原来的体重，甚至反弹后体脂率更高，又何必要折磨自己十几天呢？

为了避免反弹，很多人会在停止该减肥法后长期少吃，造成慢性营养不良，并增加出现骨质疏松、消化吸收不良、水肿等问题的风险。该方法还会造成肌肉分解，血糖控制能力下降，对原本肌肉少、血糖控制能力差的人来说，远期罹患糖尿病的风险会加大。

贴心叮咛：在使用这种非常苛刻且有害健康的减肥方法之前，一定要咨询医生或营养师，进行身体状态和健康状况的评估。除非有特殊必要或医嘱，千万不要贸然自行使用这种方法，备孕者尤其注意不能使用。

21天减肥法

这个方法是在3周时间内采取不同的饮食策略，是断食法的衍生版。

第一阶段，即前3天，采用断食减肥法，只吃正常食量的1/5。

第二阶段，即第4~11天，采用低能量减肥法，淀粉类主食极少，少量肉类，喝咖啡，调味品用柠檬汁。每日摄入能量800~1000千卡。

第三阶段，即第12~21天，为减少能量的节食减肥法。食物种类正常，但进食量只有正常饮食的60%，总能量在1200千卡左右。入睡前5小时不能吃任何食物。

实际上，21天减肥法并没有什么神奇之处，无非是让人通过断食减弱胃肠功能，然后再由少到多地逐渐增加食物品种，最后习惯长期少吃的状态，从而保持体重。

这个方法的问题在于无法保证营养充足，而且一旦胃肠功能下降，食量长期减少，就会造成营养缺乏和代谢率下降。人会因此疲乏无力、脸色暗淡，皮肤和头发的质量下降，容易造成贫血、缺锌、月经失调等很多问题，形成易胖难瘦的体质。如果做一下基础代谢率的测定，这种变化的真相就会暴露无遗。

贴心叮咛：该方法极易造成营养不良和身体素质下降，如无特殊必要和医疗监护，建议不要使用。如果正在备孕，或处于孕期、哺乳期、疾病恢复期，或本人消化能力较弱、胃肠功能不佳，或肌肉较少、基础代谢率较低，千万不要使用这种减肥方法！

杜坎减肥法

这是2011年翻译出版的一本书上介绍的方法，为高蛋白、低碳水化合物减肥法的衍生版，共分4个阶段。

第一阶段是速效期，需要严格遵守高蛋白、低碳水化合物饮食。在3~7天时间内，只吃低脂肪的蛋白质食物，如鱼、鸡胸肉、瘦牛肉、肝脏、鸡蛋、海鲜和豆制品，不能放油，不能放糖和盐。这一阶段的意义是通过高蛋白、极低碳水化合物饮食，加上低钠饮食，导致脱水，让体重快速下降。

第二阶段是缓效期，高蛋白、低碳水化合物食物搭配低能量蔬菜。这一阶段交替食用纯蛋白餐和大量蔬菜餐，仍然是生酮饮食，直到体重达到预设目标。除了薯类（土豆、红薯、芋头、山药等）之外，各种叶、茎、花、根、瓜类蔬菜都可以食用，但是不能加油和糖调味。

第三阶段是巩固期，采用低能量半饥饿饮食。这个阶段每天1个苹果、2片全麦面包。每周只有两餐能自由进食，但也只能吃到基本饱的程度。一周有一天使用同速效期一样的纯蛋白餐。

第四阶段是稳定期，每周一次纯蛋白餐。这个阶段为正常饮食阶段，但每周还是要吃一天纯蛋白餐，以便长期维持瘦身成果。

这个方法的实质就是高蛋白、极低碳水化合物减肥法。但由于单吃蛋白质会造成电解质失衡，所以第二阶段加上了蔬菜，蔬菜易产生饱感，能减轻电解质失衡，也有进一步降低能量摄入的作用。同时，因为这类方法只要恢复正常饮食就会疯狂反弹，所以又加上了逐渐过渡到含碳水化合物饮食的第三阶段，用低能量半饥饿饮食来抵抗加入碳水化合物后的体重反弹，最后通过每周吃一天纯蛋白餐的方式，以抵消正常饮食带来的体重增加，长期维持体重。

贴心叮咛：该方法给肝、肾、胃肠造成的压力非常大，对骨骼、肝胆的健康非常不利，会损失肌肉，降低胰岛素敏感性，也会打破肠道菌群平衡，使肠道功能紊乱。如无医嘱和特殊必要，不建议自行使用。备孕期、孕期、哺乳期、老年人、肝肾功能不正常者、胃肠疾病患者、肝胆疾病患者，以及肌肉不足、骨质疏松者，千万不要使用这种减肥方法！

麦吉减肥法

这个庞大的减肥计划长达半年以上，包括3个阶段。

第一阶段：2周，生酮期。

完全不能吃淀粉类食物和含糖食物，只能吃1∶1的肉类（鱼类、奶酪、豆制品等高蛋白食物）和蔬菜，水果和菜肴中的调味糖也不能有，属于典型的低碳水化合物减肥法。这个阶段会耗竭身体中储备的肌糖原和肝糖原，逐渐进入生酮状态。

因为这个阶段会让一部分储备的脂肪无法充分氧化分解成二氧化碳和水，而变成酮体大量排出体外，所以体重下降很快。但这个阶段也会耗损肌肉，所以持续一段时间后，基础代谢率会下降。因此，此阶段持续时间不能太长。有关生酮饮食的原理，本章前面已经讲过，在此不再赘述。

为了充分排出酮体，减肥者必须每天大量饮水促进排尿。身体在应激状态下，为了自救会分解蛋白质异生葡萄糖，需要额外消耗多种B族维生素；因为生酮时身体处于严重的应激状态，肾上腺素水平上升，需要消耗更多的维生素C，所以，减肥期间需要持续服用多种维生素微量元素补充品。

第二阶段：3个月，减能量、中低碳水化合物饮食、低血糖指数期。

此阶段逐渐加入碳水化合物，但量必须很少，只相当于正常量的1/4~1/3。饮食内容大约是1/3主食、1/3鱼肉蛋（或豆制品、坚果、油籽）和1/3蔬菜。主食和水果只能吃低血糖指数（glycemic index，GI）的品种。有关低血糖指数食物，请看下一节中的相关内容。牛奶、酸奶均属于低血糖指数食物，故可以食用。

第二阶段由于主食量比正常水平低，能量仍然是大幅度减少的，但能达到自助减肥时基本安全的水平。其中的亮点是每周有一次"高碳水化合物日"，早餐和午餐可以食用正常量的主食和水果，一方面是为了让减肥者有正常饮食的机会，心情愉快一些；另一方面，略微增加碳水化合物供应，避免基础代谢率持续降低。

第三阶段：3个月，维持期。

经过前两个阶段的努力，减肥者减掉了不少体重。如果直接恢复减肥前的正常饮食，会立刻大幅度反弹，所以，此减肥法设计了3个月的维持期，用来与体重反弹搏斗。一旦体重上升，马上降低食物能量和主食摄入量；体重稳定后，再尝试增加食物量，慢慢减肥者就知道自己吃多少会导致体重上升了。

经过反复的体重波动，减肥者从恐惧食物、如履薄冰，到自觉自律、胃口固定，逐步进入一个习惯于不多吃的饮食状态，之后就能长期保持减重效果了。

相较于哥本哈根减肥法和21天减肥法中的极端措施，麦吉减肥法相对比较温和，也比较聪明地利用了人性弱点。

麦吉减肥法先用生酮减肥法让减肥者看到体重快速下降的效果，从而增强在后面两个阶段中对减肥措施的依从性。如果一开始就让减肥者按减能量、低血糖指数的方式饮食，或者自觉自律节制饮食，远离不健康食物，他们往往会说"臣妾做不到啊"。一旦通过艰苦难受的生酮阶段瘦了几千克甚至十几千克，减肥者就会不顾一切继续下去，为了防止反弹，什么努力都愿意付出。其实，从一年时间来看，它并不比合理饮食加适量运动的减肥效果更好。

贴心叮咛：该方法比前几个方法温和，比较适合肥胖程度较高的多囊卵巢综合征患者和肥胖程度较高的糖尿病前期患者。但是，它不适合肝肾功能下降者、孕妇、哺乳期女性、老年人、肝胆疾病患者、痛风患者等。

CP分食法

这种分食法要求每一餐的饮食中都要注意避免同时吃高蛋白、高碳水化合物的食物，但数量不限。其中C代表碳水化合物（carbohydrate），P代表蛋白质（protein）。

比如，早餐吃了鸡蛋，就不能再吃主食，面包、馒头、包子、早餐谷物片都不行，只能是鸡蛋搭配火腿和蔬菜之类。

午餐吃米饭，就只能搭配各种蔬菜，不能吃鱼肉蛋类。

晚餐也一样，吃红烧肉、干烧鱼时可以配炒青菜、番茄炒蛋，但不能配米饭、馒头，也不能吃红薯、土豆。

当然，一天中也不能吃蔬菜以外的零食，不能喝甜饮料。

这种减肥方法的原理有3个。

首先，利用了分食的食欲降低效果。有鱼肉没米饭，有米饭没鱼肉，这时食欲自然下降，同时食物品种还受到限制，能量摄入就会大幅度降低。

其次，利用了极低碳水化合物减肥原理。每天的一餐或两餐中，没有主食也没有其他高碳水化合物的食物，不仅能量降低，而且会暂时性地出现类似于生酮时的代谢状况，加大脂肪的分解力度。

最后，通过食物限制来降低蛋白质利用率，减少肌肉，减轻体重。在吃米饭搭配蔬菜的一餐时，优质蛋白供应严重不足，身体难以维持肌肉量。到下一餐，吃鱼肉搭配蔬菜时，因为没有碳水化合物的节约蛋白质作用，大量的鱼肉被当成能量利用，也不能起到增肌作用。

贴心叮咛：该方法相对温和，操作起来也比较方便，适合作为短时间外出时避免体重上升的吃法。由于这种方法不利于提升代谢率，不利于维持和增加肌肉比例，也不利于改善胰岛素敏感性，所以不适合长期使用。

17 断食和轻断食减肥法

近年来，断食减肥法吸引了不少眼球，甚至在商业人士中十分流行。而西方兴起的轻断食在白领人士中大受欢迎，相关书籍在全球热销。

断食减肥法

所谓断食（fasting），就是一段时间内完全不吃食物只喝水，或只吃极少量水果和蔬菜，至少持续24小时。国内外有1日断食、3日断食、1周断食、2周断食等。

断食减肥法一直饱受争议。有些人认为这种做法可以"重置代谢模式"，让人"宛如新生"，能减肥降脂，"轻身不老"；也有人认为这种做法很不安全，风险很大。学术界对此也有争议，有的学者认为这样做能使细胞自噬增强而延缓衰老，也有的学者认为这样做会引起营养不良而危害健康。

如果仅仅断食1天，对健康的危害并不大，因为在体力活动量较小时，只要胰高血糖素能够发挥功能，体内原有的糖原储备和少量氨基酸进入糖异生途径，人体能够维持血糖的基本稳定，就能够维持大脑神经系统的正常功能。肌肉组织能够利用脂肪酸提供能量。

但是，断食2~3天后，体内贮存的糖原消耗殆尽，身体主要靠降解蛋白质所产生的氨基酸以及脂肪分解产生的少量甘油来异生葡萄糖。脂肪酸分解产生的酮体进入血液中，心脏逐渐开始利用酮体代替葡萄糖作为能量来源。此后，身体的葡萄糖供应越来越少，大脑也逐渐采用酮体来部分替代葡萄糖作为能源。

可见，降解蛋白质就成为断食之后存活的关键。如果身体储备的肌肉多，对断食的承受能力就会强一些。另外，脂肪的储备量对人体承受断食的能力也有影响。

对于日常食量很大的肥胖者来说，研究表明断食可带来体重下降、体脂率下降、血压下降、血脂下降等效果。在断食的情况下，身体为求生，不得不清除衰老细胞，分解多余的脂肪和胆固醇，肠道微生物数量减少，有机会重新调整菌群结构。此外，在一次断食后，因为不能很快恢复大鱼大肉、大量喝酒的生活，在一定程度上，能减轻肝和胃肠的负担，让那些日常应酬繁多的商业人士的身体得到喘息的机会，避免他们高血脂、高血压的状况恶化。

很多人认为，道家、佛家、瑜伽练习者都会进行辟谷，所以断食是安全的。这个想法并不对。断食会让人体进入应激状态，过多的酮体在血液中积累，又缺乏矿物质，会导致电解质紊乱和酸碱平衡失调，具有很大的危险性，没有经过相关训练和指导的人绝不能贸然施行，特别是在未评估自己身体状况、没有前期准备和医疗监护的情况下千万不能尝试。肝肾功能不佳、血糖控制能力较差的人贸然断食更是非常危险的。只有在某些疾病状态下，经过身体检查和综合评估，在医生和相关专家的指导下才可以尝试。

此外，3日以上的断食会引起胃肠功能严重下降，消化道黏膜受损、变薄，消化液分泌减少，消化道运动能力下降。所以，重新摄入食物的时候必须遵循程序，从最容易消化的流质淀粉类食物开始，逐渐增加食量。

国内有研究者对BMI超过28的女大学生进行了一周的减食和断食指导。先用3天时间进行食物减量，饮食进入素食化和半流质化，第4天断食，后3天再逐渐恢复半流质饮食，直到减量素食，同时，每天进行2小时瑜伽运动，获得了体重、体脂率下降，腰围减小的效果（雷雨等，2018）。因为有专业人员指导，仅仅断食一天，而且有断食前后的减食和复食程序，所以未带来明显风险。

有动物研究模拟煤矿工人被困在井下时的断食状态，发现断食时间不长时，动物的认知和记忆能力略有增强。但随着断食时间延长，动物的认知和记忆能力明显下降（白俊清等，2016）。

国内有动物研究发现，用水断食和用果汁断食（每2周断食72小时），都能让肥胖大鼠的肠道菌群发生明显变化，菌群的结构有所改善，同时，体重和血胆固醇均有所下降。但是，结果并不都是令人高兴的，断食会使实验动物的糖耐量下降，复食之后血糖水平上升（荣祖华，2017）。换句话说，断食让机体的血糖控制能力更差了。

为什么会出现这种情况呢？其实很容易理解。断食期间，人体会分解肌肉组织，肌肉组织是容纳和消耗血糖最重要的外周组织。一旦肌肉量下降，血糖控制能力就会随之下降。国内外早有研究证实，未成年时经历过大饥荒的人（饥荒时期的经历，某种意义上就是断食），成年后患糖尿病的风险较不曾经历饥荒的人上升。

多项动物饲养研究发现，短时间断食之后复食，并不影响动物长期的体重增长。这也说明，只靠短期的断食，虽然暂时会出现体重下降，如果不改变食物的内容，也不改变可以随便进食的状态，长期而言并不会导致体重下降。这个原理对人也同样适用。

可以理解，在专业指导下的安全断食之后，如果能改变以前的错误生活方式，从此开始健康生活，选择控制餐后血糖的饮食，减少油腻厚味，经常运动，锻炼肌肉，应当能够得到改善健康的结果；但如果因为有一年一次的断食，日常就有恃无恐，酒肉无度，胡吃海塞，不肯运动，那么恐怕未必能带来有益健康的结果。遗憾的是，有些人并没有意识到这一点。

轻断食减肥法

所谓轻断食，是与传统的连续断食、辟谷等相区分的。我查询了相关文献，发现轻断食的标准词汇是"间歇性断食"（intermittent fasting）。也就是说，并非连着几天不吃饭，而是有时正常吃，有时少吃。而且少吃不等于不吃，断食日的食量不低于正常时的25%。

按目前的研究，轻断食包括几个主要类型。

◆ **隔日断食法。**一天正常吃，完全不限制食量；另一天食量大幅度下降，大概是正常食量的25%~50%。对于一个每日摄入总能量2000千卡的人来说，断食日的能量摄入量是500~1000千卡。

♦ **5:2轻断食法。**一周当中，5天正常吃，其余2天少吃，食量大概相当于正常食量的25%~30%。不过这两个断食日并不连续，比如设定周二和周六是断食日，或者周三和周日是断食日。开始也可以先体验6∶1轻断食，就是说，6天正常吃，只有1天少吃。断食日摄入的能量大约是正常饮食的1/4~1/3，通常女性500千卡左右，男性600千卡左右。

♦ **每个月2~5天果蔬汁断食法。**在1个月的时间中，只选2~5天断食，而且这几个断食日是不连续的。断食日只喝5杯果蔬汁和1碗蔬菜汤，完全不吃鱼肉蛋奶和白米白面。每日摄入能量300~500千卡。

♦ **16:8日内断食法。**每天的食量不用刻意控制，但在一天中的16小时不吃东西，其余8小时自由进食。例如在8~16时进食，或10~18时进食，其余时间禁食。人们常说的"过午不食"也可以归为日内断食法。

相比于传统的每天都要少吃东西的节食法，轻断食减肥法显然更易操作。很多需要减肥的人日常工作和生活繁忙，又不太了解食物的能量值，每天计算能量对他们来说很麻烦，他们很难确定减肥的时候到底要吃多少东西才合适，总是处于纠结状态。相比而言，轻断食减肥法就比较简单，平日该怎么吃还怎么吃，只是每周设定1~2个断食日就可以了。想到第二天就能随心所欲地吃，就算饿一天，也比较容易忍受。

医学减肥指导往往要给减肥者一种"仪式感"——"我现在进入减肥过程啦"，同时又需要立竿见影的减肥成果，因此操作便利的轻断食减肥法往往较受欢迎。这种减肥法让减肥者感觉减肥并不麻烦，让他们在最初的2周看到体重出现至少1千克的下降，可以大大增强他们的信心。

研究数据表明，对于原来存在肥胖、高血脂，以及内脏脂肪含量过高的人来说，采用轻断食减肥法有利于降低体重、缩小腰围、降低内脏脂肪含量、降低过高的血压和血胆固醇含量。系统综述表明，轻断食在短期内虽然不能有效降低血糖，但能够降低胰岛素水平，提升胰岛素敏感性，所以对于预防心脑血管疾病和糖尿病都是有益的。还有一些研究表明，轻断食期间的饥饿状态能够促进细胞自噬作用，提高神经系统的敏感性，提升生长激素水平，对减轻身体炎症反应、延缓大脑衰老可能是有帮助的（况利华等，2017）。

轻断食减肥法比较适合那些肌肉较壮、体重超标、腰围过大、血脂较高、胰岛素敏感性下降，且日常食量偏大、蛋白质和脂肪摄入偏多，控制食量能力差，以及工作繁忙，没时间细致调整日常饮食的人。营养专业人士也将轻断食纳入减肥指导程序中（葛声，2017）。

国内有研究发现，经过4周的轻断食，肥胖受试者的体重、体脂率都有显著下降。如果是轻断食配合运动，则效果更为显著（张嘉瑜等，2016）。对60名糖耐量受损的受试者进行6个月的轻断食治疗，与60名阿卡波糖治疗组相对比，发现轻断食治疗同样可以达到显著改善糖耐量的效果，且显著降低了血胆固醇水平（张明国等，2016）。

有研究对轻断食和能量限制饮食（俗称"节食"）的减肥效果进行了对比。65名受试者随机分配到轻断食（5：2轻断食法，断食日摄入能量500千卡左右，其余时间随便吃）和能量限制（按性别、体重和活动强度计算的正常饮食能量摄入的70%左右）饮食组当中。16周之后，两组受试者的体重、体脂率、腰围、腰臀比、空腹血糖和总胆固醇水平等都有显著下降，而且效果相当。但是，轻断食组只有2人未完成试验，而能量限制饮食组有15人未完成试验，说明轻断食减肥法相对而言更容易为减肥者所接受（肖隽，2018）。

另一个相关研究在30名受试者中进行8周轻断食测试，发现测试结束后受试者的体重、体脂率、腰围、臀围都有所下降，收缩压和甘油三酯水平都显著下降，肝肾功能指标也有所改善。研究还发现，受试者的"情绪性进食"和"不可控制的进食"分值也有所下降。不过，18名受试者出现了不良反应，主要是头晕、口渴、胃胀气、注意力下降、低血糖和腰背痛，可能与血压、血糖降低，以及胃肠功能下降有关。

对于需要减肥的人来说，减重的速度与断食次数、断食日的能量摄入是有关系的。隔日断食的瘦身效果比5：2轻断食效果明显，断食日减少75%的食量比减少25%的食量效果明显。这个很好理解，毕竟要减重就必须减少能量的摄入水平。吃得越少，体重下降越快。但是，反过来说，吃得越少，饥饿感越强，反弹风险越大，而且难以长期坚持。从这个角度来说，就不难理解为什么5：2轻断食和每个月2~5天果蔬汁断食的方法更受青睐。

比较有趣的是，对多项研究结果进行分析发现，提升胰岛素敏感性、改善血脂等健康效果，似乎和断食的次数并没有什么关系，只与断食日的能量摄入量有关。如果断食日的食量能够降到日常食量的30%以下，隔日断食也好，每周2天断食也好，效果都差不多。

对胃肠功能不太好，但内脏脂肪过多、血脂过高的人而言，16∶8日内断食法更安全一些。早上9点吃早餐，中午1点吃午餐，下午5点吃晚餐。只要形成习惯，消化液分泌形成节律，每天如此，就不至于影响胃肠功能，不会造成胃酸过多，也不容易产生月经失调之类的后果。中午1点吃了午餐，下午5点就进晚餐，不太可能大量进食油腻、高能量食物，身体还未感觉太饿，自然而然就会吃得少一点，或清淡一点。

日内断食法有3个要点：首先，每一餐的食量均衡，营养素要供应充足，而不能像多数人那样早餐不吃或凑合。其次，三餐食物种类要齐全、多样，不能因为下午5点吃晚餐，就不吃各种蔬菜，或者不吃鱼肉及豆制品等高蛋白食物，用水果、麦片之类来凑合。最后，需要早睡觉，最好晚上9点多就寝，否则夜里晚睡，必然过度饥饿，然后在本能的驱使下，难免会无法克制地进食。

鉴于轻断食减肥法已有较多相关科学证据，安全性也较高，《中国超重/肥胖医学营养治疗专家共识（2016年版）》已将轻断食减肥法纳入正规医学减肥方法中。

不过，轻断食减肥法也并非人人适用。有一部分人使用这种方法后，健康状况可能会受到不良影响。

◆ **备孕女性。** 由于轻断食会造成生育相关激素水平下降，甚至使身体暂时关闭排卵、月经功能，因此，备孕女性不适合使用这类方法。

◆ **孕妇和哺乳期女性。** 轻断食会影响生育相关激素水平，同时降低多种营养素的摄入量，可能会影响胎儿发育和哺乳期女性的乳汁分泌量。

◆ **因节食减肥而闭经的人。** 长期节食减肥会造成营养不良，也容易造成雌激素水平下降。此时需要给身体补充营养，稳定能量供应，而不是让身体的营养素供应长期得不到保障。因此，这类人也不适合采用轻断食减肥法。

◆ **瘦弱、营养不良者。** 轻断食可能造成血糖水平下降，并消耗肌肉，因此，不适合瘦弱者和营养不良者。

◆ **糖尿病患者和低血糖患者。** 血糖控制能力低下的人，在轻断食期间容易发生低血糖状况，血糖低到一定程度会损伤大脑，而且容易出现意外伤害。这类人必须按时进餐，且保证进食量均匀。

◆ **胃炎、胃溃疡等胃部疾病患者。** 饥饿会影响胃液分泌，容易引起胃酸过多和胃动力下降。所以，患有胃病的人最好不要采用这种方法，而应当按时按量进餐，避免过度饥饿。

◆ **慢性结肠炎、肠易激综合征等疾病患者**。患慢性肠道炎症、肠易激综合征的人消化吸收能力下降，通常是瘦弱、营养不良者。这类人应当少量多餐，补充营养，促进肠道组织的修复。除非有专业人员指导和医疗监护，否则，不要随意采用轻断食减肥法。

◆ **暴食症、贪食症、厌食症等食欲控制异常者**。所有造成明显饥饿感的饮食方式都会刺激人的食欲，在恢复饮食之后极易出现食欲暴涨、进食量失去控制的情况，所以，有暴食、贪食倾向的人要远离轻断食减肥法。厌食症患者要设法每天多次补充食物，更不能采用轻断食减肥法。

此外，肝肾功能障碍患者、癌症患者、癫痫患者、精神疾病患者，以及其他医生认为不适合进行轻断食的人群，都不要贸然尝试各种轻断食法。抑郁症患者也不适合采用这类方法，因为饥饿状态可能会加重心理敏感和不良情绪。

在轻断食期间出现任何不适感觉，都要及时求医或咨询健康专家，并中止轻断食，补充必要的营养成分。

此外，轻断食主要的意义是改善健康指标，而不是快速减肥，更不是局部塑形。它的瘦身速度，并不比传统低能量饮食的方法更快。原来是梨形身材的人，经过轻断食之后，仍然是梨形身材，臀部和大腿并不会明显变瘦。想局部塑形，还是只能靠个体化指导的健身运动。

轻断食方法也不利于人们建立良好的饮食习惯，它最大的意义就在于操作方便，无须痛苦地改变饮食习惯，且能让人们在吃不健康食品时，心情更放松，更大胆一些。也有初步研究提示，女性每周2次的轻断食会降低基础代谢率（朱兆君，2016），这对于长期保持体重而言未必是好事。

看过以上这些内容，你认为自己是否适合采用轻断食减肥方法？在某种减肥法正被热捧的时候，还是要根据自己的身体情况，理性地做出选择哦！

18 八小时进食减肥法真的科学吗

近两年，减肥圈子里特别流行一种8小时进食减肥法。

前面说到，所谓8小时进食减肥法，就是一天中只有8小时吃东西，其他时间不吃。这是轻断食的一种形式，属于日内断食。部分研究者认为，由于较长时间处于饥饿状态，身体会增强"自噬作用"，血糖保持在较低水平，让人不容易发胖，而且有利于控制高血脂。

不过，问题马上就来了：一天中只有8小时进食，到底什么时候吃呢？显然8小时吃三顿饭不太可能，那么，只吃两餐的话，是省略早餐，还是省略晚餐呢？

大部分人的选择是：省略早餐。早餐本来就吃得不多，甚至很多人说："我原本早上就经常不吃饭的！"

对于那些原本吃早餐的人来说，他们也找到了从此放弃早餐的理由："最近某国外专家说了，吃早餐不利于健康，会升高血糖！我不吃早餐感觉更愉快、更健康！而且古人本来就是不吃早餐的，古人本来就是一日两餐的！"

这些话听起来好像是挺有道理的，让我们来仔细推敲一下。

为什么古人可以一日两餐，省略掉早餐，现代人一定要一日三餐呢？除了食物比从前充足之外，还有两个重要的原因。

首先，古代是农耕生活，自给自足，没有家用电器，没有方便的早餐摊点和加工食品，做个饭需要挑水砍柴烧火，太费时间。一般早上来不及做出早饭，就赶紧下地干活了；在家做饭的人把饭菜做好，已经差不多中午，从地里回来的人就直接吃午饭了。

其次，古时候没有灯，没有家用电器，也没有电脑手机，人们习惯于早睡早起，晚上八九点就睡觉了。中午吃一餐后，傍晚再吃一次晚餐就足够了，睡觉之前也不会感觉饿。

现代社会则不然。

首先，人们有了各种烹饪电器和加工食品，就有时间做早餐。吃了早餐，上午工作时精神会更好，否则到上午10点之后会感觉饥饿，血糖下降，工作、学习效率降低。尽管某专家号称自己不吃早餐很愉快，但研究数据表明，不吃早餐的小学生认知能力和学习成绩的确低于好好吃早餐的小学生。早上增加饮食之后，小学生的学习效果有显著改善。

其次，现代社会中，人们的工作太忙了，早上7点起床，许多人要加班到半夜12点，即使不加班，也会打游戏、看手机，就是不肯早睡。如果中午1点吃完午饭，晚饭不吃，一直坚持到晚上11点之后，时间太长了，睡觉之前肯定会觉得饥饿难耐。所以，所谓"过午不食"，一定要建立在早睡的基础上，否则，就必须吃晚餐。

看来，晚餐是没法省掉了，那么，省略早餐是否科学呢？有人说："反正我不是小朋友啦，工作效率下降点我也认了。"

不吃早餐，只吃午餐和晚餐，因为晚餐时间充裕，家人团聚，难免会把更多的能量转移到晚餐，又容易影响血糖控制。

英国学者的一项研究发现，同样一份含淀粉的餐食，早上8点吃和晚上8点吃，餐后血糖反应是不一样的（Gibbs，2014）。同样的人，同样的食物，晚上吃的血糖反应明显高于早上吃。即便摄入的是低血糖指数的食物，晚上进食后血糖上升的幅度也很大。

此后，澳大利亚学者的相关研究继续深挖了早晚进食差异，他们发现了一件更糟糕的事：晚上人们分泌胰岛素的节奏变慢，胰岛素水平开始时跟不上，后来却降不下去。

也就是说，吃了淀粉类食物后，本来胰岛素应赶紧出动，让血糖降下来，把葡萄糖送到该去的地方，结果胰岛素懒洋洋地不肯按时出动。胰岛素"迟到"的结果，就是血糖继续上升，等胰岛素终于出动了，却无法把血糖有效地降下去，导致血糖水平居高不下。

这说明什么？对健康人来说，晚上的胰岛素敏感性比早上降低了。对糖尿病患者而言，可以预见，结果会更加糟糕：胰岛素敏感性下降不利于控制血糖峰值，而长时间的高胰岛素水平又不利于预防后期的饥饿低血糖，且夜间低血糖容易引起糖异生作用，早上起床时反而容易高血糖。

所以，不吃早餐，晚上大吃特吃，或者一天只吃两餐，对于需要控制血糖的人来说是不可行的。糖尿病患者需要少量多餐才能保持血糖平稳。

由于每个人的血糖控制能力不一样，生活节奏也不同，不必采用同样的进食模式。但有一点是肯定的：这种不吃早餐、一日两餐的方法不适合血糖控制能力弱的人，否则容易出现餐后高血糖和餐前低血糖。

19 低血糖指数+高饱感+高营养素密度：终极解决方案

多名学者对以往的各种减肥饮食进行研究，发现它们各有其优点和缺点（Koliaki，2018）。

（1）低脂肪、高碳水化合物饮食（脂肪供能比低于30%）能降低能量密度，如果结合高膳食纤维、低血糖指数理念，对肠道菌群较为有利，但减重速度较慢，口感稍差。

（2）高蛋白、中碳水化合物饮食（蛋白质供能比20%~30%）有利于减少减肥过程中的肌肉流失，对提升胰岛素敏感性有帮助，也有利于避免形成虚胖的体形。但是，摄入过多蛋白质会增加肝肾负担并增加患肾结石的风险。摄入过多动物蛋白还不利于预防心血管疾病。

（3）高脂肪、低碳水化合物饮食（碳水化合物供能比低于10%）的减重速度很快，但会降低生活质量，难以长期使用，停用后极易反弹。这个方法可能升高低密度脂蛋白胆固醇，对肠道菌群有不良影响，长期使用的安全证据不足。

很多学者认为，从长期体重管理的角度来说，改变三大营养素的供能比可能没有想象中那么重要。减肥成功的关键在于几方面措施的综合。

第一，要明确一个合理的减肥目标，避免不切实际的减肥速度期望和目标体重期望。

第二，要保证每天摄入的能量比消耗的能量少。

第三，各种营养素要合理搭配，保证营养素供应充足，保证有良好的饱感。

第四，无论脂肪、蛋白质和碳水化合物比例如何，饮食必须保证是高营养素密度的，由各种有利健康而且营养丰富的天然食物构成，避免低营养价值的食物。

第五，长期坚持适量运动。

以上几方面综合，才是最有利于预防肥胖，并降低糖尿病、心脑血管疾病和多种癌症风险的。从此前介绍的各种减肥饮食来看，即便前面使用各种快速减肥方法，最后无一例外都需要回归到正常饮食中，所以，日常的饮食调整是绕不过去的一条路，否则就只能在减重—反弹的循环中煎熬，而这种体重循环是最摧残身心健康的，它对身体的伤害甚至比一直不减肥还要大。

所以，无论人们选择了多么神奇的减肥方法，如果不是终身使用它，那么回归正常饮食之后总会反弹。一辈子吃减肥药不行，一辈子低碳饮食不行，一辈子饿着不行……所以，采用有利于预防肥胖和反弹的正常饮食，才是减肥成功并长期保持的关键。

如果有一种日常吃法，既不会因为进食过量而发胖，又不会因为吃得太少而饥饿，还不会因为营养不良而损害健康，可以愉快地坚持一辈子，这肯定是最为理想的体重管理饮食。我所提倡的吃法——低血糖指数+高饱感+高营养素密度的营养平衡饮食，就是最为理想的饮食方式。

所谓营养素密度，是指在单位能量中含有多少微量元素。如果一种饮食降低了能量，而不提升营养素密度，那么减少能量就等于减少营养素供应，这是不利于健康的。高营养素密度饮食可以在低能量的情况下满足身体的需求，无论对控制食欲、产生满足感，还是长期坚持、避免反弹都极为重要。

这种饮食实际上综合了以往减肥饮食的长处和预防心脑血管疾病的饮食理念，并顾及了食物的饱感，是在限能量平衡膳食基础上的升级。它是一种可以长期应用、营养全面、不伤身体，人们容易接受的体重管理饮食。

由于人们在刚开始时很难自己准确判断饮食能量供应是否达到合理比例，各种微量营养素是否均衡，所以，这种方法特别适合使用设计好的固定食谱来实施。如果能够把这样的饮食推广到学校和单位食堂、快餐店，就能形成一个健康的饮食环境，从而让人们在日常生活中轻松预防肥胖。

人们在切实感知健康饮食的框架模式之后，自己就能形成良好的习惯，不再完全依赖食谱。特别是对一些教育水平较高、自我管理能力较强、有条件自己做饭的人来说，完全可以在一个灵活操作的基本框架下使用这种体重管理饮食。

当然，在现实中，减肥者口味千变万化，而营养科医生人力有限，不可能为患者提供详细的个性化食谱，这就严重影响了减肥治疗的效果。在西方国家，是由注册营养师（registered dietician，RD）为人们设计个性化减肥食谱的。目前我国已经有了注册营养师考试制度，但还没有建立社区营养师制度，这个问题有待未来逐步解决。

理想的减肥饮食基本框架

根据《中国超重/肥胖医学营养治疗专家共识（2016年版）》，限能量平衡膳食的三大营养素供能比为：碳水化合物40%~55%，脂肪20%~30%，蛋白质15%~20%。各种营养素都需要充足的供应，食物类别要丰富。

饮食的基本要求如下。

（1）主食中至少一半全谷物、豆类食材，谷类和淀粉类干豆摄入总量为150~250克（女性）或200~300克（男性）。

过高的碳水化合物不利于血糖水平的控制，也不利于在减肥过程中维持肌肉量；而过低的碳水化合物又会减少膳食纤维摄入，影响肠道菌群平衡，或导致摄入过多的动物性食物，不利于综合健康。

（2）每天至少500克蔬菜，其中深绿色叶菜至少200克。

大量的蔬菜既能有效提高饱感，又能提供充足的钾、镁、钙等元素，以及维生素C、维生素B$_2$、叶酸、多种抗氧化物质和膳食纤维。深绿色叶菜的营养素密度最高，饱感也非常强，故要优先选用。

蔬菜的品种要足够多，除叶菜外，蘑菇、木耳、海带等菌藻类也应每天少量摄入，不能只吃黄瓜、冬瓜、萝卜、番茄等。土豆只能替代主食，不能替代其他蔬菜。

（3）每天摄入鱼肉蛋和豆腐干的总重150~250克，蛋白质总量女性不低于70克，男性不低于80克，其中50%左右为动物蛋白。

充足的蛋白质能提供良好的饱感，保证足够的蛋白质供能比，可以减少减肥过程中的肌肉流失，维持基础代谢率，还能提升食物口感。动物蛋白总量过高，可能会增加心脑血管疾病风险，而太低则蛋白质质量不够理想，或导致难以消化，给胃肠造成过大的负担。

（4）每餐摄入至少1种富含优质蛋白的食物，蛋白质和碳水化合物搭配食用。

为了保持肌肉水平，并维持饮食乐趣，不赞成使用CP分食法将优质蛋白和碳水化合物食品分开食用。蛋白质和碳水化合物一同食用，能帮助降低餐后血糖，营养素供应也更为均衡。

（5）尽量做到少油烹调，烹调用油严格控制在每天25克以下。

炒菜时添加的烹调用油脂肪含量在99%以上，属于纯能量食物，会降低食物的营养素密度。减少烹调用油，把脂肪份额分给坚果类，在脂肪摄入量相同的情况下，不仅更有利于减肥，也更有利于预防心脑血管疾病。

这一点说起来容易做起来难，特别不容易在保证食物口感的前提下做到。为此我研究了油煮菜（水油焖菜）的烹调方法，并推荐了多种蒸菜法、拌菜法，以保证在烹调时能够以最少的烹调用油实现良好的口感。

（6）除酸奶外，日常尽量不食用任何甜饮料和加糖食品。

甜饮料和加糖食品中添加的精制糖和糖浆属于纯能量食物，会降低食物的营养素密度。在有限的食物能量中，要尽可能地摄入各种营养素含量丰富的食物，杜绝甜食、甜饮料。喝粥、绿豆汤、牛奶时，尽量不要加糖。把甜食放到过年过节和过生日的时候偶尔享用，可以更好地享受节日的快乐。

（7）除早餐外，烹调主食时尽量不加油脂、盐和糖，吃原味主食。

除了炒菜，主食的油脂也是降低营养素密度、增加饮食能量的重要原因。日常尽量少吃油条、烧饼、炸糕、麻团、薯条等油炸食品。无论如何标榜"高纤维""无糖"，饼干等零食都尽量不要食用，因为其中都加了大量脂肪。

（8）每天水果不要超过300克，坚果仁不要超过一把。

虽然水果的能量不是很高，但食入过多的水果会增加碳水化合物的供能比。坚果仁虽然有利于身体健康，但摄入过量时，能量容易超标。将坚果仁分装成小袋，或者切碎搭配凉拌菜，不要把大包装坚果放在自己面前，以免控制不住一口气吃完。

（9）保证所有微量营养素供应充足，达到饮食营养素参考摄入量标准，必要时使用营养补充剂。

如果能够请营养师制作食谱是最理想的。在每天减少500千卡能量的情况下，如果自己不能判断各种微量营养素是否都达到要求，最保险的方式是适当补充微量营养素。

前8项饮食要求都不难做到，形成习惯之后，有利于很好地维持体重。第9项也可以通过咨询营养师和理性选择营养补充剂来实现。

这种高饱感+高营养素密度的饮食方法不追求"一周瘦5斤（2.5千克）""13天瘦13斤（6.5千克）"之类的效果。对于没有用过快速减肥法的肥胖者来说，使用这类食谱会有持续的减肥作用。一旦体重、体脂率进入正常范围，体重下降就会放慢，乃至停止。这种饮食方法能够保持减重后的体重，且不会让人瘦成皮包骨头。

本书最后的部分提供了3个符合这个减肥饮食原则的食谱，供读者体验。

维持体重的8项行为调整

研究表明，减肥期间除了食物调整之外，还需要进行行为调整。减肥者除了要注意以上对食物的要求之外，还要配合8项重要的行为调整，做到这些，可以让减肥更容易成功。

（1）饭前30分钟时喝1~2杯水，不要在感觉渴的时候吃饭。

有研究表明，餐前30分钟喝500毫升水能够减少自主进食量，而且有利于分解身体脂肪。先喝水还有利于胃及时感觉到充盈，避免进食过量。

（2）按时吃饭，不要让自己出现低血糖状态，最好能在两餐之间加餐。

人们都有过体验，很饿的时候饥不择食，看什么都想吃，而且进食速度特别快。过度低血糖状态不仅会影响对食物的理性选择，而且会让人无法控制食量。所以，要按时吃饭，让身体感觉到"到时间就有食物进来"，以帮助基础代谢率持续保持较高状态。

（3）吃饭时专心致志，细嚼慢咽，一餐饭吃15分钟以上。

有关进食速度的研究结果不一，一部分研究认为，进食速度慢并不能起到减少食量的作用；也有一部分研究发现，同样的食物，进食速度慢时能够产生更多的食欲抑制相关激素。

（4）进食之前先食用一些少油烹调的蔬菜，后吃主食，而且要一口肉、鱼、豆制品，一口蔬菜，一口主食，而不要光吃主食不吃菜。

日本的多项研究表明，先吃蔬菜能够有效地平稳餐后血糖。将蔬菜、蛋白质食物和主食放在一起食用，有更好的提升饱感和平抑血糖的效果。血糖平稳则不容易提前饥饿，也能降低身体合成脂肪的量。同时，先吃一小碗蔬菜，也能保证一餐中蔬菜的量摄入充足。

（5）感受到饱立刻停嘴，除了少油烹调的蔬菜，其他食物剩下就剩下，千万不要追求"光盘"。

对很多中老年人来说，"光盘"往往是致肥的重要原因。一个人生活时，为了不剩饭菜，也往往会把食物一次性吃完。为了远离肥胖，一定要避免吃饱之后再多吃几口。

（6）晚上11点前睡觉。

如果入睡时间较晚，夜里难免会感觉饥饿，一旦忍不住吃夜宵，就会影响减肥效果。研究表明，熬夜、少睡都会影响食欲控制，并降低活动量，长此以往就会导致肥胖。有任务宁可早起做，也不要熬夜做。

（7）餐后半小时内不能坐下。

如果没有胃下垂之类的疾病，餐后可以做些轻松的家务，或散步走路，半小时之后再坐下。不要连续坐着，每坐1小时起身走路活动10分钟。

（8）如果实在想吃某些食物，定个时间满足自己，不要自暴自弃。

如果很想吃一些高能量食物和甜食，就定个日子，挑一份品质高的，充分满足自己。比如，1个月吃一次，吃完之后，多运动1小时就可以了。偶尔一次多吃点不会影响减肥大局，不要责怪自己，更不要因此放弃努力。

此前曾经使用过生酮减肥或节食减肥的人，一旦停用减肥食谱，体重极易出现大幅度反弹。如果能遵守前面所说的减肥饮食框架，再做到以上8项行为调整，辅以每天30~60分钟的中强度运动，就能逐渐改善代谢状态，最终达到抵消反弹和长期维持体重的目的。

20 怎样才叫作减肥成功

按各国专家推荐，减肥目标应当分成不同层次，体重降低并不是唯一的成功指标。

第一，减肥过程中，要看到生化指标逐步改善。

比如，原有高血压、糖尿病、血脂异常的超重和肥胖患者，只要减掉3%~5%的体重，而且主要减掉的是脂肪，就能改善身体状况，获得健康。测定时会发现，虽然体重下降幅度不大，但血脂、血压、血糖及糖尿病并发症风险会显著下降。

第二，与心脑血管疾病和糖尿病相关的指标改善，特别是内脏脂肪下降。

内脏脂肪过多，意味着容易患高血压、高血脂、糖尿病、心脑血管疾病。因此，在减肥时，减少内脏脂肪的含量比降低体重本身更重要。内脏脂肪的状态可以通过人体成分分析仪来监测，将内脏脂肪指数减到80以下为达标。也可以通过腰围来进行日常监测，将腰围减至男性85厘米以下、女性80厘米以下为达标。如果减肥后腰围明显下降，则意味着减肥对改善健康的效果较为明显。

第三，体脂率明显下降。

身体脂肪中包括内脏脂肪和皮下脂肪，皮下脂肪又分为浅层皮下脂肪和深层皮下脂肪。前面说到内脏脂肪和各种慢性病风险关联度最大，但近年的研究发现，深层皮下脂肪和疾病风险也有一定关系。如果体脂率逐步下降，进入正常范围内，说明在减肥过程中肌肉丢失相对少，脂肪分解相对多，减肥的效果是促进健康的。

减肥过程中，体脂率男性需要减至25%以下，女性要减到30%以下。如果减肥者属于中青年人，则体脂率男性需要减至20%以下，女性要减到28%以下。

第四，体重逐步下降。

如果没有人体成分分析仪，可以使用BMI，分阶段制定减肥目标：第一步BMI减至28以下，第二步减至24以下。

第五，肌肉损失较小，没有或很少出现不良反应。

除了纯运动减肥外，降低食物能量的减肥过程中，最容易出现肌肉减少。前面的内容中讲解过，肌肉的损失会导致体重迅速下降，但同时也会导致基础代谢率明显下降，形成易胖体质。减肥期间应当通过各种措施尽可能减少肌肉的流失，一方面供应足够的蛋白质和其他营养成分，另一方面适度运动，保持肌肉量。

节食减肥期间容易造成多种不良反应（详见本书第七章），而明显有害健康的减肥实际上并不是成功的减肥。科学合理的减肥应当尽量减少各种不良反应，在减脂的同时，保持甚至改善人体的健康状态，以皮肤光润、脸色红润、情绪积极、身体活力增强、疾病抵抗力良好为成功目标。

第六，能够长期维持，停止减重之后至少6个月不反弹。

短期的减重并不难实现，但长期维持减肥后的体重是一个世界难题。大部分肥胖者在减肥后都会很快反弹，而反弹之后体脂率更高，健康状况更差。因此，任何难以长期保持减重后体重的减肥方法，都不能称为成功的减肥方法。

在医学减肥治疗中，往往要进行一段时间的减重后维持治疗。也就是说，经过前面的艰苦努力，虽然内脏脂肪已经达标，体重也有明显下降，但仍然需要继续控制饮食，保持运动习惯，而不能像普通人那样三餐随意进食。也可以在减重治疗后保持5∶2或6∶1的轻断食，以避免一周中日常饮食过量。

第七，形成不易肥胖的生活方式。

说到各种健康饮食要求，很多人都会喊："臣妾真的做不到啊！"人们总是容易被一些"幺蛾子"蛊惑，相信世界上存在不需要付出太多努力就能长久有效的减肥法。可惜，这种梦想一次一次被事实击穿。然后，研究者继续研究新方法，鱼目混珠的"减肥专家"继续写畅销书，投机取巧的一部分人继续做减肥梦……

无论什么减肥方法，在结束实施减肥方案之后，如果恢复不良饮食生活习惯，都会重新出现肥胖问题。所以，减肥的长期方案就是消除致肥的根本原因，保持健康的生活方式，坚持高营养素密度饮食，坚持每周150分钟以上的运动。如果减肥方法不能保持这种生活习惯，即便短期内带来体重下降，效果也是无法长期维持的。

有人听说，人类的胃就像是气球，东西吃多了就撑大点，吃少了就缩小点。所以，只要狠下心，一段时间内少吃东西，让胃习惯于瘪瘪的状态，以后自然不想多吃，然后就不用担心减肥的事情了。

这种说法有一定道理，不过代价挺大的。长期饥饿时，食物摄入过少，易导致营养不良，同时会导致胃酸分泌不足，消化液分泌减少，消化酶总活力下降。因为营养不良，胃肠黏膜的更新和修复能力下降，容易出现黏膜腺体萎缩、肠道屏障受损的情况，肠道菌群紊乱，还容易出现胃炎、胃溃疡、肠炎、肠易激综合征等很多胃肠疾病。另外，由于缺乏富含脂肪的食物的刺激，胆汁长期不能充分排出，时间长了还容易引发胆结石。减肥研究早就发现，减重速度和罹患胆结石的风险之间有正相关性。

这样的"缩胃"后果，恐怕没有几个人愿意承受吧。

人生那么长，和肥胖搏斗的时间也那么漫长，千万不要以为减肥这件事情可以毕其功于一役。只有做好打持久战的准备，保证足够的营养供应，使身体充满活力，才能获得最终的成功，长期保持健康。

最后必须说明两点。

第一，有些人本来体重正常，却想瘦到皮包骨头的状态，这不能称为"减肥"，不在本书的讨论范围中。

第二，各种减肥方法只能降低体脂率和体重，而不能改变遗传的身材比例。比如，对梨形身材的人来说，原来是一只比较宽的"梨"，减重后也只能变成一只瘦长一点的"梨"，不会变成"葫芦"。由于基因的原因，梨形身材的人即便上身已经瘦成排骨，也没办法把骨盆缩小一号。要想把梨形身材变成性感的沙漏形身材，仅仅靠改变饮食是不行的，还需要健身塑形。

特别关注3：碳水化合物、蛋白质和脂肪的来源

食物中碳水化合物、蛋白质和脂肪的来源如表4-1~4-3所示。

表4-1 膳食中碳水化合物的来源

类别	食物来源
精制糖	▶ 白糖（包括绵白糖、白砂糖、方糖等）、冰糖、黄糖、红糖、黑糖 ▶ 淀粉糖浆、果葡糖浆、葡萄糖浆、各种甜饮料 ▶ 糖果、点心、饼干、蛋糕，果脯、蜜饯等其他甜味零食 ▶ 奶茶、加糖的甜味糖羹、甜味粥、甜味牛奶、甜味豆浆、甜味绿豆汤、咖啡等
纯淀粉及其制品	▶ 粉条、粉丝、凉粉、凉皮、芡粉、澄粉、藕粉、荸荠粉、木薯粉、西米等
精白谷物及其制品	▶ 精白大米制作的各种食物，如白米饭、白米粥（包括加了蔬菜、肉丝、鱼片的各种粥）、米线、米粉、米皮、米豆腐等 ▶ 糯米制作的各种食物，如汤圆、粽子、年糕、糍粑、糯米糍等以糯米为主要材料的糕点小吃 ▶ 精白面粉制作的各种食物，如馒头、花卷、发糕、烙饼、烧饼、煎饼、馕、馍、各种面条、意大利面、饺子、包子、馅饼、馄饨、比萨饼、各种面包、各种焙烤糕点、各种饼干蛋糕等
其他谷物及其制品	▶ 各种糙米，如普通糙米、黑米、紫米、红米、绿米、菰米等 ▶ 全小麦粉及其制品，如全麦面包、全麦馒头、全麦面条等 ▶ 燕麦（包括莜麦）及其制品，如燕麦粒、燕麦片、燕麦粉、莜面卷、莜面鱼鱼、莜面蒸饺、莜面面条等 ▶ 荞麦（包括甜荞和苦荞）及其制品，如荞麦米、荞麦面条、荞麦粥等 ▶ 玉米及其制品，如玉米棒、玉米粥、玉米饼、玉米窝头、玉米煎饼等 ▶ 小米、大黄米（黍子）、高粱米、大麦、黑麦、青稞、藜麦等

续表

类别	食物来源
含淀粉的豆类	▶ 红小豆、绿豆、各种颜色和大小的芸豆、干蚕豆、干豌豆、鹰嘴豆、干豇豆、干扁豆、小扁豆等
含淀粉的种子	▶ 薏米、莲子、芡实、栗子、银杏等
薯类	▶ 马铃薯及其制品，如土豆泥、薯条、薯片等 ▶ 甘薯及其制品，包括白肉、红肉、黄肉、紫肉的甘薯（紫薯） ▶ 山药及其制品 ▶ 芋头及其制品
含淀粉的蔬菜	▶ 藕、荸荠、慈姑等
水果和水果干	▶ 所有甜味水果 ▶ 所有水果干，如葡萄干、干枣、椰枣、杏干、西梅干、苹果干、桃干、无花果干、柿饼、橘饼、桂圆、枸杞等
奶和奶制品	▶ 牛奶、酸奶、炼乳、奶干等

表4-2　膳食中蛋白质的来源

类别	食物来源
动物性食品	▶ 畜肉类，如猪肉、牛肉、羊肉、驴肉等的瘦肉和内脏 ▶ 禽肉类，如鸡、鸭、鹅、鹌鹑、鸽子、火鸡等的瘦肉和内脏 ▶ 肉类加工品，如香肠、西式肉肠、火腿、培根、咸肉、腊肉、午餐肉和超市里的红色加工酱肉等 ▶ 鱼类，包括各种海水鱼和淡水鱼 ▶ 其他水产品，如河虾、海虾、河蟹、海蟹、小龙虾、大龙虾、蛤蜊、蚬子、墨鱼、鱿鱼、海肠（单环刺螠）等 ▶ 蛋类及其制品，如鸡蛋、鸭蛋、鹅蛋、鹌鹑蛋、咸鸭蛋、皮蛋等 ▶ 奶类及其制品，如牛奶、羊奶、骆驼等其他动物的奶、奶粉、酸奶、炼乳、奶豆腐、奶酪等 ▶ 其他动物，如蚂蚱、蝉蛹等

续表

类别	食物来源
豆类和豆制品	▶ 大豆，如黄大豆、黑大豆、青大豆、白大豆、小粒型大豆 ▶ 豆浆和豆制品，如各种水豆腐、豆腐干、豆腐丝、豆腐皮、千张、腐竹、纳豆、豆豉、豆腐乳等 ▶ 含淀粉的豆类，如红小豆、绿豆、各种颜色和大小的芸豆、干蚕豆、干豌豆、鹰嘴豆、干豇豆、干扁豆、小扁豆等
坚果和油籽	▶ 各种坚果，如核桃、榛子、杏仁、松子、巴旦木、开心果、夏威夷果、鲍鱼果等 ▶ 各种油籽，如花生、芝麻、亚麻籽、葵花子、南瓜子、西瓜子等 ▶ 蛋白质补充品 ▶ 蛋白粉、蛋白质饮料等

表4-3 膳食中脂肪的来源

类别	食物来源
动物性食品	▶ 畜肉类，如猪肉、牛肉、羊肉、驴肉等的瘦肉、五花肉和肥肉 ▶ 禽肉类，如鸡、鸭、鹅、鹌鹑、鸽子、火鸡等的肉和皮 ▶ 肉类加工品，如香肠、西式肉肠、火腿、培根、咸肉、腊肉、午餐肉和超市里的红色加工酱肉等 ▶ 鱼类，包括各种海水鱼和淡水鱼 ▶ 蛋类及其制品，如鸡蛋、鸭蛋、鹅蛋、鹌鹑蛋、咸鸭蛋、皮蛋等 ▶ 奶类及其制品，如牛奶、羊奶、骆驼等其他动物的全脂奶、全脂奶粉、全脂酸奶、全脂炼乳、奶皮子、奶酪等
豆类和豆制品	▶ 大豆，如黄大豆、黑人豆、青大豆、白大豆、小粒型大豆 ▶ 豆浆和豆制品，如各种水豆腐、豆腐干、豆腐丝、豆腐皮、千张、腐竹、纳豆、豆豉、豆腐乳等

类别	食物来源
坚果和油籽	▶ 各种坚果，如核桃、榛子、杏仁、松子、巴旦木、开心果、夏威夷果、鲍鱼果等 ▶ 各种油籽，如花生、芝麻、亚麻籽、葵花子、南瓜子、西瓜子等
烹调用油	▶ 动物油，如猪油、牛油、黄油、鸡油等 ▶ 植物油，如棕榈油、椰子油、大豆油、花生油、玉米油、大米油、葵花子油、芝麻油、橄榄油、茶籽油、亚麻籽油和各种调和油等
各种含油调味品	▶ 芝麻酱、花生酱、沙茶酱、香菇酱、牛肉酱、海鲜酱、蛋黄酱、千岛酱、炸酱、涮羊肉调料、方便调料包等
添加油脂的食品	▶ 各种焙烤食品，如饼干、曲奇、蛋糕、手撕面包、牛角面包等 ▶ 各种含脂肪的零食，如薯片、锅巴、萨其马、米花糖、蒜香豌豆、蟹黄味蚕豆、琥珀花生、芝麻糖、花生酥等 ▶ 各种含油小吃和面点，如油条、烧饼、油酥饼、葱花饼、印度飞饼、手抓饼、萝卜丝饼、麻团、排叉、麻花、炒饭、油炸方便面等 ▶ 各种炒菜、煎菜、红烧菜、煎炸菜等 ▶ 各种经过煎炸的食品，如有脆皮的食品
含油脂的饮料	▶ 奶茶、加奶精的咖啡等
含油脂的水果	▶ 牛油果、榴梿等

特别关注4：碳水化合物和血糖

过量碳水化合物不利于健康的主要原因，是摄入含有碳水化合物的食品，无论是淀粉还是糖，消化吸收后血糖都会升高。在胰岛素的作用下，血液中的葡萄糖被逐渐利用，随着时间推移，血糖水平又逐渐下降到餐前水平（图4-1）。

血糖升高后，胰岛素分泌增加，促进脂肪和肌肉的合成，同时抑制脂肪的分解。高血糖状态下，供能底物几乎全是葡萄糖，脂肪分解能力下降，这是不利于减肥的。

体能低下、肌肉无力、腹部肥胖、内脏脂肪过多的人往往会出现胰岛素敏感性下降的问题，导致人体的血糖控制能力下降，人体摄入大量碳水化合物2小时内往往处于高血糖状态，脂肪分解困难；而2小时之后，血糖水平下降，由于肝糖原和肌糖原储备不足，血糖稳定能力差，又非常容易出现饥饿感，甚至出现餐前低血糖状态。显然，这也是非常不利于减肥的。

早有研究发现，同样的低能量饮食，如每天摄入1600千卡的能量，做同样多的运动，胰岛素敏感性低、血糖控制能力差的人，瘦身效果明显不如血糖控制能力好的人。

如果能够让餐后血糖的升高速度慢一些，就不需要调动很多胰岛素来降血糖，对脂肪分解的影响就会小一些；餐后两三个小时甚至更久之后，血糖缓慢下降，但又不会降得太低，就不会很容易感到饥饿，不用急着吃很多东西，食欲就比较容易控制。

同样含50克可利用碳水化合物（各种膳食纤维都不算）的食物，那些升血糖比较慢、血糖峰值比较低的食物，称为低血糖指数食物；那些升血糖快、血糖峰值高的食物，称为高血糖指数食物。

血糖反应通常用血糖指数来衡量。它是对含50克可利用碳水化合物的不同食物进行健康人（通常是10~15人）餐后血糖测定，画出一条血糖变化曲线，然后计算餐后2小时的血糖曲线下面积，统一与50克葡萄糖的血糖曲线下面积进行比较，计算出百分比。

比如，白米饭的血糖指数是83，意思是，用含50克淀粉的白米饭（约67克大米煮成的饭）和50克葡萄糖冲成的水分别给健康人喝，测定进食后15分钟、30分钟、45分钟……一直到120分钟的血糖水平，然后分别做出血糖变化曲线。算出两条曲线下的面积，发现大米饭血糖曲线下面积相当于葡萄糖的血糖曲线下面积的83%，所以白米饭的血糖指数为83。因为各种食物的血糖指数都是以葡萄糖为基准算出来的，所以它们之间也可以相互比较。

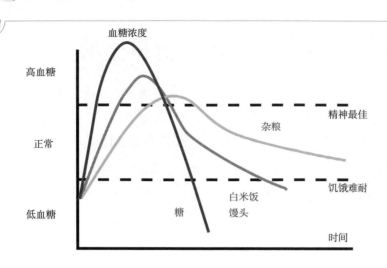

图4-1 进餐后血糖浓度变化

凡是不含或含很少碳水化合物的食物，都不用考虑其血糖指数。比如，鱼肉蛋中的碳水化合物含量就特别少。坚果、花生、芝麻、黄豆等食物中虽然含有少量碳水化合物，但可消化的也比较少，利用率很低，它们的血糖指数都低得可以忽略不计。日常人们关注的主要是米饭、馒头等主食，以及焙烤食品、饮料、糖果等零食的血糖指数。

如果血糖经常处于过高的水平，有以下多种危害。

（1）促进肥胖，不利于减肥。

（2）提升甘油三酯水平，增加高血脂风险。

（3）增加患糖尿病的风险。

（4）增加炎症反应，容易出现痘痘等各种皮肤感染。

（5）增加患心脑血管疾病的风险。

（6）增加认知退化和患阿尔茨海默病（老年性痴呆）的风险。

（7）可能增加患多种癌症的风险。目前发现，肠癌、胰腺癌和某些类型胃癌的罹患风险随饮食血糖指数上升而增加。

（8）餐后昏昏欲睡，头脑不清醒，这是很多人中午和下午工作效率低下的原因。

（9）精力不足，情绪不稳，容易疲劳。

碳水化合物在供能时可以完全氧化生成二氧化碳和水，不产生尿素和酮体，因此无须肝肾处理代谢废物。对体弱者来说，碳水化合物供能与酮体供能相比，人体的代谢负担要小得多。只要食用缓慢消化吸收、低血糖指数的碳水化合物食品，即可降低餐后血糖反应。有研究发现，连续45天低血糖反应饮食，能使受试者的空腹脂肪氧化速率上升，呼吸商降低（意味着碳水化合物氧化减少，脂肪氧化增加），腰围和体脂率下降。在不明显生酮的情况下，仍有利于脂肪的分解（Pereira，2015）。

几乎所有帮助稳定餐后血糖的非医疗措施，都有利于预防肥胖，或促进减肥。其中最常见的措施有两个：①少吃含碳水化合物的食物；②选择血糖指数低的含碳水化合物的食物（表4-4）。第一个措施降低碳水化合物的供能比；第二个措施不会明显降低碳水化合物供能比，而是延缓碳水化合物的消化吸收速度。这种方式给身体带来的刺激较小，更容易被人体所接受。当然，也可以两个措施综合采用来降低餐后的血糖负荷。

表4-4 高、中等、低血糖指数的食物

分类	食物类别	食物举例
高血糖指数（GI>70）	▶ 糖类	▶ 葡萄糖、麦芽糖、绵白糖等
	▶ 白米白面制成的主食和小吃	▶ 大米粥（包括原味、甜味、咸味的粥）、大米饭（包括长粒米、短粒米）、米糕、米饼、米豆腐、肠粉等
		▶ 糯米及其制品，如糯米饭、糯米粥、八宝饭、汤圆、粽子、年糕、糍粑等
		▶ 花卷、馒头、面包（无论有无甜味）、发面饼、发糕、烙饼、软面条、面片等
		▶ 玉米糊、黏小米饭、大黄米饭等
	▶ 焙烤食品和零食	▶ 饼干、曲奇、蛋糕、各种软点心、萨其马、米花糖等
	▶ 薯类及其制品	▶ 蒸煮或炖煮到绵软状态的土豆、土豆泥
		▶ 红薯泥、山药泥等
	▶ 速食谷物制品和焙烤谷物粉	▶ 焙烤后打粉再冲糊的杂粮
		▶ 即食早餐谷物片、玉米片
		▶ 即食燕麦片
	▶ 部分水果和水果干	▶ 西瓜、荔枝、无花果干等

续表

分类	食物类别	食物举例
中等血糖指数（GI为50~70）	▶ 大部分全谷种子	▶ 各种糙米，如普通糙米、黑米、紫米、红米、绿米、菰米等 ▶ 全小麦粉及其制品，如全麦面包、全麦馒头、全麦面条等 ▶ 燕麦（包括莜麦）及其制品，如燕麦粒、燕麦片、燕麦粉、莜面卷、莜面鱼鱼、莜面蒸饺、莜面面条等 ▶ 荞麦（包括甜荞和苦荞）及其制品，如荞麦米、荞麦面条、荞麦粥等 ▶ 玉米及其制品，如玉米棒、玉米粥、玉米饼、玉米窝头、玉米煎饼等 ▶ 小米、高粱米、藜麦、芡实、薏米、百合干等
	▶ 部分谷物加工品	▶ 莜麦面、不加热食用的混合燕麦片，如慕斯里、格兰诺拉等 ▶ 炒米粉、较有韧性的面条 ▶ 燕麦麸、燕麦粥
	▶ 薯类	▶ 质地脆的土豆；甘薯，包括白肉、红肉、黄肉、紫肉的甘薯（紫薯）；蒸山药、蒸芋头
	▶ 含油小吃和面点	▶ 油条、烧饼、油酥饼、葱花饼、印度飞饼、手抓饼、萝卜丝饼、麻团、排叉、麻花、炒饭、油炸方便面等
	▶ 部分果蔬	▶ 香蕉、木瓜、菠萝等热带水果，干枣，葡萄干，杏干，南瓜等
低血糖指数（GI<50）	▶ 奶类及其制品	▶ 牛奶、羊奶、骆驼等其他动物的奶、奶粉、酸奶（包括含糖酸奶）、奶皮子、奶酪等
	▶ 含淀粉的豆类	▶ 红小豆、绿豆、各种颜色和大小的芸豆、干蚕豆、干豌豆、鹰嘴豆、干豇豆、干扁豆、小扁豆等

续表

分类	食物类别	食物举例
低血糖指数 （GI<50）	▶ 部分谷物食品和含淀粉的种子	▶ 整粒燕麦、大麦、黑麦、青稞、莲子等 ▶ 意大利面、通心粉、韧性和硬度较大的高筋面条等
	▶ 大部分果蔬	▶ 苹果、梨、桃、草莓、蓝莓、樱桃、柑橘、牛油果等 ▶ 薯类以外的各种蔬菜

特别关注5：生酮减肥法的原理是什么

阿特金斯饮食、石器时代饮食、南海滩饮食的第一阶段、麦吉减肥法的第一阶段、只吃鱼肉的减肥法、只吃鸡蛋的减肥法、大量脂肪的减肥法……各种花色繁多的减肥法中，只要是低碳水化合物摄入的减肥法，或多或少都有生酮原理的影子。

生酮饮食在西方经历了几十年，以各种形式回潮，最近又开始时髦，很多自感有身份的中年男性都争先恐后地加入生酮饮食的队伍中，觉得这种吃法特别神奇、特别高大上。

那么，生酮到底是怎么回事呢？对于没有学过生物化学的人来说，这个问题很难理解。最好是借一本《生物化学》教材，看看其中的能量代谢部分，因为生酮问题涉及碳水化合物代谢、脂肪代谢和蛋白质代谢。

脂肪的化学成分是甘油三酯，即甘油分子中的3个羟基分别以酯键结合了3个脂肪酸。如果要分解脂肪供能，就要把甘油和3个脂肪酸都分解掉，彻底氧化成二氧化碳和水。甘油和葡萄糖一样，很容易被身体利用供能，而且不会产生任何废物，直接变成二氧化碳和水。

脂肪酸与甘油不同，如果没有碳水化合物代谢而来的草酰乙酸的帮忙，脂肪酸就很难充分分解，它会卡在半路上（通过β-氧化途径，变成乙酰辅酶A，但因为没有结合草酰乙酸，无法进入三羧酸循环彻底氧化分解），然后变成有毒中间产物（酮体）。

本来，脂肪酸分解成二氧化碳和水时能产生大量的能量。比如，1分子16碳的棕榈酸完全氧化，共可生成106分子的ATP（身体能够利用的直接能量来源，可以把它想成身体代谢使用的"钱币"）。

如果脂肪酸变成酮体就停下来，那么只能产生很少的能量。比如，1分子棕榈酸变成8分子乙酰辅酶A，只能放出26分子ATP，而8个乙酰辅酶A所含有的80分子ATP的能量就全部浪费了。也就是说，原来1分子脂肪氧化会产生约9千卡能量供身体使用，如果都变成酮体，就只能产生约1.5千卡能量了。

而酮体积累到一定程度就是有毒的。如果没有碳水化合物帮忙，过度堆积的酮体就会使血液变酸，使人体发生酸中毒，甚至导致死亡。

反过来说，这件浪费能量的事情，对减肥而言，就成了一个可以钻的空子。

人们常说，要分解1千克的纯脂肪，需要消耗9000千卡能量，实在太费劲。理论上说，就算是一整天什么都不吃，也只能消耗约2000千卡的能量，只不过减少220克的体重。对于减重心切的人来说，这么慢的速度实在让人心有不甘。

如果通过严格限制碳水化合物供应，让脂肪不能顺利分解成二氧化碳和水，从而制造、排出酮体，浪费能量，那么脂肪消耗的速度就快得多了，这就是生酮饮食的原理之一。

不过，虽然减肥者自己很愿意浪费能量，他们的身体却不愿意。看到血液中的酮体堆积成灾，身体会非常着急，它会通过3个途径来自救。

◆ 拆解蛋白质，利用其中的生糖氨基酸来替代葡萄糖的作用。这就涉及食物蛋白质的浪费和身体蛋白质的分解。同时，拆下过多的氨基酸会增加肝肾负担，因为它们要在肝中变成尿素，再从肾排出，对正常人来说，这不算太大的事，但对肝肾功能下降的人，特别是糖尿病肾病患者和肝功能已经受损的肥胖者来说，这是个很大的负担。顺便说一句，与直接摄入碳水化合物得到葡萄糖相比，推动糖异生作用要额外耗能，而脱氨基后合成尿素也是要耗费能量的。另外，糖异生作用还会增加对B族维生素的消耗量。

◆ 努力排出酮体（被有些人说成"排毒"也没错，它确实是有毒的）。酮体会通过尿液排出一部分，呼气时也会排出少量，这样，没有被完全分解，还含有很多能量的酮体就被排出体外了。这是一个很大的能量浪费。换句话说，摄入的能量似乎很多，其实很大一部分被排出体外而浪费了。对于肾功能下降的人来说，这也会极大地增加肾的负担。

◆ 为了维护血液的酸碱度，要消耗骨钙。仅仅靠缓冲体系已经无法解决时，身体会动员骨骼中的钙来平衡酮体堆积导致的酸负荷，这样就会造成骨密度下降，骨钙流失。长期如此会带来骨质疏松的风险。

其中第一个途径"拆解蛋白质"，又能被减肥者利用。因为身体一旦拆解蛋白质，体重就会出现明显的下降。分解1千克纯脂肪需要耗能9000千卡，而分解1千克纯蛋白只需耗能4000千卡。而且，身体中的蛋白质是与水结合存在，损失蛋白质的同时身体水分也会减少。肌肉中含70%的水分，减少1千克肌肉蛋白质，体重至少能下降2千克。

即便摄入了很多脂肪，身体脂肪仍然快速分解；虽然摄入了很多蛋白质，身体却无法充分利用它们，肌肉还在缓慢地分解减少：这就是生酮饮食的神奇之处。

大部分中国人长年习惯于高碳水化合物的饮食，采用生酮饮食的时候，身体并不适应每餐消化那么多的脂肪和蛋白质。再说，没有白米饭、白馒头相配，红烧肉、红烧鱼之类的硬菜又有什么诱人之处呢？生酮饮食会让人们感觉到，虽然高脂肪、高蛋白的鱼肉蛋类可以随便吃，但是食欲并不好，很容易就饱了，食量自然而然受到限制。

所以，对大部分中国人而言，所谓极低碳水化合物饮食，包括高蛋白、低碳水化合物饮食，高脂肪、低碳水化合物饮食，不仅有生酮作用，还有节食的作用。

能量的浪费，加上蛋白质和水分的损失，低碳水化合物饮食带来的短期体重下降的效果是非常神奇的。不需要特别的运动，身体就瘦下去了，对于着急减重的人来说，这是一个无法阻挡的诱惑。

不过，身体长期处于为排出废物而疲于奔命的应激状态，会使代谢负担非常重。由于遗传和体质的差异，每个人对生酮饮食的适应能力也不一样，部分对此比较敏感的人可能会出现明显的不良反应。

特别关注6：碳水化合物过多不利于健康

多项研究发现，单纯的低脂肪、高碳水化合物饮食，并不能降低心脏病的发病率，减肥效果也不太理想。2000年之后，西方营养学界的风向逆转，碳水化合物摄入量过多不利于健康的说法逐渐占据上风。

国际顶尖医学学术期刊《柳叶刀》2017年发表的一项研究结果（Dehghan et al，2017），使中国大众开始关注"碳水化合物供能比"这个词。这项纳入来自多国的13万人数据的大型营养流行病学研究发现，碳水化合物供能比最高的组，反而是死亡风险最大、心血管疾病罹患风险最大的；碳水化合物供能比最低、蛋白质和脂肪摄入量最高的组，反而是最健康的。一些力图博人眼球的微信文章，借此大力宣传"碳水化合物会让你早死"。

很多人看了相关的微信文章，都觉得非常困惑。先不要马上被耸人听闻的标题吓到，不妨理性思考两个问题。

首先，什么叫碳水化合物过多？70%的碳水化合物供能比不利于健康长寿，是否能说明50%的供能比也一样有害？

那篇文章中分析的高碳水化合物供能比有害，是高到70%左右，而它所谓的较低碳水化合物的吃法，是碳水化合物供能比为50%左右。按该研究的结果，50%这个比例是有利于健康长寿的。作者在讨论中特别提到，未发现低于40%的碳水化合物供能比对健康有任何促进作用。

按50%的碳水化合物供能比，一个轻体力活动的成年女性每天要摄入1800千卡能量，就需要摄入225克碳水化合物，相当于每天吃3小碗米饭，或2碗半米饭（250克谷物生重）加250克水果，500克蔬菜，以及一小把坚果。这正是《中国居民膳食指南》所推荐的数量。

碳水化合物供能比过高之所以有害，是因为这样的食物质量较差，会造成蛋白质、有益脂肪、多种维生素和矿物质摄入不足。比如，一顿饭只吃一大碗拉面，只含有两薄片肉、几片菜叶，其中的营养物质主要来自大量面粉；或者一顿饭吃两大碗白米饭，只配少量咸菜、白菜，这样的饮食生活的确不利于健康，也不利于预防肥胖。

可能有人会问："说总能量中50%来自碳水化合物有利健康，有科学依据吗？"

2018年8月，《柳叶刀》杂志子刊《柳叶刀·公共卫生》上发表的一篇研究给出了迄今为止最公正、最有说服力的数据。这项研究纳入了世界各地8项大型研究共计43万人的数据，包括前面所说的那项流行病学研究中的数据，发现50%的能量来自碳水化合物（正是上面提到的《中国居民膳食指南》所推荐的食物结构）的人预期寿命最长，而长期吃低碳水化合物食品的人寿命最短，死亡率最高（Seidelmann et al，2018）。

　　研究者发现，那些把动物性食品当饭吃的低碳水化合物饮食者，摄入的果蔬和粮食过少，却吃了过多的动物蛋白和动物脂肪。将碳水化合物用过多的肉类替代，会增加死亡率。早就有研究表明，过多的红肉类食物是不利于预防癌症和心血管疾病的。

　　相比之下，如果把一部分碳水化合物替换成植物蛋白，更有利于延长寿命、预防慢性病。植物蛋白主要来自豆类、坚果和油籽。

　　支持"低碳饮食""戒掉主食"有利健康的证据，都是一些短期干预研究的证据，如2个月、3个月、6个月的研究，1年以上的研究证据表明它并不比其他方式更有利。而证明50%甚至更高碳水化合物供能比有利于健康的证据，都是长期研究得到的。除了上面提到的这些长期跟踪调查研究之外，还可以找出多个有说服力的证据。

　　证据1：《美国新闻与世界报道》每年公布年度最佳饮食榜单，由多名知名学者根据研究证据评出最有利于预防肥胖和多种慢性病，营养均衡，而且操作便捷、容易被接受的膳食模式。DASH（Dietary Approach to Stop Hypertension，一种帮助控制血压的膳食方式，由美国心肺及血液研究所设计，也译为"得舒"）膳食模式连续7年蝉联第一名。2018年年初，它又与地中海膳食模式并列第一名。这两种最负盛名的膳食模式，都不是低碳水化合物饮食模式，饮食中都有相当数量的谷类和豆类食物。低碳水化合物、高脂肪的生酮饮食模式则在40种膳食模式中排在最后一位。

　　证据2：日本膳食中的脂肪供能比一直低于30%，碳水化合物供能比一直高于50%，但他们的饮食结构有益健康长寿，预期寿命居于世界前列。这说明，合理安排的高碳水化合物、低脂肪饮食并不会促进肥胖，食物也不难吃、不单调。

　　证据3：南美的提斯曼人目前还过着原始的狩猎—采集生活。营养学家发现，他们的膳食中，平均14%为蛋白质，14%为脂肪，72%为碳水化合物。尽管他们的碳水化合物供能比十分高，却至今没有出现过肥胖和慢性病的问题（Kaplan et al，2017）。

证据4：很多低碳水化合物饮食拥护者号称的"史前饮食"或"石器时代饮食"是以鱼肉为主，高脂肪，低碳水化合物。研究却证实，在狩猎—采集的石器时代，脂肪供能比约35%，蛋白质约30%，碳水化合物为35%，虽然石器时代的碳水化合物供能比低于现代的日常碳水化合物供能比，但当时的饮食并不属于生酮饮食（Raubenheimer et al，2014）。再说，古人平均寿命很短，生活状态也不同，他们的饮食方法未必能够作为现代人健康长寿的指导。

证据5：日本冲绳地区的传统饮食中，碳水化合物供能比超过60%，当地的人们大量食用甘薯、甘薯叶、藻类和水果，但他们极少患心脑血管疾病。近年来，年轻人饮食逐渐西化，摄入过多的饱和脂肪酸和精制糖，各种慢性病随之而来（Willcox et al，2014）。

证据6：我国几千年来持续"五谷为养"的高碳水化合物饮食结构，在几十年前物资匮乏的时代中，碳水化合物供能比高达70%以上。当时以全谷杂粮为主，体力活动较多，居民患心血管疾病和糖尿病的比例非常低，这说明高碳水化合物饮食并不一定会导致血糖和血脂升高，也不一定会增加患慢性病的风险。

证据7：各国长寿区中未发现长期使用低碳水化合物饮食的区域。我国各地的长寿老人中也没有发现长期完全不吃主食的老年人。

其次，你吃的是哪类碳水化合物食品？只要摄入含有碳水化合物的食品都会快速升高血糖，不利于预防心脑血管疾病吗？

由于西方很多研究并未区分碳水化合物的饮食来源，一味强调碳水化合物造成血糖快速上升，会促进肥胖和糖尿病、心血管疾病的发生，非常容易造成误解。但即便是激烈反对摄入谷物的书籍和研究者，也无法否认一个事实：大量研究证实，摄入全谷物、豆类有利于延缓血糖上升，帮助预防糖尿病和心脑血管疾病，甚至能够降低全因死亡率（Aune et al，2016）。

鉴于医学界和公众对碳水化合物食品的误解，2015年，多名国际知名膳食血糖研究专家发表了一份《血糖指数、血糖负荷和血糖反应：来自国际碳水化合物质量科学联盟（ICQC）的科学高峰论坛共识》（*Glycemic index，glycemic load and glycemic response: An International Scientific Consensus Summit from the International Carbohydrate Quality Consortium*，ICQC）。他们列举了摄入低血糖指数碳水化合物对预防糖尿病、心血管疾病、肥胖、癌症、肠道菌群等的积极影响的研究证据，呼吁不要把全谷杂豆和精白淀粉混为一谈。

如果碳水化合物摄入适量，碳水化合物的来源是高营养素密度、高膳食纤维、慢消化速度的天然全谷物、豆类，那么它对减肥是有益的，对预防糖尿病、心脑血管疾病也是有益的，配合适度的运动，就能成为健康的生活方式。这正是《中国居民膳食指南》中所推荐的。

一项2018年发表的最新研究汇总了1990—2016年间的22项有关碳水化合物供能比和肥胖风险关系的研究，发现随着碳水化合物摄入量的上升，肥胖风险有微弱的升高，但这种相关性未达到显著水平（Sartorius，2018）。换句话说，碳水化合物的摄入量和肥胖之间的关系并没有那么显著。

为什么围绕着碳水化合物是否让人发胖有那么多的争议，且至今没有定论呢？主要原因是，不同的碳水化合物是不一样的。有的碳水化合物营养价值高，有利于减肥和防病；有的碳水化合物营养价值很低，不利于减肥和预防多种慢性病。很多研究把它们混为一谈，所以结果没有说服力。

已经有足够多的流行病学研究证实，精制糖和甜饮料都是促进肥胖的重要因素。过多的精白淀粉会引起餐后血糖快速上升，促进胰岛素大量释放。高胰岛素和高血糖的状态会导致脂肪合成增加、分解减少，绝大部分能量底物来自葡萄糖，这对减肥极其不利。早有研究证实，同样使用减少部分能量的减肥餐，与胰岛素敏感性高的人相比，胰岛素敏感性较低的人减肥效果明显更差。

长期贪食精制糖和精白淀粉，餐后血糖高，不仅会降低胰岛素敏感性，还会使人饭后昏昏欲睡，头脑不清，工作和思维效率下降。精制糖和精白淀粉引起的高血糖状态还会提升炎症反应，不利于预防痤疮，反而让人更容易长痘痘。

精制糖和精白淀粉食物中，维生素B_1含量非常低，而代谢中又需要这种维生素，所以会耗竭体内的维生素B_1，导致神经系统功能减弱，出现疲倦乏力、思维迟钝、情绪低落、肌肉酸疼或麻木的状态，还会影响运动减肥的效率，使人稍一运动就感觉到疲劳，一天中的能量消耗也难以得到有效提升，如此，减肥将变得更为困难。

相比而言，来自全谷物、淀粉类干豆、坚果、部分薯类等食物的碳水化合物，含有较多的膳食纤维，B族维生素，钾、镁等矿物质，以及帮助调整肠道菌群的低聚糖类和多种抑制消化酶活性的植物化学物质。这些食物虽然含有淀粉，但是消化速度较慢，其中的碳水化合物是缓慢被分解吸收的，不会引起胰岛素的大量释放，也不会导致甘油三酯合成加速。研究表明，吃血糖指数低的食物，即便在餐后，能量底物也有一小部分来自脂肪。特别是在餐后及时做一点轻微活动，能进一步降低血糖峰值。这样的代谢状态有利于脂肪的分解，对减肥者非常有益。

低脂肪饮食未必能帮助减肥，碳水化合物也不能被一棍子打死。关键是，替代脂肪的那些碳水化合物到底来源于哪些食物，脂肪又主要来源于什么食物。吃甜食、喝甜饮料必定是不利于减肥的，吃过多精白淀粉也是不利于控制体重的。同样，吃油炸食品、炒菜放大量油也是不利于减肥的。但是，在烹调鱼肉类等蛋白质食物时少放点油，用慢消化的全谷物、淀粉类干豆来替代加入大量油脂的饼干等零食，对减肥是有利的。特别是淀粉类干豆，已经有可靠证据表明增加淀粉类干豆摄入量有利于减肥（Kim et al，2016）。

有关减肥期间如何选择碳水化合物食物，本书后面章节中会详细介绍。

特别关注7：中国人为什么越来越胖了

研究我国历年来的全国营养调查可以发现，随着社会经济的发展，肥胖率伴随着收入水平的上升而一路走高。40年前，大街上极少能看到肥胖者，但现在腰粗腹圆的成人甚至孩子比比皆是。按照世界卫生组织（WHO）的标准，我国2002年城乡成人超重率和肥胖率分别为22.8%和7.1%，2012年就已经跃升到30.1%和11.9%。儿童肥胖更是已经成为一个令人担忧的问题。

伴随着肥胖率的上升，糖尿病和心脑血管疾病的发病率也在日益上升，给家庭和社会带来了巨大的烦恼和沉重的负担。

中国人变胖了，是因为饮食中摄入碳水化合物的量变多，碳水化合物供能比变高了吗？是不是摆脱低脂肪、高碳水化合物的饮食模式，我们就能整体变瘦呢？

还是让数据来说话吧。

表4-5　1982—2012年全国营养调查：部分食物类别的一日摄入量

单位：克/日

年份	1982	1992	2002	2012
油脂	18.2	29.5	41.6	42.1
肉类总计	34.2	58.9	78.6	89.7
蛋类	7.3	16.0	23.7	24.3
鱼虾类	11.1	27.5	29.6	23.7
新鲜蔬菜	316.1	310.3	276.2	269.4
水果	37.4	49.2	45.0	40.7
白米白面	416.2	405.4	378.5	320.5
其他杂粮	103.5	34.5	23.6	16.8
薯类	179.9	86.6	49.1	35.8
干豆类	8.9	3.3	4.2	3.3
糕点类	—	—	9.2	7.4
精制糖和淀粉	5.4	4.7	4.4	6.4

数据来源：①王陇德主编，中国居民营养与健康状况调查报告之一：2002综合报告，人民卫生出版社，2005；②国家卫生计生委疾病预防控制局编著，中国居民营养与慢性病状况报告（2015年），人民卫生出版社，2015。

从表4-5中可以看到，1982—2012年的30年中，我国居民每日平均摄入的动植物烹调用油大幅度上升，鱼肉蛋等蛋白质食物的摄入量也大幅度上升，精制糖以外的碳水化合物食品（米面、杂粮、薯类）的摄入量一路走低。虽然一日摄入的总能量并未增加，甚至还略有下降，但碳水化合物供能比不断下降，从1982年的72.9%降到2012年的55%；同时，脂肪供能比从1982年的17.4%上升到2012年的32.9%（表4-6）。

表4-6　1982—2012年全国营养调查：一日能量摄入和营养素的供能比

年份	1982	1992	2002	2012
能量/(千卡/日)	2491	2328	2251	2172
碳水化合物/%	72.9	65.8	57.8	55.0
蛋白质/%	10.7	11.7	11.7	12.1
脂肪/%	17.4	22.0	29.6	32.9

数据来源：①王陇德主编，中国居民营养与健康状况调查报告之一：2002综合报告，人民卫生出版社，2005；②国家卫生计生委疾病预防控制局编著，中国居民营养与慢性病状况报告（2015年），人民卫生出版社，2015。

人们都感受到，现在吃饭的碗越来越小，人们的饭量也普遍比几十年前下降了。按照碳水化合物越多越容易发胖的理论，人们好像是该越来越瘦的。但事实上，中国人的肥胖率上升速度已经令世界瞩目，肥胖成为严重的公共卫生问题。

为什么碳水化合物的供能比降低了，脂肪供能比也已经远离"低脂肪"，总能量也没有提高，甚至还有所下降，人却更胖了？

这里有几个可能的重要原因。

第一，体力活动量大幅度下降。

40年前，交通基本靠走，工作和家务基本靠手。体力活动极大地消耗了人们从食物中摄取的能量，并保持肌肉的力量。摄入的碳水化合物食物提供的能量因为体力活动而被消耗掉，不会引起血糖的过度升高。如今，人们出门就开车或坐车，吃完饭就坐在电脑前或者坐着玩手机、看电视、看碟，这种生活状态极大地降低了能量消耗，也难以维持强健的肌肉，如果不刻意健身，则一方面能量过剩，另一方面胰岛素敏感性下降，使人容易发胖。

第二，居民碳水化合物食物的来源发生了巨大变化。

从表4-5中可以看到，30年前，居民膳食中超过20%的碳水化合物来源是杂粮、薯类、豆类等低血糖指数食物，但随着经济发展，这些食物的平均摄入量日渐降低，只剩下精白米和精白面，以及由精白米和精白面制作的各种主食和点心等。而且，如今的精白米和精白面粉已经不是30年前的状态，而是比从前更精、更白。

30多年前，标准大米出米率92%，标准面粉出粉率81%，而现在的大米出米率已经降到80%甚至更低，面粉出粉率则降低到70%甚至更低。"雪花粉"、麦芯粉、特精粉等占据了市场主流，其中的维生素含量越来越低，矿物质越来越少，膳食纤维越来越少，制作出的食物的血糖指数越来越高，这种状况非常不利于肥胖的预防。

第三，居民的烹调方式发生了巨大变化。

从表4-5中可以看到，30年来，我国居民烹调用油的摄入量大幅度上升。例如，一盘200克的油麦菜，本来蔬菜中的能量仅34千卡，但加入60克油后，菜叶能够吸入和卷入约40克油，这盘菜的能量就变成了394千卡！这还没有算上盘子上的余油。人们在吃主食的时候，也不满足于米饭和馒头，还要吃加了大量油脂制成的酥饼、千层饼、烧饼、油条、炒饭、炸糕、红油小面等，又额外摄入了大量的能量。

多加油的确能改善口感，但它仅仅增加了脂肪含量和食物的能量，并没有增加食物中的蛋白质、维生素和矿物质的含量，实际上降低了食物的营养素密度。

后两个原因加在一起，造成饮食中的营养素密度大幅度下降。也就是说，摄入同样的能量时，所得到的微量营养素和保健成分越来越少。缺乏多种微量营养素和保健成分本身，也会增加患各种慢性病的风险。

膳食纤维摄入量大幅度减少，人们摄入更多由精白淀粉、糖、盐、大量油脂制成的食物，这些食物的口感日益变得精、细、软、脆、酥，咀嚼性下降，饱感也越来越低。

许多人以为自己如今吃到了更多的鱼肉蛋类，但调查表明，20年来饮食中的蛋白质供能比几乎没有上升。大众日常吃的快餐、小吃、点心大都是淀粉+油脂的组合，其中的蛋白质含量并不高，如红油凉粉（凉皮）、油条、炸糕、油糕、麻团、油泼面、没有多少菜的肥肉丁炸酱面、饼干、曲奇、锅巴、薯片、萨其马……还有饮料中的奶茶。

这种饮食结构带来的不仅是体重上升，而且是"虚胖"状态，即肌肉量不足、体脂率过高、体能低下，也是多吃一点就容易发胖的状态。这种状态正是最容易患上糖尿病和心血管疾病的状态。

所以，中国人整体发胖，不能让碳水化合物来"背锅"，这是多种因素综合作用的结果。

特别关注8：节后体重增加怎么办

每年春节过后都有网友提问："面对过节后飞飙的体重有什么快速又健康的减肥方式？临近元宵佳节，如何吃得无负担又健康？"

所谓正月里都是年，猛吃将近一个月，确实会让很多人体重上升。这种体重上升大概有3个方面的原因：吃多了；饮食结构不合理；体力活动少了。

既然原因很明确，那就针对原因去解决。

第一个原因：吃多了，蛋白质、脂肪过多，胃肠疲惫。针对这个问题，解决方案是：在此后的一段时间里少吃点。

虽然我日常并不推荐大家随便断食，但如果平日身体健康，肝肾功能正常，消化能力正常，只是节日期间吃多了高蛋白、高脂肪、高盐食物，造成胃肠疲惫、血脂升高、体重上升的情况，适合进行轻断食。

前面说到，轻断食也称为间歇式断食，其中最为流行的是5：2轻断食，也就是说，1周当中有5天正常用餐，其他2天少吃。所谓少吃，就是每天仅摄入500~600千卡的能量，大致相当于日常摄入量的25%~30%。

在断食日，不吃任何鱼肉蛋奶，不吃主食，不摄入烹调用油，不吃甜食，不吃加盐的食物；只吃点清爽的果蔬，或者自己做的果蔬汁。如果想吃热的食物，可以吃点不加油、不加糖的煮水果、煮蔬菜汤，没有油的稀粥稀糊等。断食日还要多喝水。

比如，早上喝一碗比较稀的青菜叶小米粥，中午和下午吃个苹果，喝些稀释的果蔬汁，晚上喝一小碗藕粉糊，吃些小番茄。这样，一天摄入的总能量大约500千卡。

因为并不是一口食物都不吃，所以这种轻断食比较安全。2天的轻断食不是连续的，而是间断的。比如，周六轻断食一天，然后恢复饮食，下周三再轻断食一次。

如果真的是前面吃多了，那么一天少吃不会让你有明显的不舒服感，甚至会让你感觉轻松愉快。经过前一天的轻断食，第二天吃东西也会更愉快。

如果仅仅吃果蔬感觉明显饿得难受，可以喝一小碗藕粉糊、蔬菜小米粥、杂粮糊等充饥，但不要加盐，也不要加糖。保证胃里不难受是很重要的，不要折磨自己，否则饱食之后再挨饿非常伤胃。养胃是个艰难而缓慢的过程，痛苦不说，可能还要耗费很多钱。

不过，这里我必须解释一下，节日后轻断食2天所引起的体重下降，主要是因为增加了钾的摄入，减少了钠的摄入，此前摄入过多的钠被逐渐排出，体内水分减少。从分解脂肪的角度来说，即便2天不吃任何东西，也不可能瘦几千克的。

当然，反过来，我们必须认识到，节日期间胖那么多，在某种意义上，也是咸味食物吃得过多，身体中水分潴留导致的，否则就是大吃1周，也长不了那么多脂肪。

有些人觉得轻断食这个方法不错，于是每天都吃得很少，这样容易造成肌肉流失和营养不良，只要一恢复正常饮食，体重就会严重反弹。所以，轻断食必须在不引起营养不良的前提下进行。它适合日常吃得过多又难以控制食量的人，而不适合平日就经常节食，或吃得很少的人，也不适合肝肾功能受损和胃肠有严重疾病的人。此外，如果因为经常断食而造成营养不良，还可能存在引起食欲紊乱，出现暴食症、贪食症等情况的危险。

第二个原因：饮食结构不合理，肉类多，蔬菜少；白米白面多，全谷杂粮少；饼干、甜点等高能量零食多，低能量、高纤维的食物少。针对这个问题，当然需要在此后1个月内调整饮食结构，反其道而行之。

多吃杂粮饭、杂粮粥，少吃油条、点心、肉包子、肉饺子之类的带油主食，降低白米饭、白馒头的比例。

减少过多的鱼肉类，鱼肉和蔬菜的比例降到1：3。吃饭的时候先吃蔬菜，后吃鱼肉和主食，能避免摄入过量。

千万别忘记，烹调时少放油和盐是必需的，煮汤羹时少放盐，尽量不放糖。

过年过节少不了要吃大量调过味的花生、瓜子、坚果等高盐、高脂肪零食，尽管它们的营养价值比较高，但摄入量过多，所以需要在1个月内暂时远离它们。锅巴、薯片之类的零食更要拒绝。水果和酸奶之外的甜味零食最好全部戒掉。话梅之类又甜又咸，能开胃、提升食欲的零食也最好暂时告别。

甜饮料当然不能喝了。加了糖和伴侣的咖啡，以及加了很多奶油的花色咖啡也别喝了。老老实实喝淡茶，按自己的身体状况，在绿茶、乌龙茶、红茶、普洱茶中选择喝起来最舒服的一种。一定要喝咖啡和可可的话，记住不要加糖和奶精。

水果可以吃，但是需要减量，而且应放在两餐之间或餐前（如果胃肠功能比较强的话）。餐后摄入大量水果，会增加果糖的摄入量，在此前用餐时已经摄入充足碳水化合物的情况下，果糖吸收之后会被用于合成脂肪。

只要真正实施以上这些措施，1个月内就能让一部分过节时长出来的肥肉消失。

第三个原因：体力活动太少，体脂率上升，肌肉松弛。这个问题没有别的解决办法，只能是继续运动。

节后的运动包括两个方面：一方面是快走、慢跑之类的有氧运动，让肚子上的肉减少一层，也能让后腰上的肉紧一紧；另一方面是肌肉运动，让松垮的腰腹、臀部、上臂等的肌肉变得紧致，免得凸出的肚子用力收都收不住，松垮的上臂和臀部晃晃荡荡。

总之，一切皆有代价。不要沮丧，要从积极的方面考虑，节日里享受了美食，体验了亲情和友情，这些都是无比珍贵的。虽然胖了一些，毕竟还没到"冰冻三尺"的地步，减起来也不算太难，无须采用极端的方法，也不必为难自己忍饥挨饿。但如果等到攒了十几千克，甚至几十千克肥肉，再想减肥，难度就大了。

只要好好努力，1个多月的时间就能恢复节前的好身材，也许会比节前更好。加油吧！

故事分享6：远离面粉类食物有利于瘦身吗

说到食物过敏，大部分人想到的都是海鲜过敏、坚果过敏、芒果过敏之类的情况，要么是皮肤起疹子、瘙痒、红斑，要么是出现哮喘、黏膜水肿、呼吸困难等症状。但是还有一类食物慢性过敏，它们并不是免疫球蛋白IgE介导的过敏反应，发生的时间并不是食用当时，症状不太明显，表现比较多样，所以往往被人们所忽视。

人们可能对多种食物发生慢性过敏，或出现食物不耐受反应。其中最常见的慢性食物过敏原之一，就是小麦面筋蛋白（gluten），也就是人们常说的"麸质"。

麸质其实和麦麸没有多大关系，它是一个非专业译者使用的翻译词汇。专业的翻译应当是"面筋"，也称为"谷朊"，就是面粉中最主要的蛋白质，它让面食具有非比寻常的弹性和韧性。之所以只有面粉能够拉成细细的面条、做成松软而有弹性的面包，就是因为小麦面粉含有大量的麸质。

麸质慢性过敏的症状很多，从湿疹到疲劳，到莫名其妙地发胖。比较严重的症状是乳糜泻（celiac disease），患者长期慢性腹泻，身体瘦弱。据研究文献记载，欧洲麸质慢性过敏者的比例超过10%，故超市中到处可见"无麸质食品"（gluten-free food）。我国在这方面的研究较少，到底有多大比例的人存在麸质慢性过敏，尚无可靠数据。

一部分在免疫学测试中测出麸质慢性过敏的人，并没有出现乳糜泻那么严重的症状，但在避免食用面粉（小麦粉）制作的食品之后，在没有刻意节食的情况下，体重会有所下降。于是很多人蜂拥而上，尝试"无麸质饮食"，也就是完全不摄入麸质的饮食。

这个方法听起来非常简单，只有一个要求：不吃任何含有面粉的食物，其他食物照吃不误。国外有很多专家提倡"无谷物饮食"，认为这种吃法很健康，可以减少多种疾病的罹患风险，帮助控制体重。

我本人在8年前测出自己对小麦面筋蛋白有高度的敏感性，于是，我当时就准备尝试避免各种面食的饮食。

对一个中国人，特别是从小习惯吃面食的北方人来说，这种饮食方式接受起来比较困难。用其他食品替代面食，又不控制食量，果然可以让人变瘦么？我感到怀疑。

所谓"纸上得来终觉浅，绝知此事要躬行"，开始实践3天之后，我就明白为什么这种吃法会让人变瘦了。原来，拒绝面粉，绝非不吃馒头改吃米饭那么简单。

以前从未有意识到，现代人的食品原料是多么单调；也没有意识到，面粉是如此深入人类的生活。

如果不吃面粉，就意味着绝大多数快餐店不能进。无论什么洋快餐，都离不开面食，汉堡胚、热狗面包、卷鸡肉的煎饼、比萨饼的饼基、意大利面的面条、三明治的面包等。

如果不吃面粉，就意味着告别所有的西饼店。无论是面包，还是饼干、曲奇、蛋糕、酥点、蛋挞……哪个不含面粉？

如果不吃面粉，就意味着疏远大部分中式小吃、点心和面食。饺子、包子、馄饨、拉面、发糕、豆包、奶黄包、千层饼、葱花饼、烧饼、疙瘩汤、桃酥、月饼、牛舌饼等，其中都含有面粉。当然，如果不吃面粉，也将意味着远离大部分速冻食品。

如果不吃面粉，煎炸食品也难以问津。大部分煎炸食品都需要裹一层面粉再下锅炸。不论是日式的炸大虾，还是西式的炸鸡块，抑或是中式的炸茄盒，都要裹上面糊，有的还要裹上面包渣。

如果不吃面粉，零食也要重新选择，饼干、曲奇、派、虾条、薄脆、萨其马、蛋卷之类都不能食用了。

告别以上食品之后，生活中大部分的"垃圾食品"，也就是那些低营养素密度、高脂肪的食品，都被拒之门外了。

那么空着的肚子怎么办？自然要购买新鲜的食材，自己动手做饭。

自己购买新鲜食材，营养素密度自然要高得多。五谷杂粮多半只能用煮的方法，不加油脂，脂肪自然很少。为了填饱肚子，需要吃大量的蔬菜。零食呢，只好吃坚果和水果干，加上新鲜水果。这样，即便每天都吃肉类，也很少有能量过剩的麻烦。

自从采用这种饮食方法，1个月后，我的腰围减小了2厘米，体脂率下降了1.6%，体重减少了1.5千克。要知道，对于一个年过四十、一点不胖的人来说，腰围从65厘米减到62厘米，不是一件容易的事情，除非增加大量运动。

不吃面粉的饮食方法，最大的麻烦，在于需要回家做饭，这样就增加了很多买菜做饭的时间。而它对人意志的考验，也正在于此：当你饥肠辘辘的时候，要拒绝路边所有快餐、速食、甜点的诱惑，坚持回家做饭。

在饥饿这个生理本能的面前，人的意志往往相当薄弱。为了避免过度饥饿，我会在车里放点零食，如袋装速食栗子、坚果和枣，饮料则选择盒装豆奶。胃里有一点东西之后，战胜诱惑就容易得多了。

日后回忆起这段经历，我深感人类食材之匮乏。地球上能够利用的食材多达上万种，人类却严重依赖其中十几种。就粮食来说，面食在食物品种上占据最大优势，商店里摆放的各种食品，看似极丰富，实则原料单调，许多美味无非是面粉加油、糖、奶、蛋、肉等几种原料制成。

如果人们能够摆脱对面粉的依赖，更多地从其他食材中获得营养素，不仅营养状况能够得到改善，也能减少很多慢性病的罹患危险。从这个角度来说，无面粉饮食值得一试。即便不是永久，只一两个月就会让人收获良多。

！ 提醒

1 如果被湿疹、肥胖等问题所困扰，不妨测定一下自己的食物过敏原。假如真的对麸质有不耐受反应，可以试试无面粉饮食，或许能得到意想不到的效果。

2 不吃某种食物只是一方面，更重要的是消除产生食物不耐受或慢性过敏的根本原因。深层原因很可能是胃肠消化功能较差、工作压力太大、过度疲劳、服用药物等。除了远离面粉之外，还需要注意休息，进食时细嚼慢咽，改善胃肠功能。

3 在开始无面粉减肥法之前，一定要做好准备，找到替代食品和营养补充来源。如果贸然开始，容易发生营养不良，而且饥饿感会非常强烈，会感觉生活质量大大下降。只要找到其他可以替代的食物，并随身携带健康加餐食品，就能避免饥饿，同时用更多的食材做出健康可口的食物，获得更多的生活乐趣。

4 无麸质概念食品不等于健康食品，也不等于具有减肥功效。虽然用面粉以外的全谷物来替代面食品是有利于健康的，但一些去掉面筋，又加入大量脂肪和糖的所谓"无麸质"糕点、零食、快餐等食品，营养价值并不高，能量却不低。有些产品的血糖指数比含有面筋的产品甚至更高，并不能带来健康和苗条。

第五章

减肥时应当吃什么

1 对食物要知己又知彼

想拥有真正健康的生活，并维持自己的好身材，首先要"知己"，了解自己的身体状态，知道自己需要什么；其次要"知彼"，知道吃的这些食物对自己有什么作用。这两者都是很有必要的。

有些人会发牢骚："原来要我自己当自己的医生，自己当自己的营养师啊！我什么都要知道，实在太累了。"

我想说的是，你需要了解的有关食物的知识并不复杂，只需一点点就够了。维生素一共不过13种，真正缺乏的也就常见的四五种。你可能对各种品牌了如指掌，认识众多明星，怎么就记不住十几种维生素和矿物质呢？说太累，只是因为不够重视。

对于自己关心的、认为重要的事，就会舍得为它投入；对于自己不关心、认为不重要的事，就舍不得为它投入。在人的一生中，健康是最重要的事情之一，好身材是一生的追求，如果连自己要吃进肚子的食物都懒得了解，能说是真正爱自己吗？

本章就是想用平实的语言，说明一些简单的原则，让大家快速了解怎样才算健康的饮食生活。好的饮食习惯一旦形成，就可以让你受益一生，助你减肥防肥、预防多种慢性病，你的家人和朋友也能跟着一起受益。

减肥瘦身的原则与健康饮食的原则是一致的。归结起来就是以下几点。

（1）尽量吃新鲜天然的食物，避免深加工的低营养价值食物。

（2）食物要多样化，各类天然食物都要摄入，不要只依赖少数几种食物。

（3）摄入最少的能量、最多的营养成分。

（4）在每一类食物中，选择那些不容易让肥肉上身的品种。

（5）选择合理的烹调方法，保存营养素，同时避免摄入过多的油、盐、糖。

（6）日常节制，偶尔享受，让自己活得快乐而满足。

2 减肥时该怎么选择食物

很多正在控制体重的朋友都会有一个疑惑："我应当怎么选择食物呢？哪些是减肥食物，哪些是增肥食物呢？"

人每天摄入的食物很多，每一种食物都有能量，也就是俗话说的"卡路里"。每种食物的能量加在一起，就是每日摄入的总能量。

　　如果摄入的能量多，消耗的能量少，身体就会把富余的能量以脂肪的形式储藏起来，结果就是发胖。所以，管住嘴，控制能量摄入，再适当增加体力活动量，制造"入不敷出"的能量负平衡，是减肥时绕不开的路径。

　　那么，怎么知道某种食品是不是有利于减肥呢？是不是食物所含的能量越低，就越有利于减肥呢？

　　某位女士告诉我，她终于学会看食品包装上的营养成分表了，看哪个能量低，就挑哪个买。

　　我先表扬了她，看营养成分表是必要的。不过我还告诉她，只能对同类食物进行能量比较。比如说，同样买酸奶，在蛋白质含量差不多的情况下，能量低的就比能量高的更有利于减肥。

　　不同类的食物是不能对比的。比如，不能对比燕麦片和黄瓜的能量。燕麦片是干的主食食材，主食原来就是能量高的东西。黄瓜含水量超过90%，它干货少，当然能量低。

　　只挑能量低的食物，并不一定是选择减肥食物的好方法。如果一天到晚什么都不吃，只喝点白水，能量摄入就是零。那么白水是不是最好的减肥食物呢？显然不是。

　　人体要维持健康，包括顺利减肥，首先必须获得身体所需的几十种营养成分，否则，身体各器官都不能正常工作，减肥的任务也很难完成。虽然吃得太多会胖，但一味少吃也是不行的。营养不良会造成代谢率下降，结果形成易胖难瘦的体质，对减肥更不利。

　　许多人常说"吃饱了才有力气减肥"，如果改成"营养充足了才有力气减肥"，其实更有道理。

　　在减肥期间，我们要做的事情，是在满足身体所需各种营养素的前提下，尽量减少能量摄入。简单说，就是要提高食物的营养素密度。一切关于食物的选择，都要按这个大原则来进行。只靠几种所谓的"减肥食品"，是不可能提供充足的身体所需营养素的。比如，有人听说吃苹果能减肥，就天天用苹果替代米饭；有人听说黄瓜、番茄能量低，就用它们替代其他菜肴；有人听说海带、蘑菇膳食纤维含量高，就用它们替代鱼肉蛋类。

每一类食物的营养作用各不相同，只盯着少数食物，忽略其他类型的食物，必然会造成营养不平衡，甚至导致严重的营养不良。比如，只吃上述这几种食物，必然会发生蛋白质、钙、铁、锌，以及维生素B$_1$、维生素B$_2$、维生素A和维生素E的严重不足。

我们所能做的，就是各类食物都吃够，然后在每一类食物中，选择营养质量高而能量相对较低的品种，特别是在烹调过程中，避免加入过多的油和糖，这样能量就不容易过量了。

比如，精白米的能量与糙米、小米差不多（差异在10%以内），但是，小米和糙米的维生素、矿物质、膳食纤维的含量，是精米的两三倍，甚至四五倍。所以，如果用糙米和小米来替代一部分精米，然后将主食的总摄入量再降低25%，做到能量减、营养加，这样就有利于减肥了。

又比如，把200克豆角做成干煸豆角，要加入25克烹调用油（25克油约等于25克脂肪）；而把豆角蒸熟，加20克芝麻、酱油和醋拌着吃，只摄入8克脂肪（芝麻的脂肪含量约为40%），能量就要低得多了，顺便还获得了芝麻中的维生素E和铁、锌、钙等元素，既有利于减肥，又能补充营养。多吃几口蒸豆角，少吃几口米饭，这就是有利于减肥的饮食方式。

这种吃法看起来能量没有降低多少，减重速度不会太快，但能让人减肥的同时不减活力，少吃而不觉饥饿，身材变好的同时也更健康。这才是真正可以长期持续的体重维持饮食。

3 怎样快速判断食物的能量高低

天然食物的能量差异很大，100克叶菜（最低的是球生菜、油麦菜）的能量为10~30千卡，100克粮食和淀粉豆的能量为320~380千卡，100克坚果（最高的是夏威夷果和松子）的能量为500~700千卡。

怎样快速判断食物的能量值？有4个基本规律。

（1）食物中的水分含量越大，能量越低；反之，干货越多，能量越高。

不同蔬菜，水分大的蔬菜能量最低，如冬瓜、黄瓜、生菜等"水水的"蔬菜，每100克只含10~20千卡能量。相比而言，甜豌豆、豆角等虽然也是高水分食物，但干货略多一些，每100克含能量30~50千卡；含有淀粉的土豆、山药之类，能量就更高了，每100克含能量60~80千卡。

蔬菜做成蔬菜干，水果做成水果干，红薯做成红薯干，牛肉做成牛肉干……水分少了，干货多了，能量就会成倍地增加。道理很简单，几千克果蔬才能做出1千克果蔬干，能量自然就成倍增加。

　　比如，1碗米加水煮成3碗米粥，虽然体积变大，但总能量没有发生任何变化，能量密度就小了。反过来，把红薯做成红薯干，水分少了，干货多了，能量密度自然大，稍不小心就会多摄入一些能量。

　　如果有人要问，1碗粥含多少能量，我肯定没法回答。因为如果不知道做粥时放了多少米、加了多少水，就没法计算其中含有多少淀粉、多少蛋白质，也就无法计算能量。

　　这里得到的提示是：只要在同类食物中优先选择那些水分大、干货少、油分少的食物，即便多吃一些，也是无须担心的。确切地说，这类食物吃得多些，往往就没胃口吃其他高能量食物了，也就不容易发胖。这就是所谓的"多吃不胖"。

　　（2）对蔬菜、果汁、甜饮料等食物来说，碳水化合物含量越高，能量就越高。

　　这类食物中通常脂肪含量很低（榴梿和牛油果除外），蛋白质含量也很低。它们的能量主要来源于碳水化合物，包括糖和淀粉，特别是糖。糖是一种溶质，糖越多，水果或饮料中的水分所占的比例就越低。

　　所以，同样一种水果，比较甜的品种比不甜的品种能量高。如葡萄，特别甜的品种，糖含量甚至能达到20%以上。100%葡萄汁产品，一般也含15%以上的糖。

　　同样道理，要知道甜饮料的能量高低，只要看包装上的营养成分表就可以了。你会发现，能量高低和其中的碳水化合物含量成正比，而饮料中一般不加淀粉，所以其中的碳水化合物几乎就是糖。

　　（3）在干货总量差不多的情况下，脂肪含量越高，能量就越高。

　　1克蛋白质和淀粉（糖）的能量是4千卡，而1克脂肪的能量是9千卡，所以，在干货数量大致相当的情况下，脂肪的比例越高，能量就越高。

　　比如，同样是含水量很低的完整植物种子，每100克种子中，红小豆含324千卡能量，黄豆含390千卡能量，生花生含574千卡能量，三者的脂肪含量分别为0.6%、16%和44%。尽管红小豆淀粉含量高达63%，黄豆蛋白质含量高达36%，远比花生高，但花生脂肪含量高这一项就决定了它的能量比其他两种高。

同理，在烹饪时，原料不变，添加的烹调用油越多，菜肴吸入的脂肪就越多，菜品的能量就越高。

这里，我们要记住一个概念：能量密度。

● 能量密度：也称为热量密度，是指单位重量或体积的食物中包含的能量。

● 由于水分和膳食纤维是不含能量的，所以水分大、膳食纤维含量高的食物能量密度低，如蔬菜和水果。

● 同等重量时，脂肪的能量是三大供能营养素中最高的，所以，水分含量相同的食物中，脂肪越多，能量就越高。

● 水分低、干货多、脂肪含量高的食物，能量是最高的。这样的食物，如果营养素含量又低，就非常不利于预防肥胖，如饼干、曲奇、薯片等，这类食物就不能经常吃。

（4）在标注能量一样高的情况下，消化吸收率越高，能量就越高。

食物中除了膳食纤维会延缓消化吸收速度，抗性淀粉也不容易被消化吸收，但抗性淀粉往往也被计入食物能量中。

所谓抗性淀粉，是指在人的小肠中很难被消化的一部分纯正淀粉。抗性淀粉会直接进入大肠，作为可发酵膳食纤维，成为大肠有益菌的"粮食"，产生短链脂肪酸。这些短链脂肪酸有利于抑制有害细菌，有利于预防肠癌，还能帮助控制血脂水平。天然的全谷杂粮、淀粉类干豆、薯类都有一部分抗性淀粉。

经过精加工，去掉了膳食纤维的食物，消化吸收率通常很高，如米饭、馒头、饼干、面包、膨化食品等。

膳食纤维能裹挟着少量脂肪进入大肠，最终被排出体外。食物中的多酚类物质也能通过降低消化酶活性，帮助少量淀粉、蛋白质和脂肪进入大肠，避免被人体消化吸收。

天然状态的食物需要被咀嚼，咀嚼得不够碎时，消化吸收率也会略低一些。比如，杏仁、巴旦木等质地很硬的坚果并不能完全嚼烂，消化吸收率会因此降低。研究表明，它们实际被人体吸收的能量并没有计算出的那么高。

具体的食物能量，请大家查询《中国食物成分表》。至于各种市售加工食品的能量，就更简单了，直接看包装上的"营养成分表"，其中法定强制标注的项目是：总能量、蛋白质、脂肪、碳水化合物和钠含量。

需要注意的是，因为我国遵循国际标准单位制度，营养成分表上能量都是用千焦表示的，1千焦相当于0.24千卡。

使用千卡为单位计算食物能量时，基本都是整数，使用千焦就带有小数，用的时候还得换算一下，很是麻烦。不过实际操作时也没那么复杂，同类食物之间，直接用千焦进行对比就好了。

如一款酸奶，100克中含有530千焦能量，另一款酸奶，100克中含有280千焦的能量，那么第一款酸奶的能量就比第二款酸奶高多了，如果它们的蛋白质含量差不多，那就直接买第二款酸奶吧。

4 吃什么样的食物会发胖

很多人经常会问："吃××食物会发胖吗？"这是减肥人士最关心的问题。

世界上并不存在某种食物，吃了就一定会变胖或是变瘦，所以，在回答这个问题前，首先要问清楚几个根本问题。

第一，吃多少？第二，什么时候吃？第三，除了这种食物以外，是否还吃别的食物？第四，吃了之后有没有增加运动量？如果对方不先回答这4个问题，我就没有办法回答吃某种食物是不是会发胖的问题。

食物怎么吃是很重要的，不要给食物贴上标签：哪种吃了会变胖，哪种吃了会变瘦。

我们平常说的增肥食物有以下几类。

第一类，吃一点点，增肥效果就很明显。

第二类，不容易控制摄入量，一吃起来就不太容易停住。

第三类，吃过之后没有饱感，似乎自己没吃什么东西，西瓜和甜饮料就属于这一类。

第一类是吃一点点就有明显增肥效果的食物。含水量特别低的食物就属于这一类，它们特别"实在"，油大、糖多、淀粉多、水少，干巴巴的，吃一点就会摄入不少能量，比如吃两块饼干相当于喝半碗粥。巧克力也属于这一类。

第二类是吃了以后不太容易停下来，像花生、瓜子等坚果类食物，它们的味道都很香。很多人都认为吃瓜子不过是"吃饱了溜溜缝"的事，没意识到吃瓜子会摄入多少能量，实际上"一把瓜子半勺油"，真正摄入的能量是很高的。

第三类就是西瓜和甜饮料之类的食物。

要想控制好饮食，就必须注意对这3类食物的摄入。

米饭比较容易控制，吃多吃少大家心里都有数，但这3类食物吃下去往往没有什么感觉。就像巧克力，大家很少会计算自己吃了多少克巧克力，很少有人会去看巧克力包装上的营养成分说明。吃这3类食物时，大家一定要注意。

有些食物吃法不同，产生的效果也可能不一样。比如肉，普遍的认识是一个人吃了肉会长胖，但国外曾经流行过的阿特金斯饮食减肥法，身体肥胖的阿特金斯先生提倡在减肥时只吃肉，外加一点蔬菜，凡是含淀粉的食物一概不吃。事实证明，用这种方法可以快速瘦下去。

这种减肥法的核心是绝对不吃含淀粉和糖的食物，如果以为吃肉多、吃饭少也可以达到效果，在使用这种减肥法时还少量吃饭，效果就不理想。少吃几口饭，多吃几口肉，是绝对不会变瘦的。现代人生活富裕之后，装饭的碗越来越小，装菜的盘子越来越大，吃的肉越来越多，事实证明，这种饮食结构使我们变得越来越胖，而不是越来越瘦。

说来说去，都逃不脱一个根本原则，那就是能量平衡。消耗多少，摄入多少，摄入的总量一定要控制好。如果吃的食物看起来是健康了，但总能量超标，也容易发胖。相反，哪怕吃的是肥肉，如果总能量很低，也照样不容易胖。

很多人听说喝奶能瘦身，更加坚定了喝奶的决心，每天睡觉前都喝一大碗牛奶或者酸奶，结果变胖了，然后就会抱怨："明明说酸奶是有利于减肥的，为什么我还是长胖了呢？"这是因为他们不是用酸奶来替代一部分其他的食物。如果原有的进食量没有减少，再额外喝酸奶，那必然会发胖。

不能脱离总量来谈一种食物是否会使人变胖。要把控好自己一天的总进食量，将一天的"总盘子"控制好。

5 减肥期间该吃哪些食物

虽然生菜能量低，核桃能量高，但是，减肥期间并不建议大家顿顿只吃蔬菜，也不禁止大家吃少量的核桃。

这是因为，天然的食物都是有营养价值的。生菜不能提供维生素E，而核桃可以；生菜没有足够的维生素B_1，而全谷物、豆类含有丰富的维生素B_1。各种食物对人体活力的维持都有不可忽视的作用，所以，即便是在减肥期，也是哪一类食物都要吃。过度限制食物品种，比如完全不吃主食，或者完全不吃富含蛋白质的食物，长期而言，对健康都是不利的。

只不过，能量高的食物要严格控制摄入量，不能任性地吃。生菜多吃一大碗没关系，而夏威夷果、核桃之类绝对不能放开吃，它们需要严格限量。

要想知道自己每天需要吃哪些食物很简单，看看中国居民平衡膳食宝塔就知道了。首先确定健康人的摄入量，然后确定一个减肥期的摄入量。减肥时一般只需要减少粮食类、肉类、油、糖的摄入，以及对坚果和水果进行限量。

主食

比如，女性正常应摄入约250克粮食（烹调前的干重），减肥期间可以减到150~200克，或者100克粮食加上200克薯类。要记得薯类是含水的，它要变成干货才能和白米白面比。以干货比较，薯类和米面的能量比大概是4∶1，所以，200克红薯的能量相当于50克大米（日常吃饭的小碗约半碗米饭）的能量。

菜肴

菜肴仍然正常吃，只是烹调用油要减少。比如原来顿顿煎、炒、红烧，现在改成炖煮、油煮（水油焖）、焯拌、凉拌，可以减掉不少油脂。如果原来吃肉多，现在可以改成每天50~100克肉（50克肉相当于4~5块栗子大小的红烧牛肉），或每天100克鱼（去骨重）。一杯奶、一个蛋都照吃不误，如果减肥期间有健身增肌需求，还得再加一个蛋和一杯奶。

蔬菜水果

因为减肥期间主食摄入少了，要用蔬菜来填补体积，所以少油烹调的蔬菜总量要增加，每天500~750克蔬菜为宜。水果正常吃，但不建议水果总量超过350克（去皮核重）。

食物选择要点

在主食和肉蛋奶之类食材中，要注意挑选能量比较低、蛋白质含量比较高的品种。

比如，鱼肉类中，不选脂肪含量高的肥牛、肥羊、五花肉之类；烹调方式可以用清炖、白煮、清蒸、烤箱烤、酱卤等，避免油炸；白水煮肉加一点酱油、醋、蒜蓉等做的调味汁也很好吃。

奶类可以选择低脂奶、脱脂奶、酸奶，不要选择脂肪含量超过3.5%的"浓厚奶"。避免奶酪食用过量，也不要吃含糖的冰激凌。购买酸奶时，要注意看脂肪和碳水化合物含量，以100克食品中碳水化合物含量不超过12克为宜。

蛋类特别吸油，要少吃加很多油的炒鸡蛋，优先选择白水煮蛋、蒸蛋羹、水泼荷包蛋，或比较嫩的少油煎蛋。

总之，减肥期绝大多数天然食物都可以吃。只要能做到以上各项，就能在不影响健康的前提下长期坚持，使脂肪逐渐减少、胃肠感觉舒适，心情也不会郁闷。

资料链接：有关减肥期间各类食物如何少油烹调，请参考《范志红　吃对你的家常菜2》。

6 哪些是高能量的增肥食物

其实，对于天然食物，我并不是赞成用"减肥食物"和"增肥食物"这类标签，因为是否会导致肥胖，是否能够减肥，并不取决于单一的某种食物。

在减肥期间，各种天然食物都是可以吃的。为什么要优先吃天然食物呢？因为新鲜的天然食物更能给我们带来生命的活力，对预防多种慢性病也更有意义。

天然食物有固定的成分，各种成分之间有一定的比例。对于这些成分，人类在千万年的进化过程中已经很熟悉，知道如何应对。但是，随着社会的发展，人类已经把食物异化成了自古以来没有的样子，比如饼干、薯片、可乐，这些都是自然界原本没有的，食物距离天然状态越来越远。面对诸多非天然食物，人类的消化系统、代谢系统就不一定能够很好地应对了。

就像牛天生就会吃草，它的身体知道吃了草以后该怎么办、会产生什么结果，如果给牛吃蛋糕、薯片、火腿呢？它的身体就不知道该怎么处理这些食物，就很可能出现混乱。

又比如，坚果和油籽（花生、核桃等）虽然含有很多脂肪，但也含有不少蛋白质和膳食纤维，以及维生素和矿物质，身体摄入以后，会产生饱感。但是，人类把坚果和油籽中的油脂榨出来，用于油炸食物。榨油这个过程，既损失了蛋白质，又损失了膳食纤维，还损失了维生素和矿物质。从烹调用油中摄入了大量能量，却得不到相应的维生素和矿物质，身体会感觉混乱，而且不会产生与吃坚果一样的饱感。

所以，减肥期间要尽量选择天然食物。果子从树上摘下来是什么样就是什么样的，蔬菜从地里收上来是什么样就是什么样的，不必把它们榨成汁、做成口服液。直接吃果子和蔬菜，要比喝果蔬汁更有饱感，更有利于减肥。合理搭配天然食物，就不那么容易胖。

果蔬汁毕竟还是初级加工品，至少还能吃得出果蔬的味道，现在市面上还有更多的加工食品，已经完全看不出是什么做的了。它们往往加入了大量的油、糖、调味品，以及一些精白面粉等低营养价值的配料，外观做得令人垂涎。这样的加工食品通常都容易使人发胖，把它们称为"增肥食物"也不算过分。

甜面包、饼干、曲奇、蛋糕之类的食物，口感比较好，容易消化吸收，血糖指数高，所含能量高，营养价值低。这种食物如果不小心吃多了，长胖的风险比较大。原因有以下几点。

（1）稍微吃一点就会摄入很多能量，控制起来很困难。

这类食物不用费劲嚼很久，吃起来很轻松，所以很容易吃多了。比如，每100克蛋糕类食品平均能量为360~400千卡，每100克饼干、曲奇、酥点类食品平均能量更是高达450~550千卡。最重要的是，吃100克蛋糕实在太容易了，轻松几口就能吃完一块超过100克的蛋糕。

相比而言，如果吃饭、喝粥、吃菜，摄入300千卡能量时，会觉得自己吃了很多东西，有饱感；而几片饼干、半盒薯片，吃下去根本不觉得饱，就已经收获300多千卡能量了。而且，很多人吃薯片时会忍不住把一整盒都吃完，那就更悲剧了，摄入的能量跑2小时都消耗不掉。

（2）血糖指数高，不利于脂肪分解。

这类食物不是含大量糖、精白淀粉、糊精，就是含大量脂肪，大部分是以上几种的含量都高。这样的食物，餐后血糖或血脂上升得又快又高。这种情况下，身体从食物中得到的葡萄糖和脂肪早就够用，甚至富余了，为什么还要分解身上的脂肪呢？这就给减肥带来了很大的不利影响。要像吃全谷物、豆类、瘦肉和酸奶那样，餐后血糖和血脂上升缓慢，才能给减肥创造机会。

（3）营养价值低，无法令身体活力充沛，不能维持高水平的代谢率。

减肥期间，人们摄入的能量减少，但身体对蛋白质、维生素、矿物质的需求一点都不会减少，甚至为了有效分解脂肪，还需要更多的B族维生素。

所以，越是减肥的时候，越要注重食物的营养素密度。对那些油大糖多、能量高而营养素密度低的食物，就要"严防死守"，不可任性。过节、聚会时可以偶尔吃一点，平常最好不吃。

反之，有些食物本身所含能量低，需要认真咀嚼，很难吃到过量的程度，又不那么容易消化吸收，即便多吃一点，长胖的风险也比较小，比如海带、蘑菇、青菜之类，就不用那么介意数量了。

7 减肥时，什么样的主食更合适

主食是一类能量密集的食物，以含有大量碳水化合物为特色，其中包括各种米面制品（如各种速冻食品、挂面、面点等），没有精细处理过的各种颜色的糙米全麦，除了稻子、麦子之外的各种粮食（如燕麦、荞麦、小米、玉米、高粱米等），各种淀粉类干豆（如红豆、绿豆、蚕豆、豌豆、豆沙等），以及各种薯类（如土豆、红薯、芋头、山药等）。

前面说到，减肥期间，的确可以减少主食的摄入量，但并不意味着一口不吃。建议体力活动较少的女性减肥期间每天吃 150~200 克粮食（烹调前的重量，50克粮食大约相当于半碗米饭的量）。

可是，主食吃得少容易饿，怎么办？这就要在食材上下功夫了。吃同样多的淀粉，同样多的能量，如果把主食的食材换成淀粉类干豆、全谷杂粮和薯类，效果就会大不一样。

这里需要记住的是，主食提供淀粉，那么各种含淀粉的食物都能用来部分替代主食。所以，吃了土豆就要少吃米饭，吃了拔丝山药也要少吃米饭；吃了绿豆糕或是饼干、甜点，也要将其算在主食份额里，相应减少主食的量。总之，要控制总量。

一系列研究表明，用淀粉类干豆替代一部分白米白面，可以大大提高饱感，不仅不容易吃过量，还能让人进食后几个小时都不觉得饿。比如，喝一大碗白米粥，2 小时后就会饿；而喝同样一大碗红豆加燕麦煮的粥，淀粉含量相同的情况下，3~4小时都不会感觉饥饿。因为后者含膳食纤维比较多，在胃里存留的时间比较长，消化比较慢，餐后血糖不会大起大落，人就不容易觉得饿。

白米饭比较细软，不需要咀嚼太久，所以很容易多吃。如果刻意减少食用量，又会感觉没吃饱，产生强烈的"被剥夺感"，使人在心理上产生痛苦和抵抗，减肥大业很可能就会因此半途而废。我们减肥是为了让自己更幸福，让自己过得更好，而不是让自己每天都过得特别可怜，在饮食上被"虐待"。选择正确的主食，就不容易产生饥饿和痛苦的感觉。

能量相同的情况下，选择全谷物、豆类作为主食食材，摄入的维生素B_1、维生素B_2、钾、镁等营养素是白米饭的好几倍！比如，全麦粉和普通的小麦粉相比，B族维生素含量要高出3倍。从蛋白质角度来讲，红小豆、芸豆、绿豆等淀粉类干豆的蛋白质含量是大米的3倍，在减肥的时候，即便少吃了一些，也不容易导致营养不良，因为它们的营养素含量比较高。

减肥其实减的只是能量，而不是蛋白质、维生素、矿物质这些营养物质。事实上，缺乏这些营养素时，我们会更想吃东西，更容易发胖，所以，提高主食的营养质量很重要。

一般来说，血糖指数比较低的主食更容易产生饱感。这样的主食不仅对预防糖尿病有帮助，而且有利于控制体重。前面说到，所谓血糖指数低，就是指吃了这种主食以后，消化吸收都比较慢，进食后血糖不会一下子升高。越是容易消化吸收的食物，血糖升得越快，也就越容易合成脂肪。血糖的上升会增加胰岛素的分泌，而胰岛素的功能之一就是减少脂肪的分解、促进脂肪的合成。同时，胰岛素浓度增加会让血糖快速下降，而血糖降低到一定程度就会使人产生饥饿感，让人又想吃东西。所以说，控制血糖上升，就是帮助控制饥饿感。

如果主食在胃肠中缓慢地被消化吸收，血糖上升就比较平稳，能够长时间维持在一个合适的水平，而不会大起大落，这样既能够使人体富有活力，促进脂肪分解，又能推迟饥饿感的产生，控制进食量。

如此说来，明智地选择主食，对控制体重真是一件非常要紧的事情。

这里给大家一个优质主食排行榜。

A 级减肥主食：红小豆、各种颜色的芸豆、干豌豆、干蚕豆、绿豆、鹰嘴豆等富含淀粉的豆子。

这些淀粉类干豆的淀粉含量为60%左右，泡软后煮出来口感沙沙的。它们的特点是饱感特别强，消化速度特别慢，餐后血糖平缓升高。更棒的是，无论是豆饭还是豆粥，如果不加糖，口感并不那么好，想多吃都难。由于它们的蛋白质含量高，减肥期间用它们部分替代粮食，有利于预防营养不良。

请注意，黄豆、黑豆等能做豆浆、做豆腐的豆子不属于淀粉类干豆，不能做主食。

B级减肥主食：燕麦、荞麦、莜麦、小麦粒、大麦粒、糙米（包括黑米、红米、紫米等）、小米（包括黄小米、黑小米、绿小米等不同颜色的品种）等全谷杂粮。

在各种杂粮中，燕麦和莜麦是最佳选择，它们的饱感大大超越白米白面，维生素和矿物质含量也是精白米的几倍，血糖指数比小米、玉米等粗粮更低，有利于控制血脂，而且对胃肠较为友好。荞麦面和莜麦面做成面条、面食也是很好的。

小麦粒、大麦粒、青稞等整粒谷物含较多的膳食纤维，消化速度非常慢，餐后血糖上升速度也非常慢，但容易引起胀气和消化不良。需要注意的是，市售的全麦面包、全麦馒头大部分都是假货，其中精白面粉多，全麦粉很少，甚至只有几片麸皮点缀，起不到减肥作用。

C级减肥主食：土豆、红薯、山药、芋头、莲藕、嫩蚕豆、嫩豌豆等各种含淀粉的薯类或蔬菜。

它们的特点是饱感强，在淀粉含量相同的情况下，维生素、钾的含量比白米白面更高，而且它们还含有粮食中没有的维生素C。

需要注意的是，烹调时不能加油、加盐，必须使用蒸煮的方法，替代粮食来吃，才能起到减肥效果。如果当成菜肴或零食，只能增肥。

需要减少的主食

白馒头、白米饭、白米粥、白面饺子、白面包子、年糕、糯米团、米粉等，它们的饱感较低，维生素含量比较少，餐后血糖上升速度也太快，不利于控制食欲。

需要避免的主食

各种甜面包、甜饼干、甜点心、派、膨化食品、蛋卷等，以及加了油的烧饼、油条、油饼、麻团、炸糕等。它们不仅能量高，而且维生素和矿物质含量低。加了油、盐、糖的食物都会让人们吃得更多，不利于减肥。

在减肥期间尽量吃原味主食，而不是添加了油、盐、糖的主食，这是一项纪律。

在日常生活中，用 A 级、B 级、C 级食材，加上少量白米、白面、玉米棒、玉米粉等，就能组合成丰富多彩、营养丰富又不容易导致肥胖的主食搭配了。

8 什么样的燕麦能帮你减肥

一直以来，燕麦都被说成是一种有益健康，特别是有利于减肥的食物。医生和营养师经常推荐肥胖者和高血脂、糖尿病患者吃燕麦。

但是，也经常有人困惑："为什么燕麦能助人减肥呢？我查了食物成分表，发现燕麦片（377千卡/100克）和精白大米（345千卡/100克）相比，能量不仅不低，甚至更高！"网上还有文章说，燕麦片的能量比米饭高很多，有的说高1.6倍，还有的说高约3倍！

本节就说说，燕麦为什么能减肥，到底怎么吃才能减肥。

其实，任何食物都一样，是否能减肥，要看吃多少、怎么吃、搭配什么食物吃。因为无论是增肥还是减肥，都无法用吃不吃某一种食物来判断。

一种主食是不是有利于减肥，除了看其能量高低，更需要考虑下面几大特性。

（1）在能量摄入量（按100千卡来计算）相同的情况下，产生多大的饱感。同样是干重50克，燕麦粥和白米粥相比，引起的饱感会更强，餐后能让人在更长的时间内不觉得饥饿。这一点，对于需要减少食量的减肥者来说，是至关重要的。

（2）在碳水化合物摄入量相同的情况下，餐后血糖是否足够稳定。餐后血糖不稳定，减肥就很难成功。一方面，餐前饥饿导致低血糖，对大脑有伤害，也影响学习和工作的能力；另一方面，餐后高血糖容易促进脂肪合成，不利于脂肪的消耗。

（3）在能量摄入量（按100千卡来计算）相同的情况下，营养素密度有多大。也就是说，比较二者所含的蛋白质、维生素、矿物质是否丰富。如果营养素密度大，那么少吃一点也不容易引起营养不良，这对于减肥的可持续性是非常重要的。

从这3个角度来说，燕麦都具有相当明显的优势。

燕麦的能量大大高于米饭的说法，源于一个常见错误——用煮熟的大米和干燕麦片进行对比。毕竟大米煮饭要加水，熟大米的能量当然比干燕麦片低，燕麦煮成粥以后能量也会低很多，因为水是没有能量的，一种食物含水量越高，能量当然就越低。

此外，也有些人是用加了油和糖的一些早餐燕麦片产品来和大米对比。这些香脆的早餐燕麦片加糖、加油、加坚果和水果干，能量自然要比大米高，但这些高出的能量都是油、糖、坚果之类带来的，与燕麦本身无关。

所以，应该用燕麦与白米白面对比。燕麦的能量看似高了30千卡，其实差异很小，而且因为燕麦含有丰富的膳食纤维和抗性淀粉，淀粉消化吸收率低于白米白面，身体实际获得的能量并不比吃白米白面更多。此外，燕麦具有更强的饱感、更稳定的餐后血糖水平、更高的营养素密度。所以，国内外医生和营养师青睐燕麦，建议用它替代部分白米白面，是有道理的。何况，燕麦中富含 β-葡聚糖成分，有利于控制血糖和血脂，对预防高血脂、糖尿病、冠心病等都有好处。

不过，燕麦是不是真的能起到减肥效果，还与以下这些因素有关。

（1）到底吃了多少量？

燕麦毕竟也是含有能量的主食，只有在摄入量不超过或少于白米白面的时候才有利于减肥。比如，一顿吃50克燕麦片与一顿吃100克燕麦片相比，摄入的能量肯定是不一样的。全谷杂粮吃得过多，体重也很难减轻。

当然，使用燕麦替代部分白米白面后，即便体重没变，摄入更多燕麦与摄入更多白米饭相比，患糖尿病和高血脂的风险还是会减小的。

（2）燕麦是不是替代精白主食吃的？

有些人食用燕麦时，三餐的白米饭一点没减少，只是在晚上额外再吃一些燕麦粥，或者作为零食吃一些香甜"麦片"，这样做，恐怕只能增重，而无法减肥了。

比如，晚上原来吃100克米饭（100克大米煮出的饭，重量为230克，约1碗），现在改吃用250克牛奶和50克燕麦片做成的燕麦粥，一天中的其他食物都一样，这样是有利于减肥的。

（3）除了燕麦片之外，一天之中还吃了哪些东西？

有些人在减肥期间，早上用燕麦粥替代面包，晚上用燕麦粥替代白馒头，这本来是有利于减肥的，但是，两餐之间却摄入很多零食，饼干、薯片、冰激凌、萨其马、花生、瓜子……额外摄入这么多能量，恐怕也没法有效减肥了。不能把责任推给燕麦，毕竟燕麦不是减肥药，它无法抵消大量甜食、饮料带来的能量。

（4）食用的是什么样的燕麦产品？

燕麦产品品种繁多，有的是整粒，有的是压片，有的是粉末；有的需要煮，有的冲一下就能喝。就减肥效果来说，不同的产品产生的差异很大。

要先明白麦片和燕麦片不是一回事，消费者非常容易买错。

所谓营养麦片，是以白糖或糖浆、糊精、其他谷物粉为主的产品，只放了很少的燕麦片或燕麦粉。这类产品有一股浓浓的香甜味，热水一冲马上化开，而且黏性很小。这类产品，无论是有糖的，还是无糖的（也加了很多糊精和甜味剂），都要坚决扔掉。它们不仅营养价值低，而且饱感很差，比喝碗白粥强不了多少。

有的燕麦产品貌似高大上，虽然含有燕麦，但不是纯燕麦。最应该警惕的是那些加了油、糖，再加点水果干、坚果碎，做得香甜脆爽的燕麦产品，它们的能量比纯燕麦片高很多，而且口感非常好，让人吃了停不下来，根本没有控制食欲的作用。因此，这类产品一定要严格限量。

真想减肥，最好还是买纯燕麦片。所谓纯燕麦片，就是除了燕麦，没有其他配料的产品。它们既不甜，也不脆，吃着不会让人上瘾。纯燕麦片加点水或牛奶煮成黏稠状态，滑溜溜的，需要好好咀嚼，吃了之后饱感很强，这才是真正有利于减肥的燕麦片。

研究表明，燕麦中的高度聚合 β-葡聚糖成分，对延缓餐后血糖和血脂上升、提升饱感都十分重要。煮后越是质感黏稠、口感顺滑的，越是有利于控制血糖和血脂，有利于提升饱感，对减肥有好处。黏稠度高，说明其中的 β-葡聚糖不仅含量高，而且分子量大，保健作用就更强。

国外学者对多项研究进行汇总后发现，和速食、即食的燕麦片相比，那些保持完整性的燕麦粒、切段燕麦粒（钢切燕麦）的促进健康效果更好，血糖指数更低。所以，如果自己在家烹调，不如去超市杂粮柜台直接买整粒的燕麦，用压力锅煮燕麦粥喝，或者煮燕麦粒大米饭，它们的耐饿效果明显高于大米饭和大米粥，特别适合减肥者。

各类燕麦产品，如何烹调才能成为健康减肥主食呢？这里给大家说说吃法。

第一类：整粒燕麦。

这种燕麦是天然的状态，仅仅去壳，没有磨掉种皮，也没有压碎，更没有熟化。它保留了完整种子的全部营养，没有加入任何其他配料，是消化速度最慢的全谷物之一，对控制血糖和血脂、减肥的作用也是最好的。

不过，也正因为种子的结构很完整，外面的种皮部分质地紧密，吸水速度很慢，所以不能像精白大米一样迅速煮熟。有两个方法可以解决这个问题。

第一个方法是先把燕麦粒淘洗两遍，然后加水浸泡，在冰箱冷藏室里放一夜。等它吸足水分，再带着泡燕麦的水和大米一起放进锅里（浸泡燕麦的水里有葡聚糖和很多营养成分，不要浪费），按正常的量加水煮饭就行了，但不要用"快速煮"程序，适合用"杂粮饭"或"精华煮"等程序。煮熟之后，燕麦富有韧性，香气浓郁。

第二个方法是直接买个电压力锅，把燕麦粒和大米、小米等各种粮食放在一起，加水，用"杂粮饭"程序，升高压力，将燕麦煮熟。这个方法更简单，只需要40分钟左右就可以了。

第二类：去麸燕麦粒，或去皮燕麦、燕麦米。

不论叫什么，其实就是整粒的燕麦，薄薄地磨掉表面的一层种皮。这样，燕麦看起来还是整粒的，但是，最外层质地紧密、妨碍吸水的种皮部分被去掉，水分可以长驱直入，就可以和大米一起直接放在电饭锅里煮了。烹调时用"标准煮饭""煮粥"程序就可以，喜欢软的用"杂粮饭""杂粮粥"程序也可以。遗憾的是，这种整粒的燕麦价格比较高，而且超市很少售卖，可能需要网购。

第三类：生燕麦片或快煮燕麦片。

生燕麦片是把燕麦粒直接压成片的产品，没有经过加热处理。快煮燕麦片则可能是经过添加少量水再蒸汽加热或轻微烤制的，根据压制的薄厚不同，加热程序不同，熟化效果也不一样。但总体而言，这类燕麦片依然不能用热水冲泡，必须煮。

这类产品价廉物美，比即食、混合燕麦片都便宜。它的吃法有以下几种。

◆ **直接用来煮粥**。日常煮小米粥、红豆粥、绿豆粥、八宝粥时，往往会觉得不如大米粥那么黏稠。只要加两把生燕麦片，粥就会变得黏稠，这是因为燕麦片中含有 β-葡聚糖这种健康的增稠成分。β-葡聚糖也是燕麦帮助控制血糖、血脂的主要成分，越黏稠，越健康。

◆ **与大米混合煮饭**。在大米表面撒一层生燕麦片再煮饭，不仅不会影响大米饭的味道，甚至还增加了香气。但燕麦片吸水性强，需要额外多加点水。

◆ **自制烤燕麦片**。平底锅中放少量橄榄油，加入生燕麦片和一勺水，小火翻炒，然后再把切成小丁的水果干和坚果仁放进去一起炒。炒到有香气散发出来，颜色微微有一点黄，就可以了。千万不要炒熟。这就是水果坚果混合烤燕麦片。如果想要更好吃，就加一点点红糖一起翻炒，使香甜气息更为浓郁，只是减肥期间最好别这么刺激食欲。烤燕麦片可以用来泡牛奶吃。

第四类：即食纯燕麦片。

即食纯燕麦片是经过预熟化处理的，它不需要煮，直接用热水冲泡就能吃。由于前期的烤制使葡聚糖分子量下降，再加上冲泡不能完全使内部的葡聚糖释放出来，即食纯燕麦片冲食的黏度不够大，但如果多泡一会儿，黏度就会逐渐增加。

即食纯燕麦片的吃法有以下几种。

◆ **牛奶燕麦粥**。先把牛奶放入微波炉里加热半分钟，然后加入即食纯燕麦片搅拌，泡十几分钟就可以吃了。搭配鸡蛋、榨菜吃，还是搭配核桃碎、葡萄干吃，都可以。

◆ **酸奶混合燕麦羹**。即食纯燕麦片用热水冲泡后，放入微波炉里加热10秒，就变得黏稠了。早上起来，先冲好，让它自己泡着，然后去洗漱、收拾。过十几分钟不烫了，再把泡好的燕麦片和酸奶混在一起，这样酸奶也不凉了。最后加一点蜂蜜、坚果碎和切碎的杏干或葡萄干混在一起吃，味道香甜。

◆ **燕麦鸡蛋羹**。蒸蛋羹时加一把即食纯燕麦片，会使蛋羹的口感更丰富。

◆ **燕麦沙拉**。拌好沙拉之后，撒上一把即食纯燕麦片，拌着吃也很好。

第五类：坚果、水果干混合烤燕麦片。

国外的格兰诺拉、慕斯里早餐燕麦，前一阵很火的卡乐比麦片，还有国产的坚果、水果干混合烤燕麦片，都属于这一类。它们在燕麦片中加了少量油、糖烤制而成，再加入碎水果干和坚果碎。这类燕麦片营养素更为全面，口感也比较好。

混合烤燕麦片常用的吃法有以下几种。

◆ **直接嚼着吃**。混合烤燕麦片嚼起来味道香甜，口感丰富，可以当早饭，也可以在来不及吃饭时用于充饥。

◆ **搭配没有加糖的牛奶、豆浆吃**。可以用牛奶、豆浆冲泡混合烤燕麦片，也可以一口混合烤燕麦片，一口牛奶、豆浆。

◆ **泡在自制无糖酸奶里吃**。因为混合烤燕麦片已经有甜味了，所以不需要额外再放糖。这是减肥期间最推荐的吃法。

不过，加的坚果越多，能量就越高；加的水果干和糖越多，碳水化合物含量就越高。能量高，摄入量就要严格控制，不能说"好吃你就多吃点""吃了简直停不下来"。加入自制无糖酸奶里是个理想的方式，因为水果干和燕麦片的甜味替代了酸奶中的糖，这样吃不仅口感好，而且没有增加糖的总摄入量。

9 土豆是不是理想的减肥食品

网上有新闻说，澳大利亚有一位体重152千克的男子，没有饥饿节食，也没有进行运动，只是在一年时间里单吃土豆，就成功减肥，甩掉了53千克的体重。很多网友问："土豆减肥真的靠谱吗？"

吃土豆变瘦这事并不令人惊讶。前面已经介绍过，所有单一食物的饮食方案都是可以减重的，无论只吃土豆，只吃黑米，只吃肉，只喝牛奶，只吃苹果，甚至只吃蛋糕、只吃冰激凌，都会让人变瘦。这是因为，撇开这种食物的营养成分不说，只吃一种食物，食欲肯定会大幅度下降，吃得越来越少，相当于节食，所以必然会瘦。

如果单吃一种食物，与吃其他食物相比，吃土豆能坚持得比较久一些。

土豆可以作为主食。它含足够多的淀粉，不会导致酮酸中毒的情况；它与白米白面相比，含有更多的B族维生素；按干重算，它的蛋白质含量与大米相当，而且蛋白质的质量较好，生物利用率较高，吃足够多的土豆就能避免蛋白质缺乏造成的水肿。

土豆也可以作为蔬菜。它富含钾和维生素C，有少量抗氧化物质，还有柔软的膳食纤维。吃足够多的土豆，不会出现坏血病，也不会发生便秘。土豆中富含的钾对控制血压有好处，同时也有减轻水肿的效果。

国外测定数据表明，煮土豆的饱感非常高，是白面包的3倍（Holt，1995）。所以，吃不加油的土豆食物，基本上不用担心摄入过量的问题。但新闻中提到，那位澳大利亚男子每天坚持吃至少3千克土豆，这一点确实令人惊叹！

其实，土豆中含有丰富的营养，并不像人们想象的那样，只含一点淀粉而已。根据美国食物成分数据库，100克白土豆中含能量69千卡，蛋白质1.68克，维生素C 9 毫克，维生素B_1 0.07毫克，维生素B_2 0.03毫克，维生素B_6 0.20毫克，叶酸18微克，膳食纤维2.4毫克，钾407毫克，镁21毫克，钙9毫克，铁0.52毫克……

我计算后发现，3千克白土豆看似量很多，但仅含2070千卡能量，比一个轻体力活动的男性正常的能量需要量（我国为2250千卡）略低一些；蛋白质供应量为50.4克，虽然略低（我国供应标准为65克），但因土豆的蛋白质质量较高，还不至于引起严重的蛋白质缺乏问题。从微量营养素供应量来看，大部分微量营养素的需求都能得到满足，甚至维生素B_1、维生素B_6、维生素C和钾的供应量分别高达推荐标准的150%、429%、270%和610%。即便考虑到烹调损失（蒸土豆、烤土豆的维生素损失实际上低于多数蔬菜），供应量仍然十分充足。这些土豆提供的膳食纤维更是达到72克，比推荐的25~30克高得多（我国居民膳食日均膳食纤维摄入量仅十几克），所以没有发生便秘的风险。

即便如此，一年中只吃土豆，还是容易引起部分营养素不足的问题，钙和维生素A摄入量少，没有维生素B_{12}，需要用维生素矿物质补充剂来额外补充；口味也过于单调，绝大多数人1个月也坚持不了。所以，并不鼓励大家长期使用这种方法。

另外，还要考虑到土豆的烹调问题。天天吃白水煮、清水蒸土豆会很乏味，但如果烹调时加入油脂，做成炸土豆条、煎土豆片、加了黄油的土豆泥之类，又会变成增肥食物。

如果又吃各种烹调的土豆，又吃其他食物呢？结果是减肥无望，增肥倒是有可能。就人们喜欢的质地绵软的土豆品种而言，焖土豆、炖土豆等都是高血糖指数食物，再加入油和盐调味，也不利于预防糖尿病等多种慢性病（Halton et al，2006）。

国外流行病学调查表明，长期而言，当土豆的摄入量增加时，人们的体重通常会增加（Mozaffarian，2011）。这是因为，人们多数时候不是单吃土豆，而是用土豆替代其他蔬菜、杂粮或动物性食品，这样反而会增加能量，或提升饮食的血糖负荷，从而促进脂肪增加，不利于减肥。

10 那些"跨界"主食，你吃对了吗

水果玉米和糯玉米哪个算粮食？栗子、银杏和莲子可以当主食吗？甜玉米粒和嫩豌豆是主食吗？黄豆、黑豆是可以煮粥的杂粮吗？土豆、甘薯（包括红薯、白薯、紫薯）、山药和芋头是粮食还是菜？菱角和藕算蔬菜、零食，还是算粮食？

其实，这种归类上的冲突不仅发生于生活中，也发生于不同学科专业的研究中。

比如，土豆、甘薯、山药、芋头等薯类食品到底算蔬菜还是算粮食，是见仁见智的事。蔬菜专家坚决认为它们属于蔬菜类，因为它们水分大又含有不少维生素C；而粮食专家则坚持薯类应当算粮食，因为薯类含有淀粉，在物资匮乏的年代，很多人就是把它们当主食，而且，欧洲人至今还是把土豆当主食。

不过，营养学的评价与商业无关，与植物学也无关，主要从营养素含量和比例方面来讨论。只有这样，我们才能知道这些食物对我们的身体起什么样的作用，哪些能当主食吃，哪些不能。

栗子、银杏和莲子：算杂粮，属于主食食材

它们虽然往往被归为坚果，或者养生食材，其实它们都是富含淀粉的植物种子，基本营养素含量和杂粮非常接近。比如，莲子的淀粉含量高达70%以上，蛋白质含量为12%左右，含有维生素B$_{12}$以外的各种B族维生素，与稻米、小麦并无很大差别。所以，在安排饮食的时候，要把它们算入粮食中，不能仅仅把它们当作零食，否则就容易摄入过量碳水化合物而发胖。当然，银杏和莲子含有一些特殊的药用成分，这些是粮食所没有的。所以，不能大碗吃这些食物，只能少量食用。

各种薯类，以及菱角和藕：介于蔬菜和粮食之间，最好替代部分主食

它们都是含淀粉的鲜嫩食材，营养价值介于粮食和蔬菜之间。如果用这些食品来部分替代粮食，可以增加钾、维生素C和膳食纤维的供应。如果用来替代蔬菜，它们所含的胡萝卜素、叶酸和维生素K太少，不能替代绿叶蔬菜提供营养，而且会因为摄入过多的碳水化合物而导致发胖。所以，如果吃了含土豆、山药、芋头的菜肴，又把菱角当零食吃，或者吃了排骨炖藕或糯米蒸藕，还要拿菱角当零食，就要相应减少主食的量了。

水果玉米和糯玉米：前者属于含碳水化合物较多的蔬菜，后者则可以直接替代主食

水果玉米属于甜玉米，它是在籽粒还没有成熟的时候被采摘下来的，水分多，含维生素C，含有可溶性糖，但是淀粉含量比较低。超市卖的甜玉米粒，以及罐头装的"嫩玉米笋"也属于这一类，它们都算是含淀粉的蔬菜。黏软的糯玉米就算是粮食了，因为其中已经没有维生素C，而且水分少，淀粉含量高。熟的糯玉米粒和大米饭可以等量替换。所以，吃一根水果玉米之后，还要再吃半碗饭；而吃一根糯

玉米后，米饭就要减量了。

嫩蚕豆和嫩豌豆：幼嫩时是蔬菜，成熟后属于豆子

很多植物种子，在"青春期"时采摘下来，算是蔬菜，而在成熟之后采摘下来，就算粮食。比如，柔嫩的嫩蚕豆、鲜豌豆、嫩毛豆都算是蔬菜，因为它们水分大，含维生素C、淀粉比较少；而成熟的老蚕豆、干豌豆都算是淀粉类干豆，可以用于部分替代主食。如毛豆，成熟之后就是黄豆了。

黄豆、黑豆：不属于粮食，但可以替代肉类

很多人在煮粥时会放黄豆或黑豆，认为它们都算杂粮，与红小豆、绿豆、芸豆等没什么不同。其实这两种豆子都属于大豆，不算杂粮，其中可消化的淀粉微乎其微。在欧美国家，黄豆和黑豆被归为高蛋白食物，与鱼肉蛋为伍，它们不仅本身蛋白质含量非常高，还可以做成豆腐、豆腐干、素肉等高蛋白食物，部分替代鱼肉蛋来供应蛋白质。也就是说，吃黄豆和黑豆可以替代鱼肉蛋，却不能替代粮食。

相比之下，红小豆、绿豆、芸豆、干豌豆、干蚕豆等都属于杂粮，因为它们的淀粉含量高达60%左右，与粮食的成分更为接近，其蛋白质和维生素的营养价值比多数粮食都高。研究表明，用一些淀粉类干豆替代白米白面，有利于预防疾病、延长寿命。

可能有人会想："不就是分类吗，还那么较真，太矫情了吧？"其实食物归类不仅仅是个分类问题，它对我们安排每天的营养供应也非常重要。每一大类食物的营养价值都有类似之处，彼此往往可以互相替代；而不同类食物的营养价值则相差较大，互相替代就比较困难。

比如，对素食者来说，可以用黄豆、黑豆替代肉类，但不能用蚕豆、豌豆来替代肉类。又比如，对减肥者来说，如果不知道藕和荸荠能够替代部分主食，吃了排骨炖藕、糖水荸荠之后，再吃一大碗米饭，一顿饭中摄入的淀粉就会过量，无法实现减肥目标。

对营养师来说，如果不了解食品的分类，往往会在食谱的设计中闹出笑话。比如，明明想用嫩豌豆做道菜，应当在蔬菜类中查询嫩豌豆的数据，结果却在干豆类中查了干豌豆的数据，后者的能量是前者的3倍！这样做出来的食谱，误差会有多大？而干豌豆又如何下锅炒菜？

总而言之，如果吃了以上那些"跨界"的主食，就必须相应减少其他主食的量，才有利于减肥。一碗米饭加半盘炒土豆丝，再加一碗芋头炖鸡的吃法，结果必定是碳水化合物过量。

11 怎样吃蛋白质食品不容易发胖

每当看到街上那些大腹便便的中年男性，以及体态臃肿的老年妇女，人们很少会想到，他们中的绝大多数年轻时也曾是翩翩少年、苗条少女。

人们已经对这样一个现实习以为常：大部分人随着年龄增长，都会不同程度地发胖。调查表明，成年之后，大部分人每年平均的体重增加只有0.5千克左右。这0.5千克的体重，还在家用体重计的误差范围之内。但是，日积月累之后，每年增加0.5千克体重的效果却是惊人的：一个20岁时身高1.60米、体重50千克的窈窕淑女，到50岁时，有极大的可能会变成体重65千克的臃肿妇女。

很多女性都把发胖的责任推到生孩子上。其实只要调查一下那些没生过孩子，甚至没结过婚的女性，就会发现她们的体重同样也会随着年龄的增长而增加，特别是40岁以后。只是怀孕和哺乳期间，如果营养管理不当，体重可能会发生跳跃性变化，而未育女性的增重速度更为均匀一些而已。

因此，有学者认为，把随着年龄增长慢慢发胖的趋势控制住，是降低人群肥胖度和降低多种慢性病风险的一个重要措施。

在不节食、不饥饿的前提下，怎么吃才能让人少发胖甚至不发胖呢？对非专业人士来说，天天计算能量显然不是长久之计，研究者也发现，即便摄入同样的能量，通过饮食控制体重的效果似乎也有很大差异。

很多学者热衷于研究三大营养素的供能比，探讨到底是多吃碳水化合物容易胖，还是多吃脂肪容易胖。但30多年来，西方营养学界从追捧高蛋白、低碳水化合物饮食，到推崇低脂肪、高碳水化合物饮食，再回归高蛋白、低碳水化合物饮食，几个轮回过去，似乎都没能达到长期控制体重的效果。问题到底出在哪儿呢？

有学者把眼光放在了蛋白质和碳水化合物的配合，以及整体饮食的血糖负荷上。在蛋白质含量一样、能量也相同的前提下，每天的蛋白质是来自牛肉好，还是来自鸡肉、鱼肉好？如果两餐之间饿了，是喝脱脂奶、全脂奶还是喝酸奶好，或者是吃块同等能量的饼干比较好呢？这正是人们每天面临的实际问题，但谁也说不清楚。

《美国临床营养学杂志》上发表的一项研究（Smith et al.，2015），就这个问题给出了很好的提示。

研究者分析了美国12万多名受访者的跟踪调查数据，第一个发现是：那些整体饮食的血糖指数较高，或者血糖负荷较高的人，随着年龄增长，比整体饮食的血糖指数或血糖负荷低一些的人更容易发胖。简单说，如果吃更多的高血糖指数食物，或者碳水化合物摄入过多，蛋白质、脂肪摄入过少，则更容易发胖。

这倒不是什么新发现，从十几年前到现在，有多项研究证明高血糖指数和高血糖负荷饮食对长期体重控制没有好处。不过研究者发现了一个有趣的联系：蛋白质食物若吃得少，人们通常会相应多吃碳水化合物。比如，减少肉的摄入量时，人就会不由自主地多吃主食。

这说明，那些鱼肉蛋奶都不敢吃的人，自以为吃得清淡，反而更容易发胖。因为蛋白质有很强的饱感，蛋白质摄入减少后，人就容易饿，难免会摄入更多的淀粉类食物，而且一般是米饭、馒头、面包、饼干、甜点之类，会升高餐后血糖，提升整体饮食的血糖指数。顺便说一句，多项研究表明，这么吃也会增加患糖尿病的风险。

怎样吃才能防止发胖？出人意料的是，第二个研究发现是：在饮食总能量相同的前提下，有些蛋白质食物会使人增肥，另一些蛋白质食物则有利于防止肥胖。

总体而言，无论是猪牛羊肉，还是火腿、培根之类的熟肉，红肉食物几乎都会使人增肥；而牛奶、酸奶等乳制品则可以帮助防止肥胖，这一点非常明确。许多消费者都不知晓这个秘密。

比如，在总能量不变的情况下，每天若是吃　份普通的汉堡肉排，4年后体重会增加1.03千克。研究者们先是猜想，是不是因为人们在吃汉堡肉排时经常配着炸薯条，炸薯条才是促进肥胖的罪魁？通过数据处理，把炸薯条这个影响因素消除之后，结果是一样的，只是增重的量从1.03千克下降到0.88千克。所以，汉堡肉排的确有增肥作用。

鸡肉的情况则比较有趣：吃带皮鸡肉会促进发胖，吃去皮鸡肉却能帮助防止发胖。在总能量相同的情况下，每天摄入1份带皮鸡肉，4年后体重增加0.48千克；若换成去皮鸡肉，4年后体重不增加。

还有一个让人相当意外的结果，与乳制品有关。虽然乳制品确实是有利于防止发胖的食物类别，但如果把全脂乳制品换成低脂乳制品（低脂奶、低脂酸奶、低脂奶酪），人们会自动多吃碳水化合物来弥补，从而升高饮食的血糖指数和血糖负荷。换句话说，吃脱脂乳制品的防止发胖效果并不比吃全脂乳制品更好！这个规律在16~24年的长期跟踪中从未改变。

这说明，如果不是每天精确计算能量，在自由饮食的状态下，刻意选择脱脂奶、脱脂酸奶等食物，对控制体重没有任何好处。脱脂奶的口感不佳，喝脱脂奶就像喝水一样；脱脂酸奶中通常会加很多糖，但食用后的满足感仍然远不及全脂酸奶，不能很好地控制食欲，人们难免会不自觉地多吃主食或其他含淀粉的零食。

尽量避免摄入"促进发胖"的食物就能防止肥胖吗？同样出乎人们的意料，第三个研究发现是：即便是那些在以往研究中认为"促进发胖"的食物，比如红肉和带皮鸡肉，如果用它们来替代富含碳水化合物的食物，降低饮食血糖负荷，它们的增重效果就会减弱，反之亦然。

换句话说，如果少吃几口米饭和馒头，多吃几口烤鸡翅，总能量不变，与少吃几口烤鸡翅而多吃几口米饭和馒头相比，促进发胖效果的差别并不那么大。

对于爱好美食的人来说，这个发现真是一大福音。这也能够解释为什么川妹子每天吃那么油的食物，却能保持苗条的身材——除了走路较多、吃辣较多（辣椒素促进能量消耗）等因素之外，她们通常在吃牛肉火锅的时候只吃少量米饭，降低了饮食的血糖负荷，这可能正是问题的关键所在。

与此相反，对于酸奶之类有利于控制体重的食物，如果其中所含糖分太高，就会影响它防止发胖的效果。而如今市售酸奶中所含糖分越来越高，各大厂商纷纷用高甜度来取悦消费者的舌头，其中的碳水化合物含量从前些年的10%~12%，到现在几乎都高于12%，不得不令人叹息。

要想避免随着年龄增长而发胖，除了积极运动健身之外，还要注意几个饮食要点。

（1）在主食中，尽量选择低血糖指数的食材，比如全谷杂粮和淀粉类干豆，降低整体饮食的血糖负荷。

（2）猪牛羊肉要限量，用去皮鸡肉和豆制品替代一部分更好。

（3）奶类有利于防止发胖，但不必刻意选择脱脂奶，喝酸奶的时候尽量选择碳水化合物含量略低的品种。

（4）如果肉类美食当前，实在无法控制，就把主食的量相应减掉一些。不过还得考虑，吃过多的红肉不利于预防心血管疾病和肠癌，所以不能经常吃太多！

12 怎样让奶类助你减肥

在减肥时，尤其要注意补钙，最好每天摄入富含钙的奶类食物、豆制品和低草酸的绿叶蔬菜。研究早已证明，在钙不足的时候，人体会出现肌肉松弛，产热能力下降，体温降低，脂肪合成酶活性升高，从而更容易发胖。

流行病学调查发现，牛奶也好，酸奶也好，对减肥来讲都是很好的食物。前面的研究也提到，奶类蛋白质有利于减肥。用奶类替代肉类食物，或者替代白米白面，都是有利于防止发胖，能够帮助减肥的。

要想充分发挥奶类帮助减肥的效果，就要注意奶类的吃法。

吃法一：用酸奶替代甜食

对那些非常喜欢吃甜食的朋友来说，在特别想吃甜食的时候，可以喝一杯酸奶。与饼干、蛋糕、曲奇、萨其马、冰激凌之类的食物相比，同样重量的酸奶能量更低、营养价值更高，不容易让人发胖。

吃法二：用酸奶或牛奶加餐

提倡在两餐之间吃奶类食物，而不是某一餐吃饱后再吃。很多人喜欢在两餐之间吃点零食，如薯片、锅巴、膨化食品之类，如果用牛奶和酸奶来替代这些零食，能起到防止发胖的效果。

吃法三：将酸奶或牛奶当成餐前饮料

如果没有乳糖不耐受的问题，可以将牛奶或酸奶当成餐前饮料。它们能让人在进餐的时候心平气和，不会因为过度饥饿而吃得过快、过多。研究表明，餐前30分钟喝牛奶可以有效平缓用餐后的血糖反应，这对控制食欲和预防发胖非常有利。

吃法四：奶类与淀粉类食物搭配食用

研究表明，在主食中添加奶类有利于控制主食的餐后血糖反应，这有助于预防体重的增长。比如，用牛奶配合燕麦粥、全麦馒头等食物，血糖指数会比单吃这类主食时低，而且营养素的摄入量也大大提升。做馒头、面包的时候，和面过程中加些奶粉，不仅能降低血糖指数，而且做出的馒头、面包味道更甜美。

吃法五：在可能错过一餐饭的时候，用酸奶和牛奶代替

与其吃营养价值更低的饼干、巧克力、华夫饼等食物，不如直接喝250克酸奶和250克牛奶，还可以再加个苹果。这样，能量仅有不到500千卡，低于一顿正餐，却能让你继续工作3小时而不感到饥饿。

那么，减肥期间要选全脂产品还是脱脂产品呢？答案是：选全脂产品即可。

全脂奶中的脂肪含量只有3%，所以，如果每天只喝一杯牛奶或酸奶，就不必选择脱脂产品。乳脂中含有维生素A、维生素D和共轭亚油酸等有益成分，其中共轭亚油酸能够降低脂肪比例、提高肌肉比例，是很多健身产品的主要成分，还是一种抗癌物质。而且，奶的脂肪中包含着香气，全脂牛奶和全脂酸奶喝起来味道浓郁、口感浓厚，更易让人产生满足感，从而降低食欲。脱脂产品则没有这样的满足感。

那么，如果不吃奶类，或对奶类慢性过敏，该怎么办呢？可以用豆制品来替代。

研究表明，在能量相等、蛋白质相等的情况下，用豆类食物替代一些肉类，是有利于控制体重的，也有利于预防心脑血管疾病。经过浓缩处理的豆制品，其蛋白质含量比较高，如豆腐干（白干、香干、菜干、熏干、酱油干等），蛋白质含量大概可以与肉类平齐，也就是说，豆腐干可以替换等量的瘦肉。而水豆腐的蛋白质含量比较低，需要2~3倍的量才能替代瘦肉。

豆浆不能完全替代牛奶，因为豆浆与牛奶相比，没有那么多钙，也没有维生素A和维生素D。不过，按同样能量来比较的话，豆浆的饱感并不逊色于牛奶。在饿的时候，可以用豆浆替代牛奶作为充饥饮料，有很好的安慰作用。

把豆浆打得略浓一点儿，并少量加一点糖（含糖量控制在3%~5%），豆浆的口感会更好，喝完后也会更舒服，能快速缓解饥饿感。豆浆的碳水化合物含量较低，少量的糖，配合大量的蛋白质，不会造成血糖过高，却能让过低的血糖水平回到正常范围。

牛奶的蛋白质含量大概是3%，豆浆则有浓和稀之分，要看打豆浆的时候放了多少豆子、多少水。豆浆的蛋白质含量为1.8%~3.5%，要仔细看产品包装上的营养成分表。

提倡减肥期间每天吃奶类食物和豆类食物，其实理由很多。

第一，它们所含的钙有利于减肥瘦身。

第二，它们可以提供蛋白质，避免减肥期间发生营养不良和肌肉丢失。

第三，可以通过它们所含的钙来帮助预防骨质疏松。

很多年轻人因为经常节食减肥，饮食中钙含量过低，特别是生酮饮食时酮酸造成骨钙丢失，往往会使骨密度达不到应有的高峰值，甚至出现骨密度下降。当时的影响可能不是十分明显，但随着年龄增长，其恶果就会表现出来，中老年时，他们会比别人更容易发生骨质疏松，到时候腰痛背痛、驼背骨折，悔之晚矣。

13 吃花生能减肥，是真相还是误解

不少读者曾向我提了同一个问题："每天吃花生真能减肥吗?"

读者A说："其实这事儿我不太相信。我以前就喜欢每天晚上吃花生、榛子、巴旦木这类东西，后来长胖了，只好戒掉! 媒体上怎么还把花生说成减肥食品呢?"读者B说："我知道花生能量高，一口花生半口油。本来不太敢吃的，但最近听说科学研究证明每天吃花生能防止发胖，我就每天吃花生炒鸡丁、花生拌芹菜、老醋花生菠菜啊，可是没发现变瘦啊!"

我上网一查，的确，有关吃花生能减肥的新闻还真不少! 不仅花生，其他坚果如巴旦木、杏仁、核桃、榛子等也被列入减肥食物的名单。

为什么网上都说花生能减肥呢? 网上的文章中说："花生中有一种叫叶酸的营养素，它含有大量的单不饱和脂肪酸，能够增加热量散发，燃烧有害胆固醇，降低血脂。除了叶酸，花生中还含有有益的膳食纤维，有清除肠内垃圾的作用，不会导致发胖。"

叶酸中含有大量单不饱和脂肪酸? 单不饱和脂肪酸能"燃烧"有害胆固醇? 这些说法让我瞠目结舌。先不讨论用词错误的问题。

这些文章中都提到了一些研究结果，这些研究结果主要涉及了3个方面: 首先，调查发现长期吃花生的人比较瘦; 其次，研究结果证明，用蔬菜加肉类减肥，与用蔬菜加花生、花生酱相比，后者更不容易反弹; 再次，花生虽然能量高，但也有高度的饱感，食用时会减少总能量摄入。

于是我开始查询文献资料，看看有没有研究证据证明花生是一种减肥圣品。

根据美国的流行病学调查，的确有这样的研究结果，每周吃5份或以上包括花生在内的坚果的人，与很少吃坚果、花生的人相比，体重较低，肥胖风险较小（Sabate，2003）。

研究者们认为，这是因为花生和各种坚果都能够有效降低餐后血糖反应，提升餐后饱感，人们在下一餐中就会自动降低食物的摄入量（Mollard，2011）。也有几项研究发现，摄入2~3份巴旦木（每份约160千卡，总能量是320~500千卡），替代谷物棒或传统零食，会让人们少吃其他食物，数月后体重未出现增加。

但是，且慢把手伸向装花生的袋子，因为，有两个关键信息还没有讨论。

第一个关键信息：到底吃多少花生才能让人瘦？在流行病学调查中，长期而言，有利于防止发胖的花生和坚果摄入量是每周5份。每份坚果约28克，能量为170千卡左右，美国营养师常说"a handful"，即一把果仁。也就是说，每周只需要吃140克，平均到每天是20克，就能够达到避免体重增加的效果。这个量对于喜欢吃花生和其他坚果的人来说，非常容易摄入过量！没有证据证明，每天吃半斤花生或其他坚果，能够让人长期保持苗条状态。

第二个关键信息：那些说吃坚果不会导致发胖的研究，都是怎么做的？这些研究给了受试者大量坚果，远远超过20克，通常是50克以上，甚至达到90克，以便能够起到控制血糖和抑制食欲的作用。如果只给20克，恐怕不一定有显著的效果了。同时，这些研究基本上都是等能量比较。也就是说，原来吃的是其他食物，现在换成坚果，总能量并未发生明显变化。如果在三餐数量完全没有减少的情况下，原来不吃零食，现在加了两把花生，恐怕结果就不是减肥，而是增肥了。

这就引出两个问题：首先，如果按照流行病学调查中的有益数量，以及美国营养师推荐的"一小把"数量，会不会让人变瘦呢？与吃其他零食相比，效果如何？其次，吃坚果不会导致发胖，或者用坚果替代谷物棒更有利于减肥的研究，是用巴旦木或混合坚果进行的，花生的效果是否与巴旦木一样呢？

美国一所大学2013年发表的一项随机干预人体研究给出了答案。

研究者让15位健康志愿者摄入一小包花生（23克）和一杯水，或者等能量（140千卡）的谷物棒和一杯水，或者什么都不吃，只喝一杯水，1小时后再用餐，然后观察餐后2小时之内血糖水平和饱感的变化。

研究结果是，从血糖角度来说，吃完谷物棒和吃过花生后1小时，吃谷物棒的受试者的血糖水平比吃花生的高；但在开始用餐之后，两者就没有显著差异了。换句话说，吃一小把花生并不能使正餐的血糖反应下降，胰岛素反应也没有显著差异。从饱感角度来看呢？还是谷物棒略有优势，特别是在餐后1小时和2小时内，吃谷物棒的饱感明显比吃花生的更强一些，所以，吃少量花生也不能有效提升饱感。

在长期食用花生的研究中，研究者找到了44位健康志愿者，在持续8周的时间内，每天午餐之前1小时摄入28克的小包花生，或者吃谷物棒，然后再和以往一样正常吃午餐。他们要进行饮食记录，还要进行运动量记录，保证饮食和运动状态是一样的。

研究结果是，无论是吃花生还是吃谷物棒，一开始受试者的体脂率、空腹血糖、糖化血红蛋白、胰岛素水平等指标均无显著差异。不过研究结束时的测定发现，从体重变化来看，谷物棒组的减重比花生组多了1.1千克（谷物棒组减重1.6千克，花生组减重0.5千克）。调查每天的食物能量摄入，发现谷物棒组每天减少了69千卡，花生组则增加了77千卡。

换句话说，同样是140千卡，吃花生并不比吃谷物棒有更好的减肥效果，尽管谷物棒的碳水化合物含量高一些。

很遗憾，不知什么原因，这个研究很少被人引用，而那些号称多吃坚果和花生能助人减肥的研究却在网络上大行其道……这不能不让人思考，其中有没有一些利益相关的因素，有没有吸引眼球的因素？

说花生和坚果有利于减肥，很多读者愿意看到，而且相信了，尽管自己根本没有因此变瘦。说吃这些东西并不能减肥，很多人觉得是老生常谈，懒得去看。

在网络时代，信息的选择更为自由，于是人们更愿意选择标题吸引眼球的信息，选择自己愿意看到、愿意相信的信息，而忽略很多真实且重要的信息，就更容易被商业宣传忽悠，为"另类"信息困惑。

以下对有关花生助人减肥的信息进行简单总结。

（1）花生是一种营养丰富的食物，但能量确实很高，脂肪含量也达到40%以上。

（2）花生、坚果有利于控制体重，前提是在等能量、饮食总能量不变的情况下，用它们替代饼干、曲奇、薯片、甜食等。

（3）如果饮食中脂肪和蛋白质的摄入量已经足够，脂肪供能比不过低，那么用低血糖指数的全谷杂粮食物（如燕麦片、高纤维低糖谷物棒）来替代花生作为餐前零食，也许会有更好的健康效果，至少不比吃花生的效果差。

（4）三餐不少吃，本来不吃零食，现在额外再吃很多花生，必然会带来增肥的效果。

（5）如果喜爱花生，想把它当零食，也不必太担心，只要相应减少烹调用油就可以了。50克花生含有约20克花生油。用50克花生替代20克烹调用油的话，脂肪总量没有增加，却能额外摄入很多B族维生素和膳食纤维。

除了花生之外，其他的坚果如巴旦木、杏仁、核桃、榛子等，道理也是相似的。最新的流行病学调查发现，用这些植物脂肪和植物蛋白的来源替代一些白米白面，有利于降低患慢性病的风险，有利于健康长寿（Seidelmann et al，2018）。但是，这绝不意味着，在不减少白米白面和烹调用油摄入量的情况下，再多吃点花生和坚果可以有利于减重和健康长寿。

14 果蔬能帮助人们减肥吗

减肥期间应该如何规划饮食？大部分人都会回答："我会强迫自己尽可能少吃东西，甚至根本不吃饭。"对节食减肥人士来说，生活中最让人痛苦的事情就是经常要忍受饥饿。

忍受饥饿绝不是一件让人快乐的事情，它会让人失去生活的幸福感。更糟糕的是，饥饿感会让人食欲暴涨，让人无比向往各种碳水化合物含量高的甜食、面包，对肥甘厚腻的大餐更是丧失抵抗能力。一旦食欲紊乱，往往就是令人痛悔的放纵，然后是体重反弹。

果蔬本身是低能量密度、高膳食纤维的食物，善用果蔬，可以有效帮助人们在减肥期间避免饥饿。

对12项增加果蔬摄入量的随机对照人体研究进行汇总分析发现，增加果蔬的摄入量后，碳水化合物供能比提升，脂肪供能比下降，膳食纤维摄入量增加，抗氧化物质摄入量增加。

研究显示，摄入水果可以降低成年女性发胖的风险（Vergnaud et al，2012），还有助于减缓超重成人的体重增加（Ledoux et al，2011）。用梨或苹果等低血糖指数水果替代餐间零食，如甜点、饼干、蛋糕等，都是有利于减肥的。

在使用地中海膳食模式帮助受试者减肥的研究中发现，增加蔬菜摄入量，减少甜食的摄入量，可以在6个月中成功降低体重（Shai et al，2008）。蔬菜一方面能够增加食物的体积，提高饱感，另一方面能够延缓消化速度，帮助控制餐后血糖上升速度，从而有利于减肥成功。

不过，也有部分研究表明，增加果蔬的摄入量并不一定能够显著降低体重。

一项系统综述（Mytton et al, 2014）对有关果蔬摄入量与体重关系的干预研究进行了分类。第一类研究是采取各种措施，鼓励或支持人们多吃果蔬；第二类研究是直接提供一定分量的果蔬，让人们每天食用。

对两类研究数据的汇总分析发现，和第二类研究相比，第一类研究的体重下降效果略微明显一点。但即便如此，效果仍不够显著。从能量摄入角度来说，在多吃果蔬之后，两类研究的总能量摄入都会略有上升，第二类研究的能量上升幅度会更大一些（第一类每天约增加46千卡，第二类每天约增加180千卡）。

研究者表示，仅仅劝人们增加果蔬的摄入量，而不强调用果蔬来替代其他食物，人们往往会在原有饮食的基础上额外多吃，结果恐怕得不到体重下降的结果，毕竟果蔬也是有能量的，特别是水果。果蔬不是减肥药，不会一吃就变瘦。

要特别提醒的是，蔬菜有利于减肥的前提是少油烹调，否则，从烹调用油和沙拉酱中摄入的大量脂肪，会抵消甚至逆转吃蔬菜的好处。这可能是很多流行病学研究未发现多吃蔬菜有助于减肥证据的原因。

怎样让蔬菜帮你轻松减肥

前面说过，吃果蔬不一定能让人瘦。能否找到一种巧妙的食用蔬菜的方法，既不用加很多油和盐，又能帮助人们自然少摄入一些能量，从而慢慢减肥？

韩国科学家的一项研究给了我们一个有益的提示。

他们考虑到，亚洲人习惯以米饭作为主食，只要少吃米饭，就会觉得自己在节食，而且很容易感觉饥饿。于是，他们想出了一个主意，那就是在米饭里"掺点假"，将新鲜的萝卜缨等蔬菜切碎后，和大米混合在一起用电饭锅煮熟，做成"菜饭"。

萝卜缨是一种绿叶菜，膳食纤维含量高、水分大、能量低。加了萝卜缨后，同等重量，菜饭所含的能量明显低于白米饭，但是盛在碗里并不显得少。甚至，因为菜叶之间空隙较多，同样是100克大米，加了菜叶后，做出的饭显得体积更大了，一碗饭里的淀粉更少了。

研究者筛选出30名食欲和消化能力正常的健康女性作为受试者，进行研究。

第一天中午，要求受试者吃下一定量的菜饭，同时搭配正常的菜品。几小时后，再提供含有米饭的自助晚餐。研究者在暗中记录下每个受试者晚餐进食的食物品种和数量，然后计算其中所含的能量。

第二天中午，要求受试者吃下与菜饭等重量的普通米饭，搭配与前一天同样的菜品。然后，再为她们提供与前一天一样的自助晚餐，记录每个受试者晚餐进食的食物品种和数量。

研究者发现，吃同样重量的菜饭与吃普通米饭相比，虽然午餐摄入的总能量减少了，可是受试者们并没有觉得饥饿，甚至还感觉吃得更饱了，而且这种作用还能持续到下一餐，受试者晚上的饭量也明显小了。计算后发现，食用菜饭作为主食，与食用普通米饭作为主食相比，受试者在晚上的自助餐中摄入的能量明显比较低。

为什么将菜叶混入米饭中烹调有这么大的作用？可能是因为蔬菜含有大量的水分，其能量密度（单位重量或者单位体积所含的能量）比米饭要低得多，而降低能量摄入有利于控制体重。

吃饭的时候，大多数人会关注自己吃了多少重量的食物，而不是摄入了多少能量。胃也一样，觉得食物的体积足够了，就产生了饱感，而不会因为其中水分大一点，就准确判断出自己还没有吃够。所以，虽然菜饭的能量密度低，但与等重量的普通米饭相比，受试者食用后，同样感觉是吃了一碗饭，并没有少吃；甚至因为菜饭的体积比普通米饭更大，受试者潜意识里反而认为自己吃得更多，胃的膨胀感也让身体误以为自己吃得更饱。

也许你会说："把菜切碎混入米饭太麻烦了，吃米饭的时候同时吃一些炒菜，不行吗？"答案是：后者的效果可能不如前者明显。

韩国科学家研究发现，在以米饭为主食的饮食中，一餐中总能量的摄入取决于米饭的能量密度。换句话说，亚洲人习惯于以"吃了多少米饭"来判断自己有没有吃够。如果只把蔬菜作为配菜吃，而没有和米饭混在一起，就不能得到少吃米饭而不饿的效果，也很难得到下一餐食欲下降、能量摄入减少的效果。

因此，将蔬菜，特别是膳食纤维含量比较高的绿叶蔬菜混入米饭中一起煮，可能是一种让你在减肥过程中既能享受食物的饱感，又能控制体重的简便饮食方法。实际上，大部分人的日常绿叶蔬菜摄入量都不足。深绿色的叶菜中含有丰富的维生素、矿物质和植物化学物质，以及帮助控制血压的硝酸盐，对人体的健康有多方面的促进作用，将它们与米饭同煮，既能帮助预防糖尿病、高血压、冠心病、脑卒中等疾病，又能减少减肥过程中出现营养不良的危险。

当然，根据个人喜好，萝卜缨也可以替换为其他蔬菜，如芹菜叶、芥蓝叶、蒿子秆、小白菜等。如果加点蘑菇丁、海带碎等，不仅能提供可溶性膳食纤维，还能增加鲜味。

说到这里，必须提一下中国人的健康美食之一 ——"蒸菜"，或者叫"麦饭"。它是用芹菜叶、蒿子秆等各种蔬菜，加入少量面粉或玉米粉抓匀，一起上笼蒸熟的。蒸菜既能当菜，又能当饭，配上加了几滴香油的蒜泥醋汁，令人吃过之后十分满足，可以用很低的能量让人产生饱感。它既是减肥者适合的低能量、高饱感的好食物，也是慢性病患者用来补充蔬菜的好方法。

实验室的研究发现，与不吃蔬菜而只吃一碗米饭相比，只需在用餐前先吃半碗少油烹调的绿叶蔬菜（约100克），再加上用餐时一口菜一口饭摄入的200克蔬菜，就能够有效提升饱感，让人在餐后更不容易饿。这对减肥人士来说，是简单又有效的防止饥饿的措施。

总之，减肥一定不是通过饥饿节食来实现的，要懂得采用聪明而健康的饮食方式，照顾身体的感受和营养需求，自然而然地控制食欲，不知不觉地减掉身上的赘肉。

当然，这种增加蔬菜的吃法并不属于快速减肥方法，它是一种可持续的方法，对减肥成功之后维持好身材也非常有帮助。

怎样吃水果才能减肥

前面说过，吃水果未必会让人变瘦。其实无须看研究结果，从生活经验就能发现，有些人吃水果之后瘦了，另一些人似乎不仅没有瘦，反而还增肥了，这是吃法不同的缘故。

先说说水果为什么可以帮助人们减肥。水果的名字中有个水字，它的水分含量通常会达到90%左右，这就意味着它的体积大而干货含量比较低。同时，因为"水当当"的质地，水果的脂肪含量一般也很低。除了榴梿和牛油果，水果的脂肪含量通常在1%以下，有的甚至低至0.2%左右。除了香蕉之外，水果的淀粉含量都很低，蛋白质也很少。

能产生能量的营养素，主要是脂肪、蛋白质和碳水化合物这三大类。既然脂肪和蛋白质都少得可怜，淀粉也非常少，水果的能量就主要来源于糖了。然而，大部分水果的含糖量也不算很高，一般为8%~15%，只有葡萄、枣、香蕉等的含糖量高一些。

比如，苹果含糖量在10%左右，100克苹果的能量大约为50千卡，这个数值比白米饭（100克所含能量为130千卡左右）、饼干和蛋糕（100克所含能量为400~600千卡）要低得多。

所以，如果用水果来替代诱人的饼干和甜点，甚至替代一部分米饭和馒头，那是相当有利于减肥的，而且对脂肪肝、高血压、冠心病的预防也有好处，因为与白米白面、甜食和饼干相比，水果能提供更多的钾、镁、维生素C、果胶和多种抗氧化物质。

然而，很多人并不是这么替代的。我们把吃水果这件事分成几种情况，分别讨论一下。

情况1：用餐时吃水果，用水果替代1/3的米饭，再多吃点肉。

如果在吃饭的时候吃水果，用它替代1/3的米饭（水果和粮食都是碳水化合物的来源），同时多吃两口肉（水果的蛋白质含量比米饭低），那么吃水果有利于减肥。因为水果含有抑制淀粉酶活性的成分，消化速度比米饭慢，血糖指数比米饭低，胰岛素反应小，有利减少脂肪合成，促进脂肪动员。

情况2：用水果替代一餐，比如晚餐。

早饭和午饭的量和营养摄入都很充足，晚餐用水果替代，身体健康的年轻人可以在短时间内使用这种方式得到减重效果。这种方法不适合中老年人和体弱者，也不适合有营养不良、贫血、水肿、消化不良等情况的人。

晚餐只吃水果，必然会带来蛋白质供应不足和肌肉丢失的问题，造成基础代谢率下降和血糖控制能力降低，即便早上和中午吃了鱼肉蛋奶也不能改变这种结果。中老年体弱者和消化不良者本来就基础代谢率低、肌肉不足，如果晚上不摄入蛋白质，营养供应不足，就会雪上加霜，损害健康。

如果是年轻人，以前不曾减肥，消化能力较好，坚持要采取晚餐只吃水果的做法，那么建议在水果之外配合一大杯酸奶，最好再加1勺蛋白粉，以避免出现蛋白质缺乏。女性还要记得中午吃75~100克瘦肉，以避免产生贫血问题。

情况3：用水果替代三餐，几天甚至更长时间内只吃水果来维持生命。

刚刚开始用水果替代三餐时，一两天内体重会出现明显下降，这是身体的钠摄入量明显下降，加上水果有利尿作用，使身体排出水分造成的，并不是真正的脂肪大量分解。

因为水果中的蛋白质含量是太低，铁、锌等元素严重不足，B族维生素含量不够，所以用水果替代三餐会造成严重的营养不良。即便是年轻人，持续使用一餐甚至三餐只吃水果的减肥方法也会使肌肉变得松软，出现怕冷、脸色发黄、容易疲劳、消化能力减弱、月经失调，甚至身体水肿的情况。一旦停止使用这个方法，恢复蛋白质供应正常的饮食，体重反弹会非常严重。

情况4：一周中只有不连续的两天使用水果替代三餐，其他时候正常饮食。

如果节日期间连续几天饮食过量，吃了太多鱼肉蛋类食物，感觉胃肠负担较重，那么此后一天只吃些水果是可以的，以不明显感觉饥饿，也没有胃肠不适为前提。这就是轻断食减肥法。

现在比较时髦的是"5+2"轻断食减肥法。前面介绍过，这种方法其实是5天随便吃，特别是蛋白质、脂肪摄入比较充足，剩余两天只摄入1/4~1/3的能量。比如，在其他5天中每天摄入1800千卡，周日和周四两天只摄入600千卡，而且这600千卡来自果蔬、杂粮粥等，不吃鱼肉蛋奶，也不吃精白淀粉食物。对于健康状况较好，日常蛋白质和脂肪摄入过量的人来说，这种方法是可行的。

有几种情况不适合这种方法：①日常吃饼干、点心、薯片等淀粉类零食较多，蛋白质摄入不足；②日常不怎么吃鱼肉蛋奶，蛋白质摄入不足；③消化吸收功能弱，饿了会出现胃酸过多的情况，或者有腹泻、腹胀等情况。

总之，吃水果是否有利于减肥，要看具体操作，不能一概而论。

那么，吃水果发胖的情况又是怎么产生的呢？我们来看一个实例。

有一位女士，一个夏天胖了4千克，就是找不出原因。她根本没有多吃东西，每天饭后去散步，其他方面也都没有什么变化，但确实胖了，原来的衣服都穿不上。

我对她说，你要相信世上没有无缘无故的胖，也没有无缘无故的瘦。如果不是其他医学原因，如激素失调等，那就一定是饮食或运动方面出了问题。

这位女士说，她在运动方面绝对没有变化。我请她再认真地回忆，在饮食方面到底有什么与夏天之前不一样。她认真地想了半天说："夏天的时候，吃完晚饭我就出去散步，散步回来吃掉半个西瓜，基本上每天如此。"

我说："每天多出来的这半个西瓜，就是你发胖的原因。"

这位女士很困惑地看着我说："西瓜不是减肥食物吗？西瓜不是能量很低吗？不是说减肥要多吃水果吗？"

我问她："你吃的西瓜甜不甜？"

她说："我买的当然都是甜西瓜了，甜西瓜才好吃嘛。"

西瓜要口感好，吃起来让人满意，它的含糖量至少要达到8%，一个不太大的西瓜大概重5千克，半个西瓜就是2.5千克，再去掉皮和籽，就算啃得不够仔细，也要吃掉1.5千克瓜瓤，按8%的含糖量算，就是120克糖，碳水化合物含量相当于一碗多的米饭。每天多吃高高堆起来的一碗饭，能不胖吗？

每天多吃一碗米饭，会有很明显的感觉，但通过吃西瓜多摄入这么多能量，却一点儿感觉都没有。这位女士几乎惊呆了："原来我吃的西瓜里有那么多糖啊！我真的不觉得啊！我还一直以为吃西瓜会让人变瘦呢！"

千万不要忘记，水果甜美的口感来自其中的糖分。水果里的糖分，与甜饮料、甜点里的糖分，归根到底是一回事，千万不要被"果糖"之类的词汇所欺骗。

水果中的确含有一部分果糖，果糖升血糖的速度很慢，却会促进肝合成脂肪。研究已经证实，每天摄入50克以上的果糖，会增加脂肪合成，并降低胰岛素敏感性，促进发胖，导致"三高"。当然，根据相关研究结果，果糖摄入量在20克以下甚至更少时，对健康是无害的。

所以，吃水果也要限量，用水果替代其他零食是可以的，但水果吃得过多也会增肥。如果餐后吃水果的话，最好吃饭时能够少吃几口饭菜，给水果"留点空"，就比较安心了。

15 小心食物中的油和糖

前面我们提过一个概念：营养素密度。如果食物中额外加入油和糖，它的营养素密度就会下降。

精制糖里除了能量，基本不含其他营养素。1克白糖的能量为4千卡。

精炼食用油里除了还剩一些维生素E，其他营养素也几乎没有了。仔细看看食品包装上的标签就能发现，市售食用油的脂肪含量是99.9%。1克清澈透明的精炼食用油的能量为9千卡。

很多人都有个天大的误解，认为植物油"不肥腻"，是"不饱和脂肪酸"，所以不会让人长胖，结果在大桶吃油的时候毫无心理负担。他们从来不看食品包装上的能量。

植物油也好，动物油也好，含的都是脂肪。在控制血脂方面，不同来源的脂肪的差异很大；在增加食物能量方面，植物油的作用一样不容忽视。如果不是正在使用生酮饮食，而是正常吃主食和菜肴，那么在饭菜里多放植物油，必然会增加能量摄入，导致发胖。

有人说："中国人自古以来都用油炒菜，可是以前人们也不胖啊？"其实，这是缺乏历史知识的看法。

我国古代直到宋朝才有油炸食品出现，而且属于奢侈食物。40年前，普通中国人每个人每个月只有250克油的定量供应，平均到每一天，只有8克烹调用油。这点供应量，连做一道炒菜都不够。各种油炸食品，只有到过年过节的时候才能吃上。

改革开放以来，人们烹调用油的摄入量越来越大，脂肪成为我国膳食中唯一一种随着经济发展而增加的营养素，而且脂肪的增加和肥胖率上升是同步的。2012年全国营养与健康调查发现，我国居民平均每天摄入脂肪80克，平均每天仅通过烹调用油就要摄入42克脂肪。

古代的生活是"生态限制"，大自然只能提供有限的食物供人食用，想多吃也吃不到；几十年前的生活是"经济限制"，没钱购买食品，想多买也买不起；现在的生活则是"理性控制"，食物极大丰富，手里也有不少闲钱，完全要靠理性来抑制购物和多吃的冲动。在这种情况下，再加上运动量越来越少，当然就很容易发胖。

故而，为防止发胖考虑，提倡在烹调时尽量少放油。

少油烹调的10个方法

要想在控油的同时兼顾烹调的美味，并不是一件人人擅长的事。

下面就介绍一些方法，帮你有效控制脂肪摄入量，轻松降低三餐能量。这些方法特别适合有"三高"问题的人和体脂率超标的人。

（1）避免各种含油主食。

除了馒头和面条，几乎各种面食在制作时都需要加入油脂，如花卷、大饼、千层饼、烧饼、葱油饼、印度飞饼等。一般来说，油放得越多的面点，口感越是酥香迷人。

米类食品中的炒饭、炒米粉、炸糕、麻团等也是要加油烹调或油炸的。油炸方便面中含脂肪18%~24%。蛋挞、饼干、萝卜丝饼、榴梿酥、芝麻薯卷、酥皮点心等的脂肪含量都很高，其中添加了很多黄油、牛油、猪油、起酥油等配料。

因此，生活中要尽量少食用这些加了油的食物，尽量换成杂粮粥、杂粮饭、全麦馒头等无油脂的高纤维主食。即便实在不想吃全谷杂粮，也要尽量吃米饭、小米粥、蒸玉米等不加油的主食。这样，饮食中的脂肪摄入量自然会下降，而且各种烹调用油的用量也能减去不少。

（2）避免各种油炸食品和口感酥香的菜肴。

油炸食品的脂肪含量高，这一点大家都知道。此外，还有很多口感酥香的菜肴也是油炸过的，比如小笼蒸制的凤爪，其实是先油炸再蒸软的；干烧鱼、红烧鱼，往往是先油炸再烧制的；四喜丸子是先油炸定型再炖软的；香酥鸡、干煸豆角，也都是油炸出来的。

无论酥软还是酥脆，"酥"这个字就意味着脂肪含量和能量都很高。

（3）尽量把煎炒和红烧改成蒸、油煮、焯、炖等。

炒菜时既要少放油又要好吃，实在是有点难度，直接改变烹调方法就简单许多。

把炒鸡蛋改成蒸蛋羹，只需加几滴香油；把红烧鱼换成清蒸鱼，口感更为细腻；把红烧羊肉改成清炖羊肉，一滴油不加，还能同时炖大量白萝卜、胡萝卜之类的蔬菜；把炒鸡块改成粉蒸鸡块，味道也很鲜美；把炒青菜改成油煮菜（水油焖菜），口感更柔软香嫩；把干煸豆角、烧茄子之类的高脂肪菜肴，改成蒸豆角、蒸茄子，用香油或麻酱汁、醋、生抽、蒜泥制成的调味汁蘸着吃，也很香。

（4）用烤箱烤、饼铛烤或水煎法代替煎炸。

需要煎炸的食材，也可以改为用烤箱烤。超市出售的速冻调味肉块、肉排、鸡米花等，通常都建议再油炸一次，其实用烤制的方法也可以。把速冻食材放入烤箱里两面烤，烤熟后香脆可口，脂肪含量能从油炸后的22%下降到8%，甚至更少。

（5）肉煮至七成熟再炒。

一般来说，炒肉的时候要先放油炒一次，把肉盛出来，再重新放油炒蔬菜，最后把半熟的肉放进去一起炒，这样炒一道菜就要加两次油。

可以先把肉煮到七成熟，切成片或丁备用，炒菜时，等到其他原料半熟时，再把肉片或肉丁放进去，非常方便，也不影响口感。同时，在煮肉的过程中，还有一部分脂肪可以溶入煮肉的水中，肉中的脂肪总量也减少了。

（6）把过油改为焯水。

制作需要先过油的食材时，可以用焯水来替代过油，这种方法也叫"飞水"，就是用沸水把食材快速烫熟。水里只需放一点油，就可以更快地将食材烫熟，烫后食材的颜色也会更鲜亮。

比如，在做虾的时候，可以用白灼法来替代过油法；做腰片时也可以不过油，改为飞水。这种方法制作出的菜肴口感也很好，而且飞水后食材表面有一层水，隔绝了油的渗入，吃起来会清爽很多。

（7）少放油和高脂肪酱料，多放其他无脂肪的调味料。

调味的时候，不能仅仅依靠油来增添香味，可以多用一些浓味的调料，如制作蘸汁时放些葱、姜、蒜和辣椒碎；蒸炖肉类时放点香菇、蘑菇增鲜；烤箱烤鱼时放点孜然、小茴香、花椒粉；炖菜时放点大茴香（八角）、草果、丁香等，即便少放一半油，味道也会很香。

拌沙拉酱的蛋黄酱含油60%~80%，千岛酱也含油40%~50%，但是人们在拌沙拉的时候，总觉得沙拉酱放得少就不好吃，但多放沙拉酱其实就等于多放油。还有一些食品，如黄油、奶酪酱、花生酱、芝麻酱、沙茶酱、加饭酱、香辣酱等，都含有大量油脂，要控制体重，就需要控制它们的用量。多放点胡椒粉、花椒粉之类倒是没问题的。

（8）凉拌菜少放油，不要用大量油泡着菜。

凉拌菜只放一勺油，如香油、橄榄油、葱油、花椒油、辣椒油等，然后马上食用，这样油的香气可以有效地散发出来。因为油的总量比较小，食物表面也不会沾上或卷入大量的油脂。

（9）炒菜后控油。

如果炒菜时油放多了，菜肴原料没有将油全部吸进去，不妨把菜锅斜放1分钟，让菜里的油流出来，然后再把控了油的菜肴装盘。青椒、豆角、荸荠、莴笋之类的蔬菜吸油较少，非常适合这种方法。

（10）煲汤后撇去表层油脂。

煲汤后撇去表层的油脂。鸡、排骨、牛腩、骨头等炖煮后都会出油，炖好后把表层的油脂撇出来，这样在喝汤时就能减少油脂的摄入。

撇出来或控出来的油也不浪费，可以用来做冬瓜汤、白菜炖豆腐之类的素菜，比起用素油做，味道更加鲜美。烹调过程中，很多营养素可能会溶到油脂中，胡萝卜素、番茄红素、叶黄素、维生素K、维生素A等多种营养成分都是脂溶性的，完全可以再利用。

如果在外面吃饭，餐馆的菜比较油腻，可以采用涮油的方法。用热水或热汤涮掉菜肴表面的多余油脂，这样并不会严重影响菜肴的味道，还可以少摄入很多脂肪。不吃油炸和过油的菜肴，避免油多的汤，再加上不吃含油的主食，就能大大减少脂肪的摄入量。

当然，如果完全不吃脂肪也会带来健康问题，一些脂溶性维生素，如维生素A、胡萝卜素、维生素E和维生素K就无法吸收。

有些朋友实施水果减肥法或蔬菜减肥法，每天除了水果和蔬菜，别的什么都不吃，这样脂溶性维生素就很难吸收，容易造成营养不良。生吃蔬菜时，蔬菜中的胡萝卜素和叶黄素吸收率会下降。其实，只需很少的油就能促进脂溶性维生素的吸收，不需要用油泡菜。

怎样避免摄入太多的隐形糖

每天可以吃多少糖呢？按世界卫生组织和《中国居民膳食指南》的建议，每天要把添加糖的总量控制在总能量的10%以下。如果是减肥期间，建议控制在5%以下。

说到要限制糖的摄入量，人们会有很多困惑："哪些糖需要限制？包括水果中的糖吗？包括果汁吗？包括蜂蜜吗？我日常不怎么吃甜食，难道也会摄入很多糖？

世界卫生组织所说的糖，并不包括新鲜完整水果中天然存在的糖，不包括奶类中的乳糖，也不包括粮食谷物和薯类中的淀粉。这里说的糖，主要包括以下两大类。

（1）人类制造食品时，为了得到甜味所加入的配料，如蔗糖（白砂糖、绵白糖、冰糖、红糖、黑糖）、葡萄糖和果糖等；食品工业中常用的淀粉糖浆、麦芽糖浆、葡萄糖浆、果葡糖浆等甜味的淀粉水解产品。

（2）含游离糖的其他甜味食物，如纯水果汁、浓缩水果汁和蜂蜜等，也包括枫糖浆和龙舌兰糖浆等。尽管它们都给人们"天然"和"健康"的印象，但其实都可能给饮食带来过多的糖。

那么，每天摄入总能量的10%，到底是多少呢？对于轻体力活动的成年女性来说，每天摄入的总能量推荐值是1800千卡，10%就是180千卡，相当于45克糖。如果把糖的量限制到5%呢？就是22.5克。听起来似乎不少，而一旦变成食品，就很容易过量。

含糖的食品实在是太多了，人一天摄入100克糖简直轻而易举。冰激凌、蛋糕、饼干、糖果、果脯、蜜饯、面包、蛋卷等都含有大量的糖。

比如，喝一瓶500毫升的可乐，就能轻松摄入52.5克糖，这已经超过限量。大部分市售甜饮料的糖含量为8%~12%，喝一瓶500毫升左右的甜饮料，摄入的糖就会超量。

可能很多人会说："我注重健康，只喝纯果汁。"前面说过，纯果汁也不可以随意饮用。比如，市售纯葡萄汁的含糖量为15%~20%，即便按15%来算，一次性纸杯1杯（200毫升）就含有30克糖，已经超过22.5克；而市售的一大瓶500毫升装，含糖达80克之多！

喝纯果汁听起来很健康，其实水果中的营养并不能通过喝果汁全部获得，水果中的大部分膳食纤维还丢失了，得到的很可能是摄入大量糖而增肥的效果。

还有一个值得注意的高糖产品是乳酸菌饮料。目前市面上的乳酸菌饮料都以"健康饮品"的形象出现，而且经常号称"零脂肪"，但它们也同样存在糖分高的问题，含糖量通常在15%左右。按15%来计算，市面上中等规格的乳酸菌饮料一般为340毫克，其中就含51克糖，远远超过22.5克。

女生们喜欢的红枣浆也好，蜂蜜柚子茶也好，其中都加入了大量糖，原本是为了美容养颜而喝的，结果养颜的效果不一定能看出来，大量的糖倒是实实在在吃进去了。

还有红糖，含糖量在90%以上。红糖含的矿物质比白糖多一点，女性在生理期时喝杯热红糖姜茶，如果感觉舒适，还是没问题的。一杯红糖水所含的糖不超过20克，但毕竟糖含量非常高，并不提倡每天大量饮用，喝了红糖水，就不要再吃其他甜品或甜饮料了。

蜂蜜的含糖量通常在75%以上，也需要严格限量。很多人早上冲一杯蜂蜜水，就会摄入10~20克糖。与红糖水一样，将早上的蜂蜜水作为一天中唯一的糖分来源就好了，否则糖的摄入就会过量。

烘焙食品和面点一向都是高糖产品。市售甜面包、甜饼干的含糖量一般达到15%~20%，即便是自己动手烘焙，通常配方中的糖也不少。用8%的糖来做点心，做出的点心刚能尝出一点甜味。江南一带常见的松软小馒头、小包子、奶黄包之类，面团里都要加上5%~8%的糖，吃起来才会觉得可口。

日常家庭调味也要注意，稍不小心，糖的摄入量就会十分可观。

比如，很多人喝八宝粥一定要放糖；喝咖啡要加糖；做红豆沙、绿豆沙要加糖；银耳汤要用冰糖煮；梨汤要用冰糖炖；吃粽子要加糖；汤圆里也有糖；做鱼香味的菜要放糖；拌凉菜为了中和醋的酸味常常放点糖；红烧的菜肴为了增鲜提色要放点糖；很多家庭炒番茄鸡蛋都要放糖；糖醋类的菜肴放糖的数量相当多，如果是荔枝肉等浓甜菜肴，没准含糖量能高达15%。

说到这里大家就会发现，要把每天的糖摄入量控制在一日总能量的5%以内，真的是件相当难的事情。

多项研究发现，摄入过多的游离糖会损害牙齿，增加肥胖、糖尿病、肾结石、痛风、心脏病和多种癌症的患病风险。也许年轻人不在乎各种慢性病，但仅仅增肥这一个理由就足以让人重视糖的摄入量。

糖能为食物增添味道，更好的味道容易让人不知不觉中增加食量。比如，同样是几乎不含脂肪的甜馒头和白馒头，给人的饱感差不多，甜馒头的能量却要高出很多（因为加了一大勺糖），人们却毫无感觉。身体要代谢糖，还需要额外消耗维生素，在减肥期间更容易造成营养不良。另外，因为甜馒头的口感更好，还更容易过量食用。

这里提供减肥期间的10个控糖措施供大家参考。

（1）日常尽量不喝各种甜饮料。偶尔一次聚会也就罢了，自己不要主动喝。

（2）直接吃水果，而不是喝果汁。自己榨果蔬汁时，尽量多放蔬菜，少放水果，避免自制果蔬汁含糖过多。

（3）纯果汁和乳酸菌饮料要严格限量饮用。

（4）尽量少吃雪糕、冰激凌等冷饮。

（5）如果每天要喝一杯红糖水或蜂蜜水，就最好远离其他甜食、甜饮料，饼干、曲奇、巧克力等最好不吃。

（6）不要喝甜味奶茶。喝咖啡时尽量少加或不加糖。

（7）尽量不要养成喝甜汤的习惯，喝牛奶、豆浆、粥、绿豆汤等不要加糖。做菜时放糖的量，最好限制在不明显感觉到甜味的程度。

（8）吃烘焙食品尽量控制数量。自己制作面包、饼干、点心、蛋糕可能很有情调，但除非不加糖，否则不可以每天放开吃。如果甜味宜人，含糖量至少达到20%。

（9）小心"营养麦片"和各种"糊粉"类产品，其中的含糖量可能高得出乎你的意料。

（10）少吃果酱、果冻、甜巧克力，更不要吃糖块。正常果酱平均含糖量是65%（糖的浓度达到这个值才能抑制细菌）。糖块一般含有80%~90%的糖，甜巧克力含有约50%的糖，果冻含糖10%左右。

购买各种液体或半固体甜味食品前，要认真阅读食品标签上的"碳水化合物含量"。对大部分饮料、果蔬汁来说，碳水化合物含量就等于糖含量。对酸奶来说，碳水化合物含量减去4.5%就是糖含量。尽量选同类产品中碳水化合物含量较低的品种。

许多人都喜欢甜味，于是出现了不含糖的甜味剂。最新研究表明，长期依赖甜味剂可能对健康有害。甜味剂尽管并不致癌，但可能会降低胰岛素敏感性，长期使用不利于防止发胖。另外，甜味剂所提供的甜味同样会起到促进食欲的作用，让人控制不住多吃。

如果实在很喜欢甜味，提倡用酸奶、水果或水果干来替代糖果、蛋糕和甜饮料。

16 减肥代餐粉可以代餐吗

现在市面上的减肥代餐产品琳琅满目，各种产品的配方不同，效果各有差异，无法一概而论，这里只能简单说明一些基本道理。

减肥代餐粉，包括减肥奶昔等，不论什么风味，通常都是注明了能量的粉状或颗粒状产品。

正常情况下，一餐摄入的食物能量为500~800千卡。如果用200~300千卡的代餐粉来替代，就等于减少了300~500千卡，这样就造成了能量负平衡。也就是说，吃的能量少，但一天实际消耗的能量多。

如果每天吃300千卡的代餐粉替代700千卡的晚餐，其他两餐正常吃，那就减少了400千卡的能量，相当于44克纯脂肪。30天之后，理论上会减少1320克脂肪，让人变瘦。

很多名人、明星代言代餐粉，说她们几个月瘦了十几千克甚至几十千克，这能不能算减肥成功呢？那要看评价标准是什么。吃代餐粉变瘦，这事并不神奇，在变瘦的同时身体没有任何不良反应，停止吃代餐粉之后几个月，体重还没有反弹，这才算减肥成功。

有关代餐粉，网友们提过很多相关问题，这里就对常见的困惑进行解释。

与少吃饭相比，减肥代餐类产品有什么优势

很多人可能会说："不就是减少能量么？我少吃半碗米饭，或者冲一包杂粮粉加奶粉，喝点自己打的果蔬糊，不是也能造成能量负平衡吗？和吃代餐粉有何差别？自己做不仅便宜，吃起来口感和风味还更加丰富！"没错，这么做当然更好，

健康专家都会鼓励大家靠自己的努力来控制饮食。

不过，不得不承认，减肥代餐类产品有5个优势。

◆ **便携。**有了代餐粉，人们不用自己做饭，不用计算能量。直接用一包粉末冲水来替代一餐，很简单。它携带方便，上班时可以用，外出旅行时也能用，这是正常一餐所不能比拟的。

◆ **快捷。**吃杂粮粥、打果蔬糊都需要烹调设备，需要时间投入，而代餐粉不需要。所以，代餐粉深受没有厨房设备、烹调能力差的年轻人欢迎。

◆ **香甜。**代餐粉中都会加入甜味剂和香精，口感比较好，既能够满足减肥者想吃甜食的欲望，又让减肥者不必因为吃甜食而自责，所以格外受女性的青睐。有人甚至因此爱上某种代餐粉，说："一包巧克力味代餐粉和一块海绵蛋糕更配哦！"

◆ **饱感较强。**代餐粉的主要成分通常有抗性糊精或抗性淀粉、可溶性膳食纤维、维生素、矿物质、香精、无糖甜味剂，以及少量的天然食物粉或食物颗粒等。由于代餐粉含大量的可溶性膳食纤维，易形成黏稠溶液，延缓胃排空速度，从而产生饱感，即使能量只有300千卡，也不那么容易饿。同时，因为含有膳食纤维和抗性糊精等原料，吃代餐粉也可以降低减肥期间发生便秘的可能性。

◆ **营养强化。**代餐粉中通常会加一些维生素和矿物质，还有少量蛋白质，与省略一餐相比，降低了微量营养素缺乏的可能性。

为了方便操作，医院营养科在进行减肥指导时，往往会建议减肥者使用设计合理、营养均衡的代餐粉。这些产品属于特殊医学用途配方食品（Foods for Special Medical Purpose，FSMP），其中配合了多种维生素和矿物质。

我每天一餐使用代餐粉，瘦得太慢，我能两餐、三餐都吃代餐粉吗

不建议这么做。

一天中只有一餐吃代餐粉，减肥速度较为适宜，不容易出现营养不良的情况。如果两餐、三餐吃代餐粉，必然会导致营养不良。代餐粉中虽然加了一些维生素和矿物质，也无法替代天然食物中丰富多样的各种保健成分。代餐粉中不溶性纤维过少，蛋白质不足，微量元素和维生素品种不全，各种非营养素类保健成分更是空缺，长期这么吃必然会造成营养缺乏的情况。

2018年的一项最新研究发现，实验动物长期摄入大量可溶性膳食纤维，一段时间之后，部分动物患上肝癌。虽然人类正常饮食不会出现这种情况，但长期两餐甚

至三餐依赖代餐粉，摄入大量的可溶性膳食纤维，还是不能排除可能存在的健康风险。

同时，如果一天中摄入的能量太少，就会不可避免地导致营养不良、肌肉流失、骨钙流失、基础代谢率下降。减重速度过快，也难免造成脱发、皮肤松弛、皱纹早生、长痘、月经失调或闭经、消化吸收不良、肠道功能紊乱、失眠、沮丧、抑郁、贪食、暴食等减肥不良反应。要想回到健康状态，至少需要调理半年至一年，严重的几年都未必能完全康复，到那时后悔晚矣。

正所谓欲速则不达，对自己的身体不能要求短期效应，要和身体商量着来。在身体能承受的前提下减肥，才能避免出现严重的副作用。

如果只一餐使用代餐粉，长期吃代餐粉会不会伤身体

这个很难一概而论。一要看产品中到底加了什么，营养素是否齐全；二要看除了吃代餐粉的那一顿外，其他两餐到底吃了什么，一天的总能量是否足够，营养素是否充足；三要看身体状况如何。

有些代餐粉中可能添加了一些药物，如泻药、兴奋剂等，吃了之后会出现不同程度的药物反应，如心跳加快、心悸、口干、失眠、食欲不振、身体发热、脸色发黄、身体乏力、腹泻或便秘等。这样的代餐粉，无论每天吃几餐，都是有害健康的。

如果选择的代餐粉中蛋白质含量太低，就会造成肌肉流失。蛋白质的损失会使体重快速下降，但是基础代谢率明显降低，损伤体质，为体重反弹埋下祸根。

如果代餐粉中天然杂粮、种子、果蔬的比例较高，可以长期吃，但也只应替代一餐，毕竟其中没有足够的新鲜果蔬，另外两餐需要额外增加果蔬的摄入量。如果只用来替代一餐中的精白主食，另外添加一些蔬菜和蛋白质食物，倒是比较有利健康的做法。

代餐粉中可消化吸收的物质的总量有限，并没有足够的果蔬、杂粮、鱼肉蛋奶等天然食物，吃代餐粉之外的两餐，营养质量必须很高。如果其他两餐营养质量低，或者以减肥为理由随便忽略一餐，或者用营养素密度低的食物凑合一餐，恐怕就无法避免健康水平下降的结局了。

总体而言，对大部分人来说，代餐粉不是适合长年累月食用的食物，如果一定要吃，建议只替代一餐，另外两餐要摄入足够的营养，避免油腻、甜食和营养素密度低的饼干、点心、凉粉、凉皮和油炸食品，降低精白谷物的比例，优质蛋白和果蔬都要充足。

吃一段时间代餐粉后停下来会不会反弹呢

停了代餐粉，恢复正常的三餐，体重必然是要反弹的。至于具体反弹多少，要看之后是否增加了运动量，是否继续控制饮食。所以，任何代餐粉产品，任何快速减肥方法，都会同时给人们饮食和运动的种种建议，就是为了预防严重反弹的情况。适度增加运动和调整饮食习惯是改善体重的根本路径，是怎么都绕不开的。用了代餐粉之后，也还要回到这条路上，否则只有反弹这一种结局。

如果不吃代餐粉，按照关于减肥的饮食和运动建议去做，也会慢慢瘦下去的。只是在不花钱、缺少监督的情况下，这种长期自制很难做到；而花了大笔银子购买产品后，为了让这些钱不白花，为了让辛苦减下去的体重不反弹，人们会自觉地控制饮食、增加运动。很遗憾，大部分人仍然无法长期坚持，所以代餐粉卖得很火，也并不能改变肥胖者越来越多的现状。

其实，大部分减肥产品都是利用人性的弱点来赚钱的。无奈很多人就是陷在急功近利、梦想奇迹发生等固有行为模式中无法自拔。如果能克服弱点，除少数因病、因药物而导致发胖的人外，绝大多数人都可以不花钱而减肥成功。

所以，吃代餐粉不是不可以，但一定要想得明白、吃得合理，在减肥的同时保护自己的健康。

17 减肥时采购食品注意事项

进入超市购买食品之前，要做好几个准备。

千万不要在肚子饿的时候去超市

这是最重要的一点。肚子饿的时候进超市，看到什么都特别想吃，就会在不知不觉中购买过多的食物。

人在饥饿的时候，对食物的欣赏趣味会发生变化，倾向于购买那些味重、糖多、油大、能抓起来直接吃的食物，对饥饿的人来说，这类食物的诱惑力势不可当。甚至，一些平时根本不会引起兴趣的食物，在饥饿的人面前也会突然产生神奇的魅力。因为饥饿时血糖水平下降，身体急需补充能量，人自然而然会对糖多、油多、能量高的食物产生兴趣，而维生素、矿物质之类根本不在考虑之列。身体处于低血糖状态的时候，人的判断力会下降，情绪会变得急躁，理性思维能力会减弱。

所以，如果处于饥饿状态，那么在进入超市之前务必做一些准备工作，先吃一点儿东西，哪怕是含块奶糖，都有助于缓解由于饥饿引发的非理性情绪。最好先喝一杯豆浆或牛奶。

在采购食品前列出清单，下定决心

　　到了超市，直奔目标，不要闲逛，避免买一些计划外的食物。先把新鲜的天然食材放入购物筐里，把健康饮食所需的食材全部买完，然后直奔收银台。要远离糕点货架、饼干货架、膨化食品货架、饮料货架等，避免正面遇见那些容易对你产生诱惑的不健康食品。不要经常考验自己拒绝诱惑的意志力。

多用现金购买食物，少刷微信、支付宝等

　　一般来讲，付款方式越便利，买东西的自由度会越大。刷卡、刷手机购物时，没有现金消费的真实感，体会不到使用现金时的心痛，特别容易买过量。尤其现在还有许多先透支再分期还款的方式，实在让人很难控制购买欲望。

绝不受打折促销诱惑

　　很多不太健康的加工食品、饮料往往以"打折让利""实惠大礼包""买一送一""加量不加价"之类为诱饵，哄得许多人大包大包买回家。买回家之后自然不舍得扔掉，早晚都会进肚子。要记住，买东西的时候千万不要被这种小便宜所吸引，要不断告诉自己，不健康的食品、妨碍减肥大业的食品，再便宜也不能要！

　　同理，在点外卖时，在进入餐馆点菜时，也要遵循同样的原则。前一天晚上就想好第二天中午要吃什么，然后按预定计划执行，如果饿了之后再看菜单，就很容易点过量。

　　在特别想下馆子大吃一餐的时候，不妨想想，与其吃那些让人发胖的食物，还不如省下钱来，买一件心动已久的漂亮衣服，然后想象自己变瘦之后穿上那件衣服的美丽形象。

如果实在想吃某一类高能量食物，选最贵一档的最小包装

　　既然要满足口感，那就把美食进行到底，选择最贵的，让自己充分享受，获得心理满足。比如，既然爱吃甜点，就每个月定一天，选一款最高档的甜点，吃一小份，细嚼慢咽，感受它的甜美，然后日常安心地过没有甜食的生活，再期待下个月

的甜食日。这样，减肥期间就不会觉得委屈，而且因为得到奖励，有了期盼，生活会变得更加美好。

问答时间3：这些能当减肥主食吃吗

问题1 天气越来越热，学校食堂的凉粉和凉皮特别畅销。我查了一下，发现凉粉的能量比米饭低，吃起来又很爽口。我能用凉粉替代米饭，当减肥期间的主食吗？

回复：

偶尔可以，长期而言不赞成。凉粉是粮食或淀粉类干豆洗去其中的蛋白质，制成的"淀粉凝胶"，它的主要成分是淀粉和水。由于含水量比米饭和馒头高，所以，按同样重量来比较，凉粉的能量比米饭和馒头低。因为它质感滑滑嫩嫩的，有凉爽感，所以在夏日里比较受欢迎。

不过，减肥不能仅仅考虑少摄入能量的问题，在减少10%~20%能量摄入的同时，还要充分摄入所有身体所需营养素。凉粉除了淀粉和水，其他营养素的含量微乎其微，蛋白质含量也远低于米饭、馒头、小米粥、燕麦粥等，所以，将凉粉作为主食，若不额外增加蛋白质供应，必然会造成蛋白质营养不良。

减肥期间为了避免肌肉丢失、基础代谢率下降，通常要提升饮食中的蛋白质比例，而不是降低蛋白质的供应。

其实，你吃了凉粉，自己就能感觉到，餐后很容易饿，长此下去，就会体弱无力，肌肉比例下降，基础代谢率降低。这对减肥的人来说，是个极其糟糕的结果。所以，凉粉只可偶尔吃，不能经常用来替代米饭等主食。

问题2 食堂有嫩豌豆炒牛肉粒，绿绿的豌豆又甜又软，好好吃。你不是说淀粉类干豆也算是粮食吗？我想用嫩豌豆替代一部分主食，比如说把100克米饭减成50克，可以吗？

回复：

能够等量替代粮食的，不是嫩豌豆，更不是荷兰豆之类的嫩豆荚，而是干豆子，比如干芸豆、干豌豆、红小豆、绿豆等。嫩豌豆水分大、淀粉少，能量只有干豌豆的1/3。因为嫩豌豆的能量只比煮熟的米饭低一点点，而蛋白质、维生素含量却高于米饭，所以可以替代一部分米饭。像你所说，吃50克米饭，搭配50克嫩豌豆炒牛肉粒，是可以的。不过别忘记，嫩豌豆当饭吃，提供蛋白质的牛肉粒有了，还需要补充些新鲜蔬菜。

问题3　魔芋豆腐能当减肥主食吃吗？它的能量特别低，口感也很不错啊！

回复：

　　魔芋豆腐是魔芋多糖和水形成的凝冻。与凉粉这种淀粉凝冻相比，魔芋豆腐的能量更低，淀粉含量更少。它是可溶性膳食纤维，主要起到填充性的作用，不能提供身体需要的营养素。和第一个问题的道理一样，长期把魔芋豆腐当主食，会造成蛋白质营养不良和基础代谢率下降的问题。

　　不过，这并不意味着魔芋豆腐不能为减肥做贡献。如果在晚餐时把米饭从100克（生米重100克，1小碗）减少到50克（生米重50克，小半碗），增加100克魔芋豆腐，再额外增加25克肉或蛋，用来弥补减少50克米饭带来的蛋白质损失（4克），这样不减少蛋白质供应，也不降低饱感，只是一天中减掉50克米饭的能量（约180千卡），对减肥还是有帮助的。

问题4　听说南瓜的能量比米饭低，而且香甜绵软，很好吃啊，我能用它替代米饭吗？比如，每天晚上吃蒸南瓜。

回复：

　　南瓜可以吃，但不能当主食吃。首先，绝大多数南瓜的淀粉含量很低，加上可溶性糖，碳水化合物含量不到10%，低于土豆、红薯这些碳水化合物含量按近20%的薯类，用它来替代主食，淀粉含量不够，能量太低，等于变相节食。

　　其次，南瓜的蛋白质含量较低，若替代主食，容易造成蛋白质营养不良性水肿。

　　再次，南瓜中胡萝卜素含量较高，若每天当主食大量吃，容易使皮肤发黄，影响美容。

　　如果晚餐中减少1/3的主食，配合一点蒸南瓜，这样能够增加钾、维生素C和胡萝卜素的供应，还能增加果胶，有利于预防便秘和发胖。

问题5　我把打豆浆剩下的豆渣和大米粥混在一起吃，觉得饱感很强。可以每天晚上喝一半豆渣、一半大米粥混起来的豆浆粥替代白米饭，当减肥主食吗？

回复：

理论上可以，不过实际操作时需要注意。

豆渣营养价值还不错，纤维多，也含有少量蛋白质。它的能量很低，添加在稠稠的大米粥中，可以增加体积，降低能量密度，延缓消化速度，对减肥是有好处的。不过，毕竟是以大米粥为主，营养质量还是不如杂粮豆粥。

特别要注意的是两个问题。首先，按同样重量或体积，豆渣粥的能量远远低于白米饭或杂粮饭。如果只吃一碗，是变相节食，肯定会导致饥饿和营养不良。所以，摄入量要充足，稠度要增加，以睡觉前不觉得饿为准。同时，还要正常配合其他菜肴，保证蛋白质、维生素摄入充足。

其次，豆渣纤维含量非常高，容易导致腹胀、产气。豆渣对于预防便秘有一定效果，但如果原本消化能力较差，那么吃过多的豆渣可能导致胀气不适，还可能促进排气。因此，添加豆渣的比例要适当。

问题6 听说燕麦麸营养价值特别高，还能冲着喝，很方便。我想用燕麦麸代替燕麦片当主食，代替早餐的燕麦片和晚餐的米饭，可以吗？

回复：

不行。燕麦麸淀粉含量太少，能量太低，不能代替燕麦片和米饭。燕麦麸是燕麦的表皮磨出来的，膳食纤维含量高，富含葡聚糖。在用餐之前喝一碗燕麦麸糊糊，有利于降低餐后血糖反应。不过当主食就不行了，毕竟人体还需要燕麦粒内部的淀粉和蛋白质等营养成分。

问题7 我以前减肥反弹，后来身体一直有点水肿。听说红豆薏米粉对身体特别好，还能减肥、消水肿，每天早晚就冲红豆薏米粉喝，每次冲一包，30克，营养摄入量够吗？怎么吃了1个月，感觉腿和手还是肿的？

回复：

无论是怎样加工的红豆薏米粉，都要保证摄入量。女生一餐主食的量应当是80~100克干重，这种红豆薏米粉只有30克，总量严重不足，需要两三包才能达到正常的食量。吃得太少，蛋白质不足，当然很难消除水肿。

蛋白质严重不足的时候，不仅肌肉会逐渐分解，血中总蛋白和白蛋白的指标都会下降，这样就降低了血浆渗透压。血管壁只能拦住大分子，拦不住水分子。血浆渗透压低于血管外组织液的时候，血液中的水分就会顺势进入组织液中，造成组织水肿。

此外，红豆薏米粉即便冲两三包，也只能替代主食，而不能替代菜肴中的鱼肉蛋奶、豆制品和各种蔬菜。要想减肥成功，营养供应要全面。仅靠一种粉绝不可能确保营养全面的，反而会使基础代谢率越来越低，消化能力变差，难以控制食欲，运动时还容易疲乏无力，最终无法完成改善体形的目标。

问题8　听说吃冷米饭不会发胖？因为冷米饭中的抗性淀粉不易被消化，所以不会转化为能量，对不对？

回复：

有人听说，米饭在刚做好，状态柔软的时候很好消化，但若在冰箱里放两天，就会变得干硬，这时候再吃就不容易吸收了，可以达到既吃了饭又不会发胖的效果。

米是不能生吃的，因为人体的消化酶无法分解生的淀粉。米一定要加了水，然后进行蒸煮，让淀粉的结构分解，与水相交融，这样酶才能"攻击"它。如果熟米饭在冷藏室里放置过长时间，重新变得又干又硬，叫作"回生"或"老化"，性质特征又逐渐接近于生米。

所以说，放了很久的冷饭实际上和生米有异曲同工之"妙"，那就是人很难消化，当然能量也会低一些。研究发现，无论米饭还是土豆，放冷之后，消化速度和血糖反应都会下降，人体不能消化的抗性淀粉会增加。

对消化能力强，身体肥胖，有高血压、高血脂、高血糖的人来说，吃一些放凉的食物，增加抗性淀粉摄入，能延缓餐后血糖和血脂的上升，还能改善肠道菌群，是有益无害的。但是反过来，那些消化能力特别差、身体很瘦弱的人，若是食用这种不容易消化的冷食物，可就是给消化系统雪上加霜了。

此外，还要注意，冷冻过的食物，解冻并加热后，会变得更容易消化，也就不存在能量降低这个问题了。

特别关注9：有没有"负能量食物"

不少人听说，减肥的时候要吃"负能量食物"，这些食物会让人越吃越瘦！

我在网上查了一下，除了凉水、绿茶、菊花茶、黑咖啡之类零能量的饮品，还有些天然食物属于"负能量食物"，如苹果、梨、木瓜、草莓、菠菜、芹菜、青椒、海带、竹笋、黄瓜、莴笋、圆白菜等果蔬，雪莲果等的块根，还有脱脂奶。

网上的说法是这样的：这些"负能量食物"本身所含的能量很低，甚至不含能量。嚼碎这些食物并消化吸收，身体耗费的能量比它们提供的能量还要多，所以吃这些食物会带来能量负平衡，而且吃得越多，越容易瘦。

这种说法真的靠谱么？

我仔细分析了一下，发现情况很复杂，而且真的没法用"谣言"这个词轻飘飘地应付过去。这里把网传的"负能量食物"分成几类，逐一解释。

第一类：凉水、绿茶、菊花茶、黑咖啡之类无能量饮料。

如果既不加糖，也不加奶精之类含油脂的配料，那么这些无能量饮料在某种意义上，的确是"负能量"的。只不过，它们未必真的能让人变瘦。

喝下一大杯凉水，身体让这些凉水的温度上升到与体温相等，暖到37℃的体温，的确要消耗几千卡的能量，从这个角度看，说凉水的能量是负数也不算谣言。不过，对减肥的人来说，每天必须达到几百千卡的能量负平衡，所以，即便喝10杯凉水，也没什么意义。

绿茶和菊花茶，如果不加糖、蜂蜜、水果和水果干之类的配料，本身几乎是零能量的。茶中富含多酚类物质，大量食用这些物质时会降低淀粉酶、蛋白酶、脂肪酶等多种消化酶的活性，增加大肠中脂肪类物质的排泄量，所以会在一定程度上妨碍其他食物的消化吸收率。从这两个角度来说，绿茶和菊花茶给身体带来能量的确是负数。

不过，对于消化吸收功能正常的人来说，喝两三杯茶是没有效果的，除非每天大量喝浓茶。

咖啡和浓茶的作用比较类似，喝多了也影响消化，而且会使人体兴奋，使基础代谢率轻度上升，身体的能量消耗增加。也就是说，它本身没有能量，但会增加身体的能量消耗，勉强算是"负能量"。这也是国外一些减肥食谱中必备黑咖啡这一项的原因。

不过，人体对咖啡因的代谢能力因人而异，既有遗传差异，也有体质差异。对代谢能力很强的人来说，喝两三杯黑咖啡不会有明显的兴奋作用。也有少部分人对咖啡特别敏感，喝了之后会产生心慌、头晕、胃痛、失眠等很多不适症状，这类人应该远离咖啡。

第二类：各种果蔬。

这些食物本身所含的能量确实很低，其中能够被人体消化的蛋白质、脂肪微乎其微，可消化的碳水化合物也很少。果蔬中很大比例的干货是人体不能消化吸收的膳食纤维或者低聚糖（比如雪莲果的甜味主要来自低聚果糖），能带来饱感。同时，果蔬所含的一些成分如多酚类物质能降低人体消化酶的活性。

多吃了低能量的果蔬，吃其他食物的胃口就会减小，整体饮食的能量就会降低。从这个角度来说，各种果蔬的确是有利于防止发胖的，如果因此把它们叫作"负能量食物"，也不算是谣言。换句话说，用一些能量低、纤维高、"填塞"能力强的食物来替代那些能量高、纤维少、容易嚼又不容易控制量的食物，对控制体重多少有点好处。

我曾多次说过，对于天然状态的食物，讨论"某种食物容易让人发胖吗"或者"某种食物是负能量食物吗"其实都没有太大意义。因为在人类的饮食中，不可能单一摄入某种食物。人的胃口有限，一天中要吃很多种食物，某些食物吃多了，另一些食物就必然少吃，从而改变食物摄入比例，而这种比例的改变，会影响增重的风险，影响患各种慢性病和癌症的风险，也影响人体的健康活力状态。

第三类：燕麦、黑芝麻和巴旦木。

只要查查食物成分表，就会发现这些食物的能量都很高，100克芝麻和100克巴旦木的能量都超过500千卡，100克燕麦的能量也在360千卡以上。这些食物怎么就成了"负能量食物"？这可真是让人困惑了。

确实，这类食物能够为我们的身体提供大量能量，不过，如果用燕麦、豆类、坚果等食材替代部分白米白面，也还是有利于控制体重的。

很多人问："为什么燕麦的能量略高于白米白面，人们却说燕麦是有助于减肥的食物呢？"

实际上，食物所含的能量高低，与它是否促进肥胖，并没有必然的联系。

　　一方面，研究证明，食物成分表上能量完全相同的食物，在身体中的利用效果有很大不同。食物的能量是按照其中蛋白质、脂肪和碳水化合物（包括淀粉和糖）的含量计算而来的，计算时假设它们能够被人体充分消化利用。实际上有些天然食物并没有那么高的消化吸收率。

　　比如巴旦木、杏仁、榛子等坚果，由于质地紧密，无法被完全嚼烂，其中会有10%~20%不能被人体充分吸收，而进入大肠中。比如红豆、燕麦、荞麦等食物，含有较高水平的抗性淀粉，它们也会进入大肠，所含能量只有部分被身体吸收。

　　另一方面，人类摄入食物，就是要获得其中的能量，那么这些能量到底用于哪里呢？如果这些能量能够让身体每天活力满满，跑起步来浑身是劲，工作起来不知疲倦，那当然最好。如果这些能量没有用在生命活动和工作生活中，反而使人们每天精神不振、疲乏不堪，最终被储存起来变成肥肉，那可真是让人烦恼。燕麦、豆类、坚果等食物中的能量是"缓释"类型，它们在缓慢的消化过程中，与多种维生素和矿物质一起逐渐被释放出来，身体能长时间得到稳定的营养供应，所以精力充沛；同时不会为身体提供一时用不完的大量葡萄糖，使身体急着将它们存起来，所以也不会合成脂肪。

　　我们不必计较食物是不是"负能量"，只要注意摄入足够多的新鲜果蔬，多摄入天然全谷物、豆类和坚果类，控制油、糖和精白淀粉的摄入量，就能有效防止发胖。正在减肥的女孩子们完全不必因为纯燕麦的能量比白米高就避之不及，不过，对添加了油、糖等配料，口感又香又脆的即食早餐燕麦产品一定要保持警惕。

特别关注10：怎样吃蛋糕不发胖

　　爱吃蛋糕等甜食是大部分人的天性，不必因此责怪自己，但是也不能纵容自己。

　　有些女生说："远离甜食，不吃蛋糕，生活还有什么意思？"真的没那么严重，人活着不是为了吃某种东西的。甜食也并非人类日常饮食的必需品，它们原本就只是过年、过节、过生日时偶尔的狂欢。天天像过年，天天像过生日，这种生活显然是不健康的。

我们要与美食和平共处，既不用绝对拒绝，也不能被它们征服。与大家分享一下我自己对甜食的态度。

小时候，只有在过节时才能吃到那种中式蜂蜜蛋糕，过生日时才能吃到一块巧克力糖，当时就觉得吃点甜食特别幸福。

后来长大了，特别是在学了食品科学之后，了解到蛋糕的配料都是高糖、高脂的；学了营养学之后，知道即便有经济能力，也不能每天吃甜食。于是，我带着挑剔的眼光，对大部分质量一般的蛋糕都失去了热情。

不过，我仍然喜爱的食物之一，就是优质的奶酪蛋糕，即真正含有大量奶酪，又没有饼干底子，味道香浓而醇厚的产品。

我几个月才会想念它一次，每次只买一小块来吃。吃第一口的时候感觉特别满足，"简直是人间美味啊！"吃到第三口之后，感觉没那么好吃了；继续吃，就觉得比较腻了。所以，这种蛋糕最好在饭前食欲旺盛的时候吃，如果在饭后吃，就无法充分感受它的甜美。

这样，每次只吃一小块奶酪蛋糕，我就觉得很满足。吃过一次，至少3个月之内不会再对它产生兴趣。正因如此，我对奶酪蛋糕的爱好从未影响我的体重。

这里和大家分享几个吃蛋糕而不发胖的建议。

买最小号但最精美的蛋糕

如果自己吃，就买一块体积最小的蛋糕。如果与亲朋好友分享，那么同样多的人，买体积小些、价格高点的蛋糕，平均每个人吃的数量就减少了，更不必因为怕浪费而逼着自己多吃。

如果自己吃，就定一个特殊的日子，专门去一个特别高档的西饼店，选择自己平日舍不得买的最贵的品种，买一个最小份的，然后慢慢享受。只有平日轻易得不到的享受，才能增添幸福感，才值得长久回味。

蛋糕永远饭前吃

很多人习惯于先吃完大餐，然后再吃蛋糕，这样的顺序并不合理。首先，吃了大鱼大肉后，感知蛋糕的甜美的能力已降低了很多；其次，胃里已充满食物，还要再吃蛋糕，只会导致饮食过量。不如在自助餐或宴会中，先吃自己最心仪的蛋糕，之后吃其他食物时自然会减量。

吃蛋糕时配合无糖的茶水、柠檬水或黑咖啡

蛋糕本身脂肪含量过高，饱感指数很低，吃了之后胃里没有什么感觉，还能吃下其他东西。如果吃一口蛋糕，细细咀嚼品尝，然后喝两口茶水或柠檬水，慢慢咽下，能让蛋糕的体积扩大，增强饱感。同时，这些没有能量的饮料也能清洗味蕾，让舌头恢复对美味的感知能力。如果搭配着喝黑咖啡，黑咖啡的苦涩更能突出蛋糕的甜美。这样慢慢品尝，比起一口接一口狼吞虎咽地吃掉蛋糕，能感受到更多的幸福和满足。

大块蛋糕分两天吃

如果买了大块的蛋糕，一次吃不完，就把它装入保鲜盒中，放进冰箱冷藏。如果是当天烤制的蛋糕，可以冷藏24小时以上。千万不要因为怕浪费而过量食用。

吃蛋糕时，调整其他食物的分量

蛋糕含有面粉和糖，吃了蛋糕就要减少主食的量作为弥补。蛋糕含有很多油脂，吃了蛋糕，菜肴就要选择少油烹调的，如把红烧鱼改为清蒸鱼，把烤羊排改成白灼虾，把蒜蓉炒蔬菜改成凉拌菜。如此，一餐中摄入的能量不要过多，就可以避免发胖。当然，餐后就不要再吃其他零食啦。

吃了蛋糕，要多搭配低脂的纤维食物

蛋糕的成分是糖、油脂、鸡蛋、面粉或奶酪等，显而易见，它们很容易导致血脂和血糖升高，因此，必须用大量膳食纤维来消除它们对健康的不利影响。为了把大量糖和脂肪代谢掉，还需要B族维生素。

所以，在下一餐或第二天，不妨多吃些果蔬、全谷杂粮和豆类，少吃油腻食物。

增加运动量，消耗能量

如果无法做到以上各项忠告，就只能靠增加运动量来弥补啦。一个100克的小蛋糕，含348千卡的能量，要想把它消耗掉，需要慢跑50分钟，或快走87分钟，如果做家务劳动，大概需要105分钟才能消耗掉。

此外，还有4个关于购买蛋糕的忠告供各位参考。

（1）尽量买纯奶油制作的蛋糕。所谓的"鲜奶"是植脂奶油，下面的酥皮中也可能含有植物起酥油。不过，现在很多西饼店都有加入真正的搅打奶油、黄油和奶

酪的产品，只是价格较为昂贵，需要冷藏，保质期也只有一天，但是它们更值得享用。同样是高能量食品，至少奶油中含有维生素A和维生素D，奶酪中还含有大量的钙、维生素A、维生素D、B族维生素和蛋白质，而起酥油和植脂奶油除了一些有害脂肪之外，什么也没有。

（2）买巧克力蛋糕的时候，看看是不是真的含有巧克力。现在很多所谓的巧克力蛋糕，特别是蛋糕上面插的"巧克力"装饰，加的是代可可脂巧克力，根本没有巧克力中的多酚类物质，用氢化植物油来替代可可脂，熔点高，易保存，但更不利于健康。

（3）买蛋糕时不要追求糖牌、糖豆、糖粉等点缀品。这些点缀品既没有蛋糕的甜美，能量又很高，不值得花高价购买。蛋糕的味道温和自然最好，如果香味浓重，通常意味着加入了大量廉价香精。

（4）买蛋糕时，不必被上面点缀的水果所吸引。水果蛋糕中的水果数量有限，而且放了至少一天，新鲜度也有所下降，主要起到美化作用，性价比很低。花高价买水果蛋糕，还不如直接买新鲜水果。

特别关注11：减肥期间可以吃辣椒和辣味菜吗

很多人问过这样一个问题："为什么营养食谱中很少看到辣椒呢？特别是减肥食谱，总是要叮嘱清淡一点。减肥期间能吃辣味食物吗？是不是辣椒会让人长胖呢？"

从营养角度来说，清淡的意思并不是不吃鱼肉蛋，也不是辣椒、花椒、胡椒、葱姜蒜都不能吃。辣椒素虽然有点刺激性，但本身并不会令人发胖。我国的流行病学调查发现，每天必吃辣味食物的区域，如重庆、四川、贵州等地，肥胖率都不高。国外也没发现吃辣致肥的证据。甚至国内外的动物实验研究都发现，辣椒素会促进血液循环，增加身体的散热，提高能量代谢，在食量相同的情况下，是有利于降低体重的。同时，辣椒素还有一定的减轻炎症反应的作用，并不会让人口舌生疮，出现种种俗话说的"上火"症状。

那么，为什么在营养食谱里很少看到辣味菜呢？为什么北方地区的人吃了重口的辣味菜，容易出现各种不适，还容易长胖呢？这要从辣味菜的做法和吃法上来讨论。

吃辣味菜后，食量有没有增加

辣椒素虽然有利于消耗能量，但是它也会促进食欲。有些辣椒酱产品号称"每月多吃一袋米"，就形象地说明了辣椒刺激食欲的作用。辣椒素增加的能量消耗很有限，促进食欲的作用却不可忽视。

对于每天三餐吃辣的四川人来说，并不会因为吃辣椒而多吃饭，所以不会突然发胖。但是对于其他地区的人来说，日常并不是顿顿吃辣的，偶尔一餐吃辣味菜，食欲旺盛了，就会多吃一些饭，结果当然是增肥。

吃辣味菜时，有没有搭配很多油和盐

对于大部分地区的人来说，重口辣味菜同时也是油盐量很大的菜，而不是只有辣椒、少油少盐的菜。比如，辣子鸡丁是典型的高油菜肴，香辣兔也是泡在油里的；干锅菜、麻辣香锅、麻辣烤鱼……哪个不是高油高盐呢？又有几款加饭酱、辣椒酱、香辣酱等辣味调味酱是少油少盐的呢？

辣味菜放油多，脂肪含量高，能量就高。别忘了烹调用油的脂肪含量超过99%。这样又香又辣的食物，肯定会大大刺激食欲，多吃之后增肥的作用自然也更强了。

吃辣味菜时，有没有同时摄入很多美拉德反应产物和脂肪氧化产物

辣味菜通常都需要先放很多油煸炒辣椒和其他调味品。煸炒时火必须大，油温必须高。这种高温煸炒不仅促进油烟生成，而且会产生很多美拉德反应产物，如丙烯酰胺，还有脂肪氧化聚合产物，如多环芳烃类致癌物。

人们经常发现，许多大厨都比较容易发胖。有研究认为，这可能是烹调烟气造成的致肥效果。高温烹调带来的美拉德反应会产生各种浓烈的香气，具有强烈的促进食欲作用。减肥的人本来就因为少吃而感觉不满足，再闻到这样的香气，恐怕就挡不住强烈的食物诱惑，难免会多吃一些。

正是由于以上3点，所以，尽管辣椒本身有利于减肥，营养师们在设计减肥食谱时也不会设计辣味菜肴。

当然，对于日常已经习惯于吃辣，没有辣椒就缺少幸福感的人来说，想在减肥食谱中加入一些辣味调味品也是没问题的，只是要选对调味方法。

（1）可以选择鲜辣椒，不多放油和盐，只是提供清新的辣味。鲜辣椒富含维生素C，加了它还能有效增加维生素C的供应。

（2）可以选择口感清爽而风味十足的泡椒，它完全没有添加任何脂肪，只是有点咸，但相应少加点盐或酱油就行了。

（3）可以选择加一勺辣椒粉，不增加油和盐，只是增加辣味。

当然，还可以选择花椒粉、胡椒粉等，只要不浓烈到促进食欲的程度，都没问题。但是，不要加一大勺辣椒油，也不要加那些泡在油里的辣椒酱，否则，8克油就会增加72千卡的能量，可能需要多运动至少20分钟才能消耗掉这些能量。

不过，既然想减肥，就不要用各种方式来刺激自己的食欲。如果原本确实喜欢重口味，那就趁着减肥的机会，减少吃辣味的次数，逐渐降低对香辣重口味的依恋。如果不改变饮食习惯，将来又怎么能长期维持辛苦减下来的体重呢？

特别关注12：涮锅也可以很健康？减肥时也能吃哦

每到节假日外食聚会，很多人都会选择吃火锅，尤其在寒冷季节，热气腾腾的火锅人气更旺。吃火锅会不会导致发胖呢？很多人在享用美食之际心中不免有一丝担忧。

涮锅和糖果、饼干、薯片、甜饮料等不同，涮锅并不是确定食材的吃法，具体吃什么、吃多少、怎么吃，是由食用者自己决定的。涮锅的食材也大多是天然食物，如肉类、水产、蔬菜、薯类等。这些食材本身没有问题，只是要看比例、数量是否合理。

按照正常情况，一餐饭中要有干重100克左右的粮食，50~100克的鱼肉类，250克左右的蔬菜。很多人在涮锅的时候，就未必按照这个比例进食了。

一般来说，涮锅的时候，都是先尽情地吃肉片、鱼片、虾滑、鱼丸、百叶、脆肚等，然后涮各种菌类、蔬菜，最后才想起来要不要涮点面条，或者吃个烧饼。这么吃，到底会不会发胖？

其实，涮锅只要吃对，真的不会让人发胖。我们不妨对各类食物进行分析。

鱼片、墨鱼仔、虾滑等食物，脂肪含量都不高，总能量中蛋白质所占比例较高，按单位能量来考虑，饱感是很高的。这样的食物，虽然会给消化能力弱的人的胃肠带来负担，也会给痛风患者带来危险，但并不会让人发胖。

肥牛片、肥羊片等虽然脂肪含量较高，能量较高，但是它们不含碳水化合物，只有蛋白质和脂肪。过多的蛋白质和脂肪也会给消化系统增加负担，让胃肠产生疲劳感。

从理论上来说，1份肉应当配3份菜。蔬菜本是低能量食物，吸入了汤底中的油，就不免让人担心了。如果能够用少油的汤底来涮蔬菜，就不存在这种问题。

蔬菜中有一些可以当作主食的食材，包括土豆片、红薯片、山药片、藕片等。它们含有淀粉，可以替代米饭、馒头、烧饼等主食，而餐后血糖却比米饭和馒头低。如果汤底不是很油腻，适当涮一些含淀粉的蔬菜搭配着肉吃，胃会感觉更舒服一些。

还有一些涮锅的食材属于主食，包括粉条、粉丝、米粉、绿豆面条、方便面等，它们和米饭、馒头一样，都是淀粉的重要来源。

如果喜欢吃涮锅，又想避免发胖，有3个对策。

对策一：控制脂肪总量

选择油少的汤底，多食用脂肪含量较少的鱼片、虾滑、海鲜等动物性食材，少量吃肥牛片、肥羊片等脂肪含量高的食材。在汤底不太油的时候，先涮食蔬菜和薯类，不让它们吸入或卷入汤中的浮油。吃火锅时，碳水化合物不太可能过量，只需重点控制脂肪的摄入量就可以了。注意吃得慢一些，充分感受食物的饱感。

对策二：不吃任何含淀粉的食物，也不喝任何含糖的饮料

如果涮锅时只吃肉片、鱼片、海鲜，不涮面条、粉丝，不涮土豆片、山药片、藕片等，不喝甜饮料，不吃水果，那么一餐中基本上吃不到淀粉类食物，就属于"低碳水化合物、高蛋白饮食"，与不吃主食只吃肉的减肥法如出一辙，是不必担心发胖的。虽然长期这么吃可能会带来一些不良反应，但是，对于肝肾功能正常的人来说，偶尔一餐这么吃，也不会对健康产生不良影响。

对策三：各类食物比例合理，多吃蔬菜，餐后增加运动量

在涮锅时，一边吃鱼片、肉片、海鲜，搭配土豆片、山药片、红薯片等，一边吃萝卜片、冬瓜片、绿叶蔬菜等，保证一份鱼、肉、海鲜配2~3份蔬菜和薯类。这种方式可以保证食物的多样性，胃肠的负担也不会过重。餐后多走走路，或做些其他运动，把多摄入的能量消耗掉，就不必担心发胖的问题了。

当然，以上3个建议仅仅是针对担心发胖的人来说的。如果本来身体瘦弱，那就可以在涮锅时多吃些肉类和淀粉类食物。如果本来有贫血、低血压和怕冷的问题，就适合在涮锅时多吃些肥牛片、肥羊片。享受美食之乐，也是人生的幸福之一呢！

第六章

减肥过程中可能遇到的各种问题

减肥过程中可能遇到各种各样的问题。怎么运动？怎样控制食欲？那些明星可以瘦那么快，为什么我的减重速度这么慢？为什么减肥过程中会产生各种不舒服的情况，甚至大姨妈不来了？增加了运动量，为什么体重还上涨了？

本章就和大家讨论减肥过程中可能遇到的常见问题。

1 减肥后，最容易出现这几种食欲紊乱问题

经常有减肥者提出这样的问题：我怎么就管不住自己的嘴呢？

A女士说："以前我根本不爱吃甜食，自从减肥之后，我就发现那些高脂肪、高糖、高淀粉的东西对我产生了无穷的诱惑，看到什么我都觉得很好吃，什么零食和糕点我都想吃。

"以前不知道，人的理智在本能的食欲面前真的不堪一击。怪自己太馋，克制不住开始暴饮暴食。每次吃饱了还停不下嘴，要吃到撑爆了才住口。吃完就特别后悔，以前辛辛苦苦少吃东西，好不容易达到减重目标，一乱吃就又飞快地反弹了。

"我真恨自己啊！我该怎么办？"

类似的故事我听了无数遍，一切都是节食减肥惹的祸。

所谓节食，并不是一顿饭完全不吃，更不是一天完全饿着。节食只是意味着少吃，减少能量的摄入，或者在食谱中有意去掉某一部分食物，比如主食，或者鱼肉蛋类等。如果没有营养专业人员的指导，节食很可能会导致节食者多种营养素的摄入量不足，长期下去会造成营养不良。

当身体发觉各种营养素的储备都在逐渐耗竭，正常的生命活动所需的营养素都捉襟见肘，必然会很着急。血糖水平过低，能量供应不足，也会让身体非常着急。身体着急的反应，就是食欲暴涨。身体如果得不到想要的营养，就会一直想吃。遗憾的是，这时候大部分人并没有通过合理饮食补足身体真正需要的营养成分，而是吃蛋白质、维生素和矿物质含量都很少的甜食、糕点等，反而补充了脂肪，造成体重反弹。

很多人都有体会，原本食欲正常，节食减肥之后，身体便不知道饥饱了。有些人胃肠功能严重受损，饿了也不知道吃东西，吃一点就觉得撑得难受，甚至心理上产生反感；也有些人食欲异常高涨，特别喜欢那些马上就能入口的高淀粉、高糖食物，馒头能一口气吃几个。这些都属于食欲紊乱。

节食减肥造成食欲紊乱之后，发展下去可能出现3种严重的进食障碍（eating disorder）：神经性厌食症（anorexia nervosa）、神经性贪食症（bulimia nervosa）和暴食症（binge eating disorder）。

（1）神经性厌食症往往出现在意志坚强、追求完美的人身上，他们强力抵抗身体的需求，对各种食物充满恐惧，最终导致神经性厌食症，人瘦得如同骷髅一般。如果不及时治疗，很大比例的患者会因长期营养不良导致器官衰竭。

（2）神经性贪食症也出现在对自己要求比较严格的人身上，他们无法控制食物的诱惑，大吃大喝之后，又陷入羞愧和自责，然后通过疯狂运动、自我催吐和服用泻药等方法，阻止多摄入的能量转化为脂肪，最终发展为神经性贪食症。这类人体重基本正常，但不仅身体受到损害，容貌受到影响，精神上也深受折磨。

（3）暴食症更为多见，往往出现在情绪抑郁或心理受伤的人身上。因为担心多吃会发胖，他们通常情况下看似吃得很少，但一遇到心理打击，或孤独郁闷时，就会克制不住地大量进食。即便已经吃饱，也无法停下来，一直吃到实在塞不进去，或者因为有其他人出现，无法再继续大吃。吃过之后，他们会觉得非常后悔，但又无法预防下一次的食欲发作。这就是暴食症。一次暴食时，摄入的高能量食物甚至会超过一整天的饭量，所以暴食症患者会明显发胖。

B女士说："我差不多就有暴食症了。每次吃饼干、面包、蛋糕之类，我完全停不住嘴。我吃东西根本就不是因为饿，甚至已经很饱了还要不停地往嘴里放。可能是因为我太孤独了，我没有人可以倾诉，也不喜欢自己的样子。情绪不好时，我就暴食一顿。我机械地把食物放入嘴里，精神上是完全麻木的状态。但是，当胃里撑得难受，看到自己发胖的脸，我又特别鄙视自己。我的人生怎么就只有吃吃吃，一点意思都没有……"

进食障碍患者要想康复，第一个措施就是勇敢地告诉周围所有人，让自己得到其他人的鼓励和监督。多想想吃以外的事情，找到人生的激情和动力。找些自己喜欢的事情，工作也好，业余爱好也罢，尽情投入，这样就能减少暴饮暴食的机会。

经常与有同样兴趣的人交流，参加各种社交活动，减少一个人独处的时间。有了烦恼就找一个合适的人倾诉，情绪得到疏解，就不容易暴食了。如果能够做做义工或志愿者，去帮助别人，是最好的。帮助别人能让人感受到正能量，让人远离沮丧、孤独和无意义感。

同时，三餐营养要摄入充足，停止任何形式的节食。如果情况严重，建议向进食障碍方面的心理行为治疗专家求助。

当然，绝大多数减肥者还是像A女士那样，只是在节食减肥之后出现轻度的食欲紊乱，还没有发展到典型进食障碍的程度。A女士这种情况是很容易解决的，关键在于两方面：第一，吃饱饭；第二，吃对食物。

所谓吃饱饭，就是忘记体重，重新开始正常饮食。每一餐都按时进餐，有饭有菜，有荤有素，按正常的饭量吃，直到自己的胃觉得满足为止。不要总想着少吃，给自己留下不满足感。

一定要记得，与自己的身体作对，通常没有什么好结果。重量相同的情况下，米饭、青菜和瘦肉的能量并不高，饼干、薯片、萨其马的能量则高得多。假如中午省略一餐，不到晚餐时间就会食欲暴增，最后从零食中多摄入很多能量，营养物质又少，还不如三顿饭都正常吃。很多人正餐不吃，或者吃得很少，反而吃掉大量的零食，可以说既伤害身体又伤害钱包，而且身上的脂肪有增无减。

所谓吃对食物，就是给身体补足所需的营养成分，选择那些饱感、满足感都特别强的食物，让身体充分感觉满足，并且定时定量进餐。

C女士说："我早上和中午都吃得很健康，怎么还是不能消除吃甜食和零食的欲望？到了晚上，就特别想吃饼干、蛋挞、蛋糕之类的甜食，而且每次吃了之后就开始自暴自弃，反正已经破戒了，干脆就吃个够，明天再少吃点补回来。结果，第二天早上和中午还能控制，到晚上又控制不住了，然后每天都吃得过量……"

C女士这种情况，问题就出在"很健康"这几个字上。她所谓的"很健康"，是鱼肉不吃，脂肪摄入太少的饮食。只吃点杂粮粥加蔬菜，是无法阻挡汹涌而来的食欲的。到了晚上，工作结束，情绪低落，一个人独处时，就容易多吃东西。

与其晚上乱吃，然后自暴自弃，不如从早上开始多吃，当然不是多吃饼干、甜点等，而是多吃鱼肉蛋奶。比如，早上在吃一份主食之前，先吃些蒸南瓜，再加上两个鸡蛋蒸的一大碗鸡蛋羹。中午除了主食和蔬菜，再吃半斤烤鱼。蛋白质摄入充足，晚上就不那么嘴馋了。

C女士惊叫起来："两个鸡蛋，半斤烤鱼，那怎么行！这也太不健康了！我实在接受不了。"

我说："你接受不了这个，就无法解决你晚上嘴馋的问题。"实际上，两个鸡蛋的能量比饼干、蛋糕之类的甜食要少很多，不那么容易让人长胖。最关键的是，节食减肥的过程中，长期缺乏蛋白质和B族维生素，零食并不能弥补这些营养素的缺乏，而鸡蛋中的多种营养成分是身体所需要的。身体得到了需要的营养成分，就会感觉满足，晚上的食欲自然就平和了。限制蛋白质的摄入而乱吃甜食的后果，是身体一直不满足，这样就无法跳出恶性循环。

如果与朋友聚餐，要记得，不吃油炸食物，也不吃甜食。先吃足量的大鱼大肉，再开始吃主食。

蛋白质抑制食欲的作用是最强的。如果担心脂肪摄入过多，可以考虑先吃一盘低脂肪、高蛋白的酱牛肉，然后吃一大盘白灼蔬菜和一大碗米饭，填满你的胃。胃得到满足，你就没兴趣吃那些零食了。

总之，如果发现自己食欲暴涨，正餐就要尽量多吃高蛋白食物，如牛奶、豆浆、鸡蛋、肉类、鱼类等。与其乱吃零食，不如多吃主食和蔬菜，多吃鱼肉蛋奶。

早餐和午餐吃好，三餐的蛋白质摄入充足，从此不再计较食物的能量，心情会舒畅许多，精神上也能彻底放松。这样做无论在提供营养、强健身体方面，还是在控制食欲方面，都是有好处的。等到体能恢复，心态平稳，食量恢复正常，再通过运动把反弹的体重慢慢减掉，你会找到真正的幸福感。

2 我最近这么贪吃，是不是身体出问题了

经常有人问："为什么我这段时间特别想吃东西？按正常的食量吃都感觉不到饱，还要再多吃一些饭菜，或者在两餐之间加餐，才能感觉满足。我的身体出问题了吗？"

我们的身体是非常聪明的，正常情况下，它吃够了就会觉得饱。如果生活没有什么改变，一段时间之内，食欲会保持大致稳定的状态，体重也会基本上稳定。

不过，下面这几种状况通常会让人的食量明显增加。

疾病恢复期

受伤、发热、手术等之后，身体组织需要修复；拔牙、患胃肠炎等情况下，进食和消化能力暂时受到影响，也会出现营养不足的现象。所以，在进食和消化能力恢复之后，增加食量，补足之前缺失的营养，让身体组织更快地修复，这也是很有必要的。要明白，身体组织的修复和维护都需要来自食物的营养支持。就像车子坏了就要换零件、要喷漆，检修需要花钱费力，换零件需要额外消耗资源。

所以，疾病恢复期是需要额外加强营养的。营养供应充足的时候，疾病的恢

复速度会加快；恢复期营养摄入合理，体质就能回到病前状态，甚至变得更好。反之，如果恢复期食欲下降，得不到充足的营养，才是令人担心的事情。

需要提示的是，疾病恢复期需要吃营养价值高的食物，特别是优质蛋白丰富的食物。不能借机大吃各种零食、甜点，它们对身体的修复没有益处，只会使脂肪增加。

饥饿或节食后

所谓节食，就是进食量比平日减少了。节食包括减少食物的摄入量，比如少吃半碗米饭；也包括减少一些食物的种类，比如不吃肉、不吃主食等；还包括减少餐次，比如每天不吃晚餐，其他两餐也不多吃。

很多有过节食经历的人都有体会，原来不觉得好吃的东西，在节食一段时间后也会变得很有诱惑力。比如，原来不感兴趣的月饼，原来不爱吃的烧饼，原来不会贪吃的馒头和面包，节食一段时间后，这些东西竟然一吃就停不下来。

这是因为，在节食一段时间之后，身体感觉到营养供应严重不足，迫切需要补充营养，所以食欲变得难以控制。

身体感觉不到微量营养素的变化，而对能量的变化最敏感。所以，在节食之后，人们往往喜欢高能量食物，而且一吃就停不下来，对饱的感觉变得迟钝，结果就是脂肪不断增加。

运动量增加后

增加运动量可以让人消耗掉大量的能量。比如，长跑运动员的备赛训练期，每天要跑几十千米，每天需要的能量可以达到正常人的2倍。所以，他们的食欲通常都很好，每餐食量惊人。普通人也一样，适当增加运动量之后，能量消耗都会增加，食量也会增加。

比如，某位男士原本的工作内容是坐在办公室面对电脑写文件，后来单位派他去山区出外勤，他要经常爬山上坡，四处奔波走动。一段时间之后，他的食量明显增大，半年时间反而瘦了十几千克。

又比如，某位女士原来不运动，胃口也比较小。现在为了健康，每周增加了5次游泳，每次游1小时，结果她感觉胃口明显变大了。这些都是正常现象，如果不增加食量，不增加蛋白质的供应，人就容易感觉疲劳，因为身体消耗的能量和增肌所需的蛋白质没有得到弥补。

代谢率异常上升

有些疾病会造成基础代谢率上升，身体消耗多了，食量就会变大。如甲状腺功能亢进时，食量会明显增大，体重却出现下降趋势。这时如果不增加食量，就会造成身体蛋白质分解过度，体质明显下降。

此外，甲状腺功能亢进还会伴随其他症状，比如眼睛突出、容易出汗、心跳加速、情绪容易激动等，应及时去医院检查确诊，并进行正规治疗，不要耽误病情。

进食障碍等心理行为疾病

神经性贪食症、暴食症等都会让人食欲暴涨，在只有一个人的时候，特别是无聊、烦躁、心情不好的时候，往往狂吃东西而停不下来。这种食欲增长不是身体的需求，而是心理行为的问题，需要进行相应的治疗。

哺乳期

很多新妈妈认为，既然已经生了孩子，不再是孕妇，又出了月子，就不该吃那么多。但是，哺乳期对营养的需求其实比孕期更大，因为宝宝的胃口比在肚子里的时候大多了，而且宝宝的营养来源主要是妈妈，所以妈妈当然得多吃点！

不过，因为妈妈的身体在孕期已经储备了一部分脂肪，所以，哺乳期妈妈的主要任务是摄入充足的蛋白质、维生素、矿物质等多种营养素，碳水化合物和脂肪正常摄入就可以了。如果摄入过多的脂肪，那么身上的肥肉就没机会分解啦。

经前期

月经前两三天，部分女性的食欲会增加，感觉自己特别贪吃，这是经前期综合征的表现之一。这时候增加营养是对的，但不需要增加过多的脂肪、糖分和盐分，否则经期的感觉会更加不舒服。经前期多吃点肉类、蛋奶补充蛋白质才是合理的。

此外，从夏季转到秋冬季节时，有些人的食欲也会增加一些。可能是由于天冷时身体的能量消耗会略微增加，一方面要穿更多衣物，另一方面在散热增加的同时还要维持体温，身体就会本能地想多吃东西。

最后需要提醒的是，很多女性所谓的"多吃""吃太多"根本就不多，因为周围的女性吃得实在太少，就显得部分食量正常的女性比较"大胃"。

每个人的遗传基因不同，体型不同，基础代谢率不同，活动量不同，合理的食量本来就是因人而异。只要身体健康，体重正常，体能充沛，活力十足，用餐时就该吃到自己感觉满足为止，没什么可惭愧的，更不必和别人攀比谁吃得少！

3 减脂健身，会吓跑月经吗

一位年轻女士问我："你说，减脂健身会吓跑月经吗？"

我有点摸不着头脑："你这话是什么意思啊？"

这位女士有点羞涩地说："以前我每个月的月经一直很准时的，但是今年从5月到8月连续3个月没有来。没办法只好去医院看，打了激素之后来了，但经血只有很少的一点点，停了药这个月又不来了。"

我一下就明白了，这位女士原来是因为减肥造成闭经。

她接着说："我不知道是饮食还是运动上出了问题。我觉得自己的饮食还算合理，比很多减肥的女同学吃得还多些呢，怎么月经说'出走'就'出走'了呢！"

我问："你都是怎么吃的？又是怎么运动的？"

她回答："我早上喝一碗粥，吃个水煮蛋，再加一小碟凉拌小菜。午饭吃半碗米饭，加上一荤一素两份菜。下午吃一个小苹果或者一个大番茄。下午5点冲一碗燕麦粥，然后去健身房，在教练的指导下运动1小时，有氧运动加上阻抗增肌运动。考虑到要增肌，我会在晚上再喝2勺全脂奶粉。今年1月开始，我每周3天去健身房，还有3天出去跑步1小时，周日休息一天。"

我说："你吃得确实少了。你早上吃的粥、鸡蛋、蔬菜，只有少量的淀粉，蛋白质大概8克。中午的米饭只有半碗，荤菜不知道能吃多大的量，估计食堂的1份荤菜不会很多，一餐蛋白质总量估计不太可能超过20克。晚上的一碗燕麦粥还是水分为主，连50克干货也到不了，蛋白质不超过5克。即便晚上有2勺全脂奶粉，相当于200克牛奶，蛋白质仅6克。一天中蛋白质的摄入总量不到40克，距离轻体力活动的成年女性每日最低蛋白质供应量55克还有很大距离。淀粉摄入太少，总能量也远远不到正常值，每天还要运动1小时，身体当然会感觉入不敷出。"

这位女士说："健身房教练说，要想减脂就要少吃主食，最好是吃低血糖指数的主食，但食堂没有五谷杂粮，所以我只能选择晚上吃燕麦粥。教练还说运动后要补充蛋白质，所以我才喝全脂奶粉啊！"

我又问："教练告诉你每天摄入的能量应该这么少吗？"

她说："我每天摄入的能量不少啊！我在健身房测了自己的基础代谢率，每天需要的能量是1250千卡。我设计的这个吃法，摄入的能量是1200~1300千卡，我在网上查了食物能量表，计算过的。既然吃的量足够身体消耗的能量，不应该有什么问题啊！"

看到她自信满满的样子，我只好耐心解释："所谓基础代谢率，是你什么都不干，躺在床上不动，脑子平静不思考，胃肠也不用消化，情绪很安静，环境温度不冷不热，这样的条件下维持基本生命活动所需的能量。你每天是躺在床上生活的吗？你不学习、不工作、不思考吗？你不坐起、不走路、不运动吗？你不消化食物吗？这些都是要额外耗能的啊！身材正常的轻体力活动的成年女性，每天应当摄入1800千卡左右的能量，你每天还增加了1小时的健身运动，这个大概要增加300~400千卡的能量消耗。你想一想，每天只摄入1200~1300千卡能量，怎么够呢？"

这位女士说："可是我要减脂，减脂不是必须少吃吗？能量平衡了还怎么减脂呢？"

我说："减脂的确需要能量负平衡，但同时你还要增肌。你每天运动，身体会感觉到原来肌肉太弱了，需要增肌。增肌需要消耗蛋白质，你的蛋白质摄入量太少，连身体的基本需求都不够，如何增肌？正常月经的维持也需要营养，也要消耗蛋白质，在营养严重不足，蛋白质供应捉襟见肘的情况下，月经难免会受影响。"

她问："难道月经不是女性的基本生理需要吗？"

我说："的确不是。你想想，如果你遇到饥荒，连饭都吃不饱，你会考虑马上要个孩子吗？与活命相比，生育是第二位的。营养严重不足的情况下，身体会暂时进入'保命'的节俭模式，等到营养状态好些之后再恢复生育功能。

"每位女性的身体状况不同，日常食量不一样，别人即便吃得比你少，也未必会马上闭经。一般来说，从小营养充足、肌肉量足、日常食量比较大的女性，能经受更长时间的节食消耗。身体本来就偏弱的女性，稍微节食就无法承受了。运动会增加能量和营养消耗，所以，吃同样多的东西，你增加运动量，就比不增加运动量的女性容易闭经。所以，不要盲目和别人比谁吃得更少。"

她表示基本上明白了，然后问："那我是不是该把健身和跑步停掉呢？妈妈听说我闭经了，天天打电话催着我多吃东西，不让我继续运动。结果，我停止健身1周，每天放开吃，体重一下子涨了1.5千克。

"真的，我最近很崩溃，每天都想哭。辛辛苦苦运动了那么久，好容易看到身材线条，现在又反弹了，好难过。可如果不停止健身，月经总不来，将来影响生育怎么办，想想又很伤心……"

我安慰她说："其实每天健身1小时和正常来月经并不矛盾，关键是营养供应得充足。首先要忘记体重。你已经节食好几个月，恢复正常食量之后，暂时增重是必然的。等营养补足，健身也会更有力气，就能变成健康苗条美女了。

"不过，也不是食物能量越高越好，要重点补蛋白质，吃肉蛋奶。主食每天要摄入200克以上（干重），不要吃甜食、油炸食品，以及各种膨化食品。你要修补的是身体的有用部分，是血液、内脏、肌肉里的蛋白质，而不是增加脂肪。所以，那些只会让人增肥，不会促进活力的食物都不要吃。否则，反弹的体重通常以脂肪为主，而且优先沉积在腰腹部，会让体脂率比减肥前更高。"

鉴于这位女士只能在食堂吃饭，无法自己烹调，我建议她早上增加50克主食，吃两个鸡蛋；中午吃一碗米饭，除了蔬菜，必须搭配一份肉；晚上健身之后，喝一碗牛奶燕麦粥，再加些果蔬，晚上9点再喝一杯奶。

其实，类似的故事我已经听数以百计的女性讲过。国外的研究早就发现，很多女性运动员在运动时营养供应不足，可能导致贫血，月经失调的情况也并不罕见。这些问题都可以通过改善营养来避免。

希望有过相关经历的人能够从中得到教益，更懂得珍惜健康，在加强健身运动的同时，把三餐吃好、吃对。

有关运动的问题回答

网友A： 开始规律运动后的一两个月内，我感觉精力变好了，之后又慢慢变差了。在饮食上，我做菜不放油、不放糖，每天吃1个中等大小的水果，每餐吃半碗白米饭。每天晚上11点睡，早上7点半起床，我觉得我的生活方式很健康啊，问题到底出在哪里？

回答： 原因是健身时营养没有跟上。刚开始，你的体内还有储备，所以体现出运动的好处，你感觉精力变好了。运动之后要增肌，增肌就会消耗营养。由于你没有把蛋白质、维生素和矿物质补充到身体需要的水平，摄入的总能量也不足，身体储备的营养素逐渐消耗，于是出现体力下降的现象。

做菜不放油、不放糖，这本身并不一定会导致营养素缺乏。因为即使做菜不放油，也完全可以通过吃坚果、吃含脂肪的鱼肉蛋奶来摄入足够的必需脂肪酸和维生素。少了油之后，如果不添加其他食物来弥补脂肪和能量的减少，那么总能量就会降低，再加上白米饭每餐只吃半碗，量少了一半，主食中所含的蛋白质和其他微量营养素也打了折扣。

我估计，你原本蛋白质摄入就不太够，在不运动、肌肉量少的情况下，就算少吃点，身体也能勉强维持。一旦增加运动量，需要额外增加蛋白质来供应肌肉的需要，需要额外供应B族维生素来满足运动和减脂的需要，身体就感觉到营养素的供应捉襟见肘。

所以，你以为"很健康"的饮食，实际上营养供应是严重不足的。减脂期间少吃一半白米饭也未尝不可，但必须用五谷杂粮主食来替代，或者用足够的鱼肉蛋奶来替换，才能维持减脂期间的营养供应，否则，就是货真价实的节食减肥，身体当然要抗议。

网友B：我的月经近半年没来，最近买了您的新书，准备按照里面的备孕食谱吃。我对比了食谱中的运动量和我平时的运动量，觉得我自己的运动量比推荐的量大得多，比如每周3次1小时力量训练、2次1小时慢跑和2次快走，现在这种情况下，我需要减少运动量吗？

回答：既然你日常有运动习惯，备孕时并不需要停止运动。但是，每天有1小时较高强度的健身，蛋白质的摄入量需要在不健身的基础上再加至少15克（一个蛋加一杯奶，或一个蛋加80克水豆腐），以保证增肌的需要。记得不要在饥饿时运动。如果卜午下班后运动，建议运动前先吃一小碗燕麦粥，或者喝杯酸奶，这样既能避免肌肉分解，也能避免餐前低血糖等情况。

你已经近半年没来月经，就更要注意保证饮食量的充足，每天摄入的总能量至少要达到正常女性每日所需的1800千卡，蛋白质摄入量还要额外增加。不建议餐餐吃没有油的菜。日常喝牛奶和酸奶时直接选择全脂，吃鸡蛋时也不要扔掉蛋黄。

此外，运动后一定要注意休息，以次日早起时不感觉疲劳为准。建议你每周进行4次健身，包括2次肌肉运动、2次有氧运动，剩下3天放松休息。运动后千万不要忍着饥饿，要及时进食。运动量过大会使身体疲劳，体脂率过低时雌激素水平会降低。饥饿时运动、过高强度运动都会使身体进入应激状态，是不利于受孕的。

网友C：我一般一天所有的日常活动在2万步左右，包括去上课、去食堂吃饭加上散步，偶尔会去跑个五六千米。这个运动量对月经会产生影响吗？为什么运动之后经常觉得有点累，月经也不能准时来呢？

回答：每天2万步的运动量是有点多，正常情况下，每天走1万步或跑4~5千米就足够了。运动量大一点本身没关系，但饮食营养必须跟上。按你的运动量，需要额外增加300千卡能量，增加10~15克蛋白质，也就是说，别人摄入1800千卡能量就行了，你可能需要摄入2100千卡能量。如果能量和蛋白质的摄入量严重不足，就容易出现月经失调。

同时，运动中会消耗更多的B族维生素，如果你以白米饭为主食，一定要加上足够多的肉蛋奶，而且天气炎热时最好补充一点B族维生素，因为跑步流汗会消耗这些水溶性维生素，这时候身体更容易感觉疲劳。

网友D：我属于易胖体质，为了做美丽新娘而减肥。减肥开始1个多月了，我每天晚上不吃饭去操场跑步5~6千米。每天自己煮杂粮粥喝，感觉早上的营养比较充足，中午在食堂吃，没有任何绿叶蔬菜，晚上不吃饭。最近发现血压偏低，心率也慢。昨天血压是98/57mmHg，心率是58次/分。今天血压97/55mmHg，心率56次/分。我之前血压也有点偏低，但高压基本都在100mmHg以上。您说这种情况是不吃晚饭导致的吗？

回答：血压正常低限是90/60mmHg，你现在还不用太担心。但你的血压有下降到不正常状态的趋势，还是应该引起重视，有可能是因为你的营养状况变差了，体质有所下降。

你晚上不吃饭还跑步5~6千米，显然不可能让身体处于营养比较充足的状态。营养减少，增加的运动又带来更多的消耗，必然会令身体的营养供应捉襟见肘。

中国人的早餐质量普遍不高，晚餐食物的营养供应通常占一日总量的40%以上，而你把营养供应最充足的一餐省掉了。早上喝杂粮粥虽然比白米粥好，但毕竟只是主食，不可能让你的早餐营养丰富到能弥补晚餐营养供应的程度。

一定要记得，运动是消耗能量、消耗营养的。肌肉运动需要耗能，增肌需要增加蛋白质和铁。运动量增加之后，食物供应要相应增加才行，至少要保证与原来一样多的蛋白质、维生素和矿物质供应。而你与运动之前相比，饮食不仅没有增加，晚上的食量还刻意减少了，身体怎能兼顾各方面的需求呢？

饥饿时跑步会损伤身体，容易出现低血糖，胃肠也会出现不适，时间长了，还会造成肌肉流失，基础代谢率下降。对你而言，不仅血压降低，心率下降，还可能出现贫血、闭经、消化吸收不良等情况。

结婚绝不仅仅是穿上婚纱当一次众人眼中的焦点，还意味着要有夫妻生活，大部分人婚后还要生儿育女。你不吃晚饭还拼命运动，让自己营养不良，活力下降，可能会影响你们未来的夫妻生活质量，甚至影响未来受孕后孩子的健康，这就是舍本求末了。

为做新娘拼命减肥，婚后没来得及恢复营养储备就已经受孕，孕期食欲不振又无法改善营养，胎儿在母体营养不良的情况下发育。怀孕4个月后，胃口大开再胡吃海塞，在营养不良的基础上体重增加过多，发生妊娠糖尿病，然后为了控制血糖再节食，限制胎儿的营养供应，导致孩子体弱，出生后非常容易生病，妈妈又累得要命……你觉得这样的循环是不是很悲惨？

很多人问："为什么西方人就很少有这些麻烦呢？"的确，相比而言，欧美国家的女性在节食减肥或运动健身之后发生月经失调的报告比较少，可能是因为她们从小营养状况良好，肌肉充实，而中国年轻女性往往从小身体比较弱，肌肉不发达，消化吸收能力弱，甚至轻度贫血的也不少，所以，对节食减肥和增加运动量比较敏感。

建议你晚上不要什么都不吃。如果你的体重在正常范围内，可以正常吃饭，只需跑步、健身，降低体脂率，就可以获得更苗条的体形。

如果你有点超重，那么晚餐可以适当减量。比如主食减半，减少烹调用油，但仍然需要保证蛋白质的供应。比如，吃50克酱牛肉，喝1碗燕麦粥，吃半斤焯菠菜。建议早上或中午用餐时补充一片多种维生素矿物质片。无论如何都要保证基本的营养素供应，虽然这样减重会慢一些，但能避免月经失调，对减脂增肌也更为有利。

很高兴你能及时监测自己的身体变化，而且也在反思自己饮食营养不足的情况。这说明你是个理性的人，是个对自己的身体有责任心的人。我们的身体不仅属于自己，也属于爱我们的父母，所谓"身体发肤，受之父母，不敢毁伤"。结婚之后，更要爱惜身体，对自己和家人负责，对未来的孩子负责。

最后希望你照顾好自己的身体，用红润的脸色和紧实的身材来迎接幸福的新婚和甜美的蜜月！

网友E：冬季适合运动减肥吗？有人告诉我，四季养生规律是春发、夏长、秋收、冬藏，冬天不能在室外运动，也不要运动减肥，要在温暖的室内休息，避风避寒，才能保养阳气。冬天多吃点高能量食物是防寒，长点肉没问题，等春天再减肥就好了。这些话对不对呢？

回答：俗话说，凡事都有个度。四季养生顺应自然是对的，但到底什么样的体力活动状况算是"闭藏"，什么样叫"没藏好"呢？要想理解古人的话，还是要拿出一点历史唯物主义的精神来，仔细分析一下，2000多年前，人们的生活是什么样子的。

人类是一种四季活动的生物，和冬眠的熊不一样。既然不能冬眠，冬天就要到外面捕猎寻求食物；即便在食物充足的情况下，也要取水、生火、烹制食物，还要做各种基本的家务。要知道，2000多年前没有煤气灶、微波炉和电磁炉，柴要到外面砍，水要去外面挑，烹制一餐饭要很长时间。记得我小时候和妈妈一起生煤炉子，非常辛苦，洗洗涮涮也相当累人，何况是2000年前！那时候每天想待在屋里不动，根本没有可能。

人类学家的考证发现，5000年前的人类，每日平均体力活动量是现代人的3倍以上。也就是说，古人即便是"冬藏"，在今天看来，体力活动量也不小，只不过重体力活比其他季节少些而已，绝非每天坐着或躺着不动。所谓"交通基本靠走，通讯基本靠吼，家务基本靠手，取暖基本靠抖"，那个时代既没有暖气，也没有空调，人们主要靠肌肉运动来产生热量，如果总是坐着不动，必然难以抵御严寒。

所以说，即便是冬季，每天在室外进行有氧运动半小时到1小时，完全不会违背所谓"冬藏"的说法。是坐在电视前面不动，养一身肥肉好，还是经常活动活动，让身体循环顺畅、肌肉紧实好，这是不言而喻的。看看那些经常在外活动的人，大多抵抗力强，很少生病；那些捂得严严实实，贪恋暖气不肯出门的人，反而更容易生病。

再看冬天进补长肉的说法。其实，冬天要补的并不是肥肉，而是补内脏、补肌肉、补免疫功能等。这种"补"并不需要太多的脂肪、糖和精白淀粉。比如，用鸡肉滋补指的是用瘦肉部分而不是鸡皮和鸡油；用山药滋补，也无须加油和糖做成拔丝山药。吃少油、少糖的天然食物就可以发挥滋补作用，也不会令人长出太多肥肉。反过来，贪吃油腻煎炸食物，吃大量饼干、蛋糕、糖果，吃过多精白淀粉和甜食，对于冬季进补养生不会有任何帮助，只会让身体营养不良，春天来临的时候"奉生者少"，提前衰老。

所以，养生和减肥完全不矛盾。吃对天然食物，减少脂肪和糖的摄入，既能改善营养、增强体能，达到强健身体的目标，又不会让肥肉上身。

实际上，冬季才正是减肥健身的好季节。穿着厚衣服走路，实际上增加了人体的能量消耗。如果能走得快一些，或者慢跑一会儿，让身体感到微微发热，就可以达到减肥的效果。

11月至翌年1月是人们工作最紧张的时期，压力大、睡眠差，其实是最不利于"冬藏"养生的。如果冬季时能坚持适度运动，可以很好地消除压力，改善睡眠质量，改善消化吸收功能，帮助身体休养生息。冬季坚持运动，做到消化好、睡眠好、不烦躁、不生病，不仅能预防肥肉上身，春天到来时还能收获更多的活力和美丽。

需要注意的是，对大部分人来说，运动应当避开大风大雪天气，室外活动时穿着也不宜太少，运动服里可以穿毛衣或保暖内衣，温度低时外面可以再加件夹袄或厚绒衣。运动到少量出汗的程度就可以了。运动后赶紧穿上厚衣服，避免出汗后突然被冷风吹到而受凉。

4 减肥时该做什么运动

经常有人问："减肥时该做什么运动呢？我体重大，能跑步吗？我真的很讨厌跑步，能不跑吗？快走和跑步会让膝关节受损吗？跑多快或走多快合适？运动多久合适？运动之后，怎么我的腿还变粗了？"

这些问题几乎天天都能听到，这里一项一项简单讨论一下。复杂的问题还要去问运动专家，这里只是就我所知的一些基本知识与读者分享。

减肥期间什么运动最好

减肥时最好有氧运动和增肌运动都做。有氧运动时间比较长，消耗能量比较多，减脂作用比较强，尤其是瘦腰效果很好。增肌运动可以让身体紧实有型，让女性拥有平腹和翘臀，对打造美丽体形也非常重要。

能不能不跑步，还有其他什么有氧运动

体重比较大的人，比如超重几十千克的情况，最好不要跑步。因为体重越大，运动时给膝关节带来的压力就越大，越容易发生运动损伤。膝关节受过损伤的人，最好也不要跑步，爬山、跳绳运动也要慎重。特别是下山，此时膝关节的压力非常大。还要提醒脊椎错位和受损的人，不要随意跳蹦床。

除了跑步和跳绳之外，还有很多其他的有氧运动，比如游泳，就特别适合膝关节受损的人，一些垫上运动也比较适合。如果没有条件游泳，也可以做做操、走走路。走路是绝大多数人都适合的运动，简便易行，无须任何成本。

运动时间多长比较合适

据研究，运动时间只要连续15分钟以上就会产生对健康有益的效果。从能量消耗的角度来说，哪怕是做做家务也比坐着不动好。

根据世界卫生组织的推荐，健康成人每周应当进行至少150分钟的中强度运动，也就是每周做5次30分钟的运动，或每周做3次50分钟的运动。在减肥期间，推荐每天进行40~120分钟的运动。运动量太小，效果不够明显；运动量太大，难以长期坚持。

什么叫中强度运动

其实运动强度与跑多快、走多快没有直接关系，是因人而异的，依据心率来评价。

一般来说，人运动期间的每分钟最大心率是220减自己的年龄，在此基础上乘以60%~80%，就是中强度运动的心率了。比如，40岁的人，最大心率是180次/分，乘上60%和80%，他的中强度运动心率区间就是108~144次/分。

可以买个运动腕表、心率带之类的设备自己测试，也可以感受一下，明显感觉心率加快，但还能正常说几句话，这样的状态就表明心率在适当的区间。

刚开始运动时，稍微走快点可能就会气喘吁吁，心率上升很快。这时候千万别着急，要循序渐进。在运动一段时间之后，心肺功能加强，同样的运动量，心率上升速度变慢，这时候就可以提高运动速度。所以，不必延长运动时间，同样40分钟，同样心率区间，走或跑或游泳的速度和距离逐渐增加，就是运动能力提升的成效。

跑步和走路会损伤膝关节吗

很多研究提示，如果原来没有膝关节损伤，体重也不大，那么以正确的方式跑步和走路并不会让膝关节更容易受损。《骨科与运动物理治疗杂志》（*Journal of Orthopaedic & Sports Physical Therapy*，JOSPT）2017年6月发表的一项研究表明，跑步健身的人髋关节、膝关节的炎症发病风险是3.5%，而久坐不动的人的风险是10.2%。这项对11万多人进行的分析发现，长年跑步健身对膝部和髋部的健康有好处。相比而言，久坐不动者的关节炎患病风险更高，因为身体的"零件"也是用进废退的。长年久坐不动的人不仅关节容易退化，还更容易出现骨质疏松。

所谓跑步损伤关节，是说那些跑步运动员，他们的运动损伤风险明显高于普通健身人群。研究人员发现，过量的高强度跑步会损害膝关节健康，因此，并不建议每天半个马拉松的跑法。这项研究中建议，为了保护膝关节，每周最多跑92千米，平均每天13千米。对一般人来说，每天跑3~5千米足以获得健身和减肥的效果。

不过，这并不意味着普通人怎么跑都不会损伤膝关节。跑步和快走时都要穿着舒适的鞋子，特别是跑步时，要选择合脚的慢跑专用鞋。跑前要先热身，跑后要放松拉伸，不要一开始就猛跑。

　　此外，还要注意跑步的姿势。跑步时，身体要平稳，收腹提臀，肩部放松，双臂前后摆动，目视前方。要避免八字脚，避免膝关节内外旋，避免用力下踏，也要避免拖拉脚。自己不知道姿势对不对，可以找个人帮忙拍视频，然后对照别人的正确姿势纠正。其实很多人跑步后膝关节受损，都是因为跑步姿势不对。

　　快走时也同样，注意后脚掌或全脚掌落地，用力摆臂，身体正直，步伐轻盈。

跑步和走路会让腿变粗吗

　　除非练习高速度短跑，否则跑步和走路不会让腿变粗。慢跑和快走都能消耗腿部脂肪，让腿变得更细。

　　很多人刚开始跑步时觉得小腿变粗，通常是因为运动后肌肉充血，暂时显得有点粗。只要进行拉伸和按摩，就能逐渐消除这种影响。跑一段时间后，同样的小腿围度，看起来曲线会更美。

　　很多纠结这些问题的人，根本就没有开始运动，甚至内心深处不想开始运动，找个理由就不跑不走了。若真想运动，完全可以从走路开始，待体能提升了，就走一段、慢跑一段，然后逐渐过渡到全程慢跑。

　　此外，也可以选择游泳、跳操、跳舞、跳绳等其他运动，以及健身房提供的各种有教练指导的运动。

　　总体而言，运动过后感觉舒适愉快，身体没有不良反应，自己也能够长期坚持，就是适合的运动。运动是一辈子的事情，即使减肥成功，为了维持体形，也要坚持运动。

5 运动会让人吃得更多吗

　　运动使人消耗能量，运动后如果多吃又会补充能量，要想让运动发挥减肥作用，前提是运动后不多吃。

　　不过人们大可不必过度担心，因为按照目前的研究证据，与不运动相比，适度的运动不仅不会让人吃得更多，反而有利于短期内的食欲控制。

也有研究证明，运动后，人对食量的感知更准确，更不容易糊里糊涂地摄入过量食物。为什么呢？研究提示，可能是因为运动能调控一些食欲控制因子，如"饥饿素"（一种提升食欲的激素）、PYY（一种抑制食欲的因子）等的分泌量。

不同的运动方式和运动强度，对食欲的影响也不同。英国拉夫堡大学的一项研究测定发现，有氧运动可以降低人体的"饥饿素"的分泌量，同时增加PYY的分泌量。而相当量的无氧运动也能降低"饥饿素"的分泌量，却没有改变PYY的分泌量。有氧运动这种效果可以持续2小时左右。

早在10多年前就有研究发现，强度较大的运动，如爬山、长跑之后，人的食欲会暂时性下降。其实，人们都有这种感觉，在长时间的跑步、快走等有氧运动之后，很少有大吃大喝的欲望。这种作用在休息一段时间之后逐渐消失，一日饮食量和运动之前并无显著差异。

但游泳与其他运动不同。人们经常感觉游泳之后特别饿，很想吃东西。具体原因还不清楚，有人怀疑可能是因为水中温度较低，激发了人体希望增加能量供应的本能。

不过，即便是同一种运动，每个人的反应也是不同的。《美国临床营养学杂志》发布的一项澳大利亚的研究认为，同是消耗500千卡能量的运动量，有些人运动之后吃早餐更有满足感，另一些人却觉得比开始运动之前更容易饿，而且一整天都觉得饿。

有一些人发现，运动之后自己变得更能吃了，甚至在运动后体重并没有显著下降。其中有两个原因：一是肌肉的增加抵消了脂肪的分解，使体重变化不大；二是食物选择不正确的缘故。

令人开心的是，哪怕体重不变，运动也照样是有益健康的。因为肌肉的比重明显大于脂肪，在体重相同的情况下，身材会显得更紧实而苗条。

当然，对于体重超标的人来说，如果能够在运动的同时避免饮食过量，当然是最为理想的。其实方法很简单，就是选择那些饱感最强的食物，比如不加油烹调的粗粮、豆类、果蔬，低脂肪烹调的鱼肉蛋。只要食物选择正确，无须刻意少吃，吃到饱也没有关系。相反，如果选择甜食、甜饮料、白米白面、各种香脆零食小点，哪怕自己觉得没吃多少，也有能量摄入过多的危险。最糟糕的是，这些食物不仅不会让体重下降，还会妨碍身体增肌，让你辛苦运动的成果付诸东流！

合理运动，选对食物，运动就能收获丰硕的成果。记得要选择身体能接受的、自己喜欢的、有时间做的运动，同时不要让身体过分饥饿，避免营养不良，这样的健身计划才是可持续的。坚持运动，保持健康的生活方式，不仅会让人逐渐远离赘肉，找回活力，还会让人自信满满，感觉生活越来越幸福。

6 运动前后怎么吃

很多朋友已经知道了运动的重要性，但具体操作起来还是会遇到很多令人纠结的问题。

比如，几点运动效果最好？吃饭后多长时间才能运动？傍晚下班后去运动，饭前还是饭后运动更好？

还有人问："我回家还要给宝宝做饭，如果6点半和家人一起吃饭，就无法去上晚上7点的瑜伽课啦，怎么办呢？"

还有男士问："我想减肥增肌，正常饮食行不行？需要每天吃8个鸡蛋的蛋白吗？"

这里就聊聊解决这些问题的思路。

什么时间运动效果最好

总结我查阅的资料，有两种说法。

第一种说法是早上运动最好，健康界人士比较支持这个说法。研究也表明，对于那些饮食营养质量比较差、摄入能量较高的人来说，早上运动对于抑制血糖和血脂的过度上升、防止发胖最有效。这倒是与我国传统养生的说法契合。传统养生认为人们应当"日出而作，日落而息"。人类千万年来所适应的生活，就是在太阳升起的时候开始进行体力活动。可惜的是，现代社会，很多上班族早上很难6点起床运动，往往吃过早饭之后就匆匆踏上上班的路程。

第二种说法是下午运动最好。体育界人士似乎比较认同这种说法，因为下午4~6点，人的体能、耐力、关节韧性和灵活性都比较好，在高强度运动时不容易发生运动伤害。可惜的是，这个时间大多数人不是在上班，就是堵在下班路上，根本没有时间去运动。

不过，绝大多数人运动不是为了比赛，只为健身，所以也不必刻意追求"最好"的运动时间。能够坚持下去、对自己来说最方便的运动时间，就是最好的。哪怕晚上8~9点进行运动只得到70%的益处，也比不运动强。只是要注意，晚上运动要避免让身体过度兴奋，如果运动后失眠，就换个运动时间，或者调整运动方式。

饭后多久才能运动

这个问题的答案与运动的类型有关。跑步、快走、打球、游泳等强度较大的运动，最适合在饭后2小时进行。此时胃部的负担减轻，运动不会影响消化吸收，而且呼吸会更为顺畅。如果是散步这类强度很小的运动，或者是刷碗、扫地、收拾屋子之类的轻松家务，则饭后即可开始，不仅不影响胃肠功能，反而有利于消化吸收。

饭前能不能运动

瑜伽之类的柔韧性运动可以在饭前进行，饭后进行反而妨碍运动效果。国外的研究证明，饭前的高强度运动可以带来更多的肌肉分解、脂肪分解，这种分解会刺激身体重新合成蛋白质，更有利于肌肉的形成，甚至有利于分泌更多的生长激素，从而延缓衰老。

但是，千万不要过度追求这种效果。如果刚刚开始运动，体能较差，或者已经出现明显的饥饿感，有胃肠功能不佳的问题，或者有血糖控制的问题，那么最好不要在饥饿状态下进行高强度运动，以免胃部感觉不适，或导致血糖过度降低。患有高血压、糖尿病和胃病的人尤其要注意。

这个问题也不难解决：运动前喝杯牛奶或者豆浆、酸奶，喝半碗燕麦粥，或者吃1个大苹果，就能让血糖在1小时内保持稳定，运动起来也就不必担心了。运动前吃少量中低血糖指数的食物，能够让运动时精神更加饱满。

运动后多久才能吃饭

剧烈运动后，最好能放松休息到心跳恢复正常后再进食，一般间隔30分钟以上比较合适。因为在血液主要供应肌肉的情况下，胃肠功能较弱，消化吸收能力低下，此时大量进食容易引起不适，甚至会增加患胃肠疾病的风险。我在大学的时候是深有体会的，下午5点半去跑步，跑完马上去食堂吃饭，而此时食堂的饭又有些凉了，结果落下胃病，经常胃疼、胃胀，养了好几年才恢复。

不过，这并不意味着高强度运动后什么都不能吃。因为高强度运动往往伴随大量出汗，必须及时补充水分，此时也是摄入蛋白质的好时机。运动后及时补充液体，如喝杯含蛋白质的运动饮料、牛奶、豆浆等，是有利于肌肉生长的，不会给胃肠带来太大的负担。运动之后一直渴着或饿着，既不利于增肌，也不利于肾的健康。

还有些朋友问："运动完马上吃东西会不会变胖？"运动后45分钟内进食富含蛋白质的食物，对于刺激肌肉合成是有帮助的。大部分为控制体重而运动的朋友，并不像健美运动员那样需要合成大肌肉块，所以不必马上进食好几个鸡蛋或几大勺蛋白粉，在正常饮食基础上增加一个蛋、一杯奶就可以了。

如果是强度很低的运动，如散散步，做做广播操、太极拳，做点家务，心率并没有增加多少，就不必对吃饭时间和食物内容过分计较了。

运动后补水喝什么比较好

运动之后一般都会渴，这时候许多人都会选择喝点冰镇甜饮料，这种做法一定要杜绝。

研究显示，运动之后要想刺激肌肉合成，宜尽快摄入高血糖指数的高蛋白食物，这样可以最大限度地刺激肌肉合成。对于运动强度较小，而且不想增肌、只想减脂的人来说，喝不含糖的饮料，如茶水，对降低体重可能更好，否则，运动消耗的那点能量，还不如甜饮料的能量高。酸度太高的饮料，如可乐（pH 2.5，酸度比醋还高）、果汁等也不太合适，因为运动后血液中的乳酸含量本来就相对较高。

运动后补水，茶水、绿豆汤等都是不错的选择，如果出汗过多有点虚弱，可以少量加一点盐（咸味若有若无即可）。牛奶和稀豆浆也是可以喝的。相比而言，牛奶的效果更好，因为它可以提供氨基酸，有利于肌肉的合成。

牛奶和豆浆还有一个额外的好处，那就是它们能提供良好的饱感，可以迅速化解运动后急于进食的情绪，也能避免运动后进食过多的问题。

运动之后需要摄入大量蛋白质吗

如果不是要参加健美比赛，大可不必每天吃七八个鸡蛋的蛋白，也不必服用蛋白粉来增加蛋白质供应。实际上，过多的蛋白质对肾来说是一个沉重的负担，甚至可能损害健康。正常饮食的蛋白质供应量就足够了，但不建议只吃蔬菜和水果，或者只喝白粥。

更多运动方面的问题，请咨询运动方面的专业人员。

7 体重没变，脸却变胖了

女性最关心的问题之一，莫过于脸的胖瘦，因为这和拍照时的效果息息相关。

女生A问："老师您好，我最近体重没变，甚至还轻了0.5千克，但脸看起来明显变胖了，这是为什么呢？"

我回答说："这可能是坏事，也可能是好事。0.5千克的体重差异无须在意，这还在家用体重秤的误差范围之内，也在一日体重波动范围之内。说是坏事，可能你原来经常运动，体脂率低，肌肉紧实，那么在停止运动后，会先出现体重不变，但体脂率上升，人看起来变胖的情况，之后才出现明显的体重上升。说是好事，可能你最近休息好了，营养也有所改善，回到了婴儿肥的年轻状态。"

女生B听了，得意地说："最近我按照老师的菜谱和饮食原则吃饭，大家都说我的脸变圆润了，皮肤也有光泽了。但是，我的身段还像以前那么苗条。我说，这是人变得健康的标志！结果周围的女生都打击我，说我就是长胖了。我不想理他们，哼！"

我说："脸蛋鼓起来，腰腹部的脂肪没有增加，这的确是健康的表现！不必去和无知的人计较！再说，对你这种体重偏低的人来说，在腰臀比不增加的前提下，增重1~2千克也是有益无害的。"

女生C也说："我身高1.62米，以前只有41千克，太瘦了，脸上都没肉。自从好好吃饭之后，体重没长多少，脸变得饱满了，比以前更好看了！"

我说："这就对啦！节食减肥，或吃得太少，时间长了会造成营养不良，脸蛋会瘪下去，皮肤没有光泽，特别显老。"

女生D很郁闷地说："我很努力地运动，可是体重一直没有什么变化。虽然肌肉紧实了一点，但是脸很明显变瘦了。我觉得脸瘦了之后看起来人很憔悴，又显老。经常运动的人，怎么才能避免脸上变得干瘪呢？"

我说："坚持运动是一件好事。不过，运动也要消耗营养和能量，你增加了运动，营养却没跟上，每天的能量和营养素入不敷出，相当于节食减肥，当然会出现脸色憔悴的情况。每天还是要多吃点儿。"

女生E也冲过来说："老师，我比她还悲催啊！我平时特别注意多吃蔬菜和粗粮，少吃油和糖，也经常运动，跑步、跳绳……但我身上的肉还是很松弛，怎么才能让肌肉变得紧实，脸也显得饱满呢？"

我说："你要特别注意补充蛋白质。这种肌肉松弛的情况，仅仅靠吃蔬菜和粗粮加跑步是不行的。要补充营养，在增加肉蛋奶供应的同时，多做增肌运动，让肌肉充实起来，身材才能显得紧致，脸也能显得饱满许多。"

一定要记得，脸上"婴儿肥"，腰腹苗条紧实，是年轻健康的表现，且"肥"且珍惜吧！脸上瘦瘪，腰腹松弛，才是衰老的表现呢！不要为了减肥，为了能穿上某件时装，不顾健康地节食减肥，饿着肚子拼命运动，结果让自己看起来像老了10岁！

8 夏天怎么还长胖了

对于身材不好的人来说，最不喜欢的季节或许就是夏天。每到夏天，身上的肥肉就藏不住了。让一些人更为郁闷的是，明明感觉自己吃得不多，但体重秤和身边的人都在提醒你：又长胖了。

夏天不是应该容易变瘦吗？怎么还会长胖，这是怎么回事呢？下面的内容就夏天反而长胖的几个常见原因进行分析。

原因一：水果吃太多

夏季水果品种丰富，不少人会在饭后将水果作为甜点。尤其是有"天生白虎汤"美誉的西瓜，更是成为人们解暑的第一选择。"西瓜没什么能量，吃了就相当于喝水"的观点让很多人在饭后毫无顾忌地吃下1/4个甚至半个西瓜。除了西瓜，桃子、葡萄、樱桃等水果也因味道甜美而成为许多人的饭后甜点。

前面介绍过，水果虽然脂肪含量极低，血糖指数也不算太高，吃多了却会实实在在地摄入大量糖分，怎能不发胖呢？

教训：低脂肪、低血糖指数食品也不能无限量地吃。糖分积少成多，最终会导致发胖。

对策：正常情况下，每天吃两三块西瓜就好，其余水果的摄入量也要控制在0.5千克以内。如果实在想多吃水果，就需要减少一些主食。不过，水果所含的蛋白质和B族维生素比主食少，所以还需要再加点鱼肉蛋奶作为补充，这样就可以保持营养平衡的状态。也可以增加运动量，把多摄入的糖消耗掉。

原因二：大量摄入甜饮料、冷饮

味道甘甜、口感清凉的甜饮料在夏季也备受追捧，很多人甚至用甜饮料代替日常饮水。除了甜饮料，冰激凌和雪糕等冷饮也是不少人解暑的宠儿。

你或许已经听说了，一罐355毫升的可乐含37克糖，一瓶500毫升的果汁饮料含40~60克糖。只要饮用一款，糖的摄入量就已经超过每天的限量。目前的研究证据已经可以肯定，甜饮料喝多了会促进发胖。冰激凌的含糖量为12%~18%，比甜饮料的含糖量还高，其脂肪含量也很高，因此，冰激凌的总体能量要比甜饮料高很多。

自己在家制作的甜汤，含糖量也不低。比如银耳羹、莲子羹、绿豆沙、红豆汤、薏米水等，借着养生、养颜之类的概念，听起来似乎挺健康，其实都是甜味的，里面也加了不少糖。如果甜度适口，一碗200克的汤羹就含有20克糖，合计80千卡的能量。

教训：享受爽口的甜味也是有代价的，无论是清凉饮料、冷饮还是自制甜汤。

对策：最好的方式是避免喝甜饮料、吃冷饮。钟爱甜饮料和冷饮的人，可以尝试每天多吃一些新鲜的果蔬、杂粮薯类，用健康的碳水化合物把自己的胃填满，做菜少油少盐。这么吃一段时间，对甜饮料和冷饮的渴望会逐渐下降，被各种不健康食物毁坏的身体活力状态将得到有效的修复。如果实在想吃冷饮或想喝甜饮料，那么仔细看食品标签，尽量选择低能量、低糖、低脂肪的产品。

原因三：蛋白质摄入不足

在35℃以上的高温中，人体排汗时会损失大量蛋白质，体内蛋白质分解也会增加。特别是在闷热的天气中，人们往往食欲不振，又不爱下厨烹调，很容易出现蛋白质摄入不足的情况。零食、饮料和冷饮并不能提供足够的蛋白质。

蛋白质缺乏容易导致水肿型肥胖。因为蛋白质不足的时候，血液中蛋白质含量下降，造成血液渗透压下降，水分从血管跑到渗透压较血液高一些的组织中，引起组织水肿。此外，维生素B_1不足也会造成水肿。夏天主食吃得太少，鱼肉蛋奶也不吃，维生素B_1的供应量大大减少，身体对蛋白质的利用率也会下降，促进水肿发生。

常有人抱怨，不过是吃了一两天的重口味硬菜，就重了两三千克。殊不知，夏天人们摄入的盐减少，出汗增加，身体水分减少，稍微大吃一顿，补充了盐分，身体中的水分和蛋白质就会增加，从而导致体重上升。

另外，蛋白质摄入不足时，基础代谢率会下降，摄入同样多的能量，也更容易发胖。

教训：营养不良也会导致肥胖，夏季饮食要注意营养均衡。

对策：每天要保证有1杯酸奶或牛奶，1个鸡蛋或大半个鸭蛋，再加上一份豆制品或

一碗豆粥，还要经常吃些口味清淡的瘦肉和鱼，比如清蒸鱼、酱牛肉之类，以补充蛋白质和铁、锌等微量元素。还要注意摄入一定量的主食，能补充维生素B_1的食物是绿豆、红豆、扁豆等豆类，以及玉米、大麦、燕麦等粗粮。如果出汗较多，在喝汤时加一点盐，大致0.3%的浓度，有一点淡淡的咸味就够了。

原因四：夜宵没选对

一到盛夏，无论是街头大排档还是路边小馆，每个夜晚总是人满为患。喝着啤酒撸着串，或者品着蟹粥吃着甜品……不得不说，这样的画面光想想就让人激动。

可是，啤酒也是著名的增肥饮料。不少中年男性挺着的圆滚滚的大肚子，常常被尊称为"啤酒肚"，可见啤酒和腹部肥胖之间颇有关系。数据显示，2瓶啤酒（1500克）的能量高达600多千卡，相当于大半袋切片面包（约250克原味主食面包，1袋400克）。此外，无论是肉串、蟹粥还是甜品，能量都不低，经常这样吃这些东西，不发胖才怪呢。

教训：选夜宵不能只贪图口感，否则很容易发胖。

对策：如果有条件，可以自己准备夜宵，比如热牛奶、水果、杂粮粥等。如果不得不下馆子，就要少喝点啤酒，少吃点烤串，尽量点一些清淡少油的菜品，比如热汤面、粥等。此外，夜宵的时间也非常重要。临睡前不宜吃大量的食物，否则会严重干扰睡眠。因此，建议在睡前1~2小时进夜宵。比如，计划晚上11点多睡觉，吃夜宵的时间就不要超过晚上9点半。

原因五：没有休息好

夏季日长夜短，阳光照射的时间延长，容易导致失眠。而且，夏日天气闷热，中枢神经系统容易兴奋，使人产生烦躁不安的情绪，难以入睡。

研究发现，在体重正常的人中，睡眠减少会增加人体的能量摄入，却不会增加人体的能量消耗。较早的研究就已经发现，能量摄入增加的原因，可能是控制食欲的能力下降。人体的食欲调控机制非常复杂，其中一个重要的调控激素是由胃细胞分泌的"饥饿素"。在睡眠不足的情况下，"饥饿素"的分泌量会上升，使人们的饱感和饥饿感混乱，从而更容易饮食过量。睡眠不佳还会让人无精打采，不想活动，能量消耗也会减少。因此，休息不好让人更容易发胖。

教训：高质量的睡眠有助于预防肥胖，这一点往往被大家忽视。

对策：创造尽可能黑暗、舒适的环境，晚上睡觉的时候，一定要把窗帘拉严，窗帘要有遮光层。调整好卧室温度，以自己感觉舒适为宜。此外，睡前1小时不看电脑、手机和平板电脑，因为这些近距离直接射入瞳孔的强光会使大脑兴奋，扰乱褪黑激素的分泌，比灯光更容易引起失眠问题。

原因六：运动不足

夏季烈日炎炎，许多人都不愿意出门，喜欢待在有空调的屋子里，不得不出门时，也会开车、打车，因此运动量急剧减少。由于天气变热，很多人也停止了运动计划。

教训：只吃不动，多余的能量会变成脂肪储存起来，发胖在所难免。

对策：天气再热也要坚持运动，如果感觉室外太热，可以选择一些室内运动，如广播操、哑铃操、拉伸运动、原地跑步等。此外，还可以利用一些日常小活动来消耗能量，达到防止发胖的目的。比如，早晚洗脸、刷牙时踮着脚尖，脚跟上上下下地运动；看书或看电脑时，每隔一段时间就耸耸肩膀，前后旋转肩部；看电视时不要陷在沙发里，可以站着，晃动身体，扭扭腰、踢踢腿、伸伸臂。

根据以上的内容找找自己夏天发胖的原因吧，然后按照对策进行调整。

9 关于减肥的问题

网友A：为什么一到冬天就特别想吃东西，而且很喜欢吃肉类？

回答：气温降低，身体需要从食物中获得更多能量来维持体温，负担厚重衣物也会增加能量消耗，所以多数人冬天的食欲比夏天好。人们都有经验，饿的时候特别怕冷，吃完饭之后身上就变得暖和，这是因为食物热效应。蛋白质的食物热效应比脂肪和淀粉更强，也就是说，吃了富含蛋白质的食物，如鱼肉蛋奶之后，身体发热的感觉更强一些，故而天冷时人们更想吃高蛋白食物。

网友B：您说要保证三餐质量，可是减肥的时候该怎么办呢？该如何控制食欲？

回答：减肥期间要适当增加营养充足而饱感强的食物，否则无法长期控制食欲和体重。食欲紊乱、体重反弹之后，甚至会越减越肥。我设计的减肥餐都是高饱感型，维生素和矿物质一种都不少，蛋白质供应量达到了轻体力活动的成年女性的推荐值。即便如此，能量摄入在1400千卡甚至更少的时候，如果进行健身运动，也还要额外增加蛋白质摄入。这是因为，对日常不运动的人来说，增加运动就会加强肌肉，而肌肉要靠蛋白质来制造和维护。一般来说，总能量减少不超过1/3，三餐均衡，定时定量，蛋白质充足，微量营养素也足够，食欲就会比较正常。

网友C：之前节食导致暴食症，最近又复发，总想吃东西怎么办？

回答：贪食症、暴食症等进食障碍，往往与精神情绪因素相关。除了不适当的节食减肥可能引发这些问题之外，情绪紧张、压力增大、情感受挫的时候也很容易引发。别责怪自己，放松点，增强自信，能再次好转的。如果是最近饮食质量偏低，就适当多吃些高蛋白食物，鼓励自己。千万不要因为一次多吃而自责，甚至之后加倍少吃，那样反而很难摆脱暴食的困扰。

网友D：我的身材属于不胖不瘦，但是肌肉不紧实，没有节食，零食吃得少，晚上会跑步半小时，走路半小时，这样坚持下去肌肉会变得紧实吗？

回答：跑步和走路能够消耗脂肪，但如果运动强度低，不一定能强化肌肉。建议3天跑步，每次半小时，做做变速跑，提高心肺功能；3天做增肌运动，这样收紧身材的效果会更好。

网友E：我身体其他地方都不胖，只是脸上有点婴儿肥。我需要减肥吗？

回答：青春妙龄时，脸颊饱满，身材苗条；年长之后，脸颊瘦塌，身材臃肿。所以，千万不要因为婴儿肥而抱怨，因为这种状态是年轻时特有的，也是健康充满活力的身体才能拥有的。且"肥"且珍惜。

网友F：我上身非常瘦，都能看到肋骨，可是臀部太大、大腿太粗。节食减肥可以让腿瘦下来吗？

回答：如果只靠节食，即便瘦了之后，体形也不会改变。比如，原来是梨形身材，减肥后只是小一号的梨形而已。想改变身材比例，要靠健身塑形。

10 过度减重到底有多可怕？看看十个后果

女生A说："我最近几个月一直使用低碳水化合物减肥法减肥，体检发现尿酸值高达600多，最近还出现脚疼。医生告诉我，我不吃主食，又摄入大量鱼虾、牛肉、鸡肉，才导致这种状况，今后水产、肉类这些高嘌呤食物都不能吃了。不是说女人绝经前不会得痛风吗？"

女生B说："我以前其实也不胖，只是觉得不够瘦。不吃晚饭减了半年，人倒是瘦了10千克，但四肢细弱，皮肤松弛，还检查出甲状腺功能衰退。得了这个病，代谢率会下降，身体是冰凉的，人是木木呆呆的。后来做治疗，服了甲状腺素之后，比减肥之前还要胖10千克！"

这些女生没有夸大其词，不健康的减肥，或者过度减重，可能让人变丑、变老、变衰弱、生病、心理异常，甚至死亡！

归纳一下，过度减重有可能带来以下10个方面的不良影响。

（1）人变丑，皮肤变差。

皮肤的维持和更新需要蛋白质、多种维生素和矿物质支撑。减肥不当导致的营养不良会造成脸上皮肤干枯、暗淡、发黄。人瘦了，脸和身体的皮肤却变得松弛了。如果减肥—反弹的循环反复几次，更会导致皮肤早生皱纹，脸部下垂，脸颊下陷，四肢肌肉丧失，看起来像老年人。

（2）头发干枯，脱发。

毛发的原料是角蛋白。人体在营养不良状态下，头发的质量会受到严重影响，头发会出现细弱、干枯、颜色变浅等情况，甚至严重脱发。若及时改善营养，就会看到头发明显变得有弹性、有光泽，长出很多新头发。

（3）卵巢功能衰退。

过度减肥会影响下丘脑-垂体-肾上腺轴和下丘脑-垂体-性腺轴，造成女性卵巢功能下降，月经量变少、月经提前或推迟，甚至出现闭经等情况。如不及时停止减肥并积极治疗，可能造成子宫萎缩、丧失生育能力的后果。

（4）激素分泌失调。

不健康的减肥会导致雌激素、雄激素等性激素水平下降，以及甲状腺功能衰退和胰岛功能障碍。由于胰岛素分泌不足，肌肉衰减，血糖控制能力低下，餐前极易出现低血糖，而餐后容易出现高血糖。甲状腺功能下降会降低人体的代谢率，使减肥更加困难，严重者甚至会罹患甲状腺功能低下症，造成危及健康的严重后果。服用甲状腺激素治疗时，又极易造成体重大幅度反弹。

（5）营养缺乏病。

由于长期缺乏多种营养素，过度减重的人容易出现缺铁性贫血、缺锌、低血压、蛋白质缺乏性水肿、维生素B$_1$缺乏症等。

长时间低脂肪饮食，会导致蛋白质摄入不足，引起负氮平衡，造成血浆白蛋白减少，血浆胶体渗透压降低，进而出现水肿。营养不良性水肿的特点是水肿发生前常有消瘦、体重减轻等表现，水肿常从足部开始，逐渐蔓延至全身。

如果在节食减肥期间发现有水肿迹象，应先去医院做个体检，排除器质性病变。如果诊断为单纯营养不良性水肿，应停止任何形式的节食减肥，进行全方位的饮食调理。

（6）消化系统相关疾病。

胃肠道黏膜的更新修复和消化液的分泌都对营养供应非常敏感。采用不健康的方式减肥时，消化道得不到足够的营养进行更新修复，消化液分泌减少，极易出现消化吸收能力下降的情况。如果经常省略一餐，或不按时吃饭，容易导致胆结石和胃病。食物摄入不足及食物种类不均衡，会影响肠道菌群，引起慢性肠炎和便秘，甚至肠易激综合征。

（7）骨质疏松。

采用不健康的方式减肥时，蛋白质和钙元素往往摄入不足，同时碳水化合物摄入不足导致生酮，钙流失增加，有极大可能导致骨质疏松。另外，快速减肥必然造成肌肉衰减，身体力量和协调性下降，肌肉对骨骼的保护性也变差，容易骨折。

（8）失眠、沮丧、思维能力下降。

减肥期间，过度减重会使人经常处于低血糖状态，情绪焦虑、暴躁，缺乏耐心。由于蛋白质和氨基酸供应不足，影响神经递质合成，会感觉大脑变得迟钝，思维能力下降。碳水化合物不足时，晚上容易失眠。长期失眠会导致压力水平上升，工作和学习能力下降，身体免疫功能下降。

（9）高尿酸、高血脂、脂肪肝。

女性由于雌激素的作用，在绝经之前不容易出现尿酸高的情况，但节食减肥和生酮减肥都可能引起高尿酸血症。首先，身体组织分解导致内源性尿酸增加；其次，生酮饮食摄入大量肉类、鱼类、海鲜和河鲜，嘌呤摄入量升高；再次，代谢生酮造成血中酮体水平上升，而酮体会抑制尿酸的顺利排出。这3个方面的因素加起来，使年轻女性减肥者也可能出现高尿酸血症。同时，因为蛋白质和维生素不足，导致脂蛋白合成障碍，身体脂肪无法顺利代谢和分解，可能造成营养不良性脂肪肝和高血脂。

（10）心功能受损。

服用某些具有兴奋中枢神经系统作用的违禁减肥药物会损伤心脏，造成心慌心悸、心跳加速。20世纪70年代，曾有很多长期使用低碳水化合物减肥法造成心律失常，甚至导致死亡的案例。

以上说的是身体问题，过度减重还可能带来精神和心理方面的障碍，也需要高度警惕。因为使用不健康的减肥方法，如节食或催吐，很多女性出现神经性厌食症、神经性贪食症、暴食症等，心理上与食物为敌，在饿到低血糖和撑到胃痛的两极间挣扎，每天痛苦不堪，厌弃自己，甚至出现精神抑郁。值得警惕的是，厌食症的死亡率很高。

很多年轻女性豪迈地喊着"要么瘦，要么死"的口号，但是，一个本来健康的人，为减重而出现心理异常，为减重而患病，为减重而丧命……真的值得么？

问答时间4：为什么别人减肥快，而我减肥慢

减肥的人都很心急，恨不得开始减肥的第二天就变成魔鬼身材。听到别人说1个月瘦好几千克，羡慕得心痒痒，自己的体重却很难下降，节食1个月也减不了多少，甚至运动之后体重还会上升，这是为什么呢？

这里回答几个与减肥快慢有关的问题。

问题1　别人只是戒掉零食，加点运动，两三个月就能瘦三四千克。为什么我不吃零食，饮食很清淡，还每天运动，1个月过去却一点也没瘦呢？

回复：

一个月减重多少，不能互相攀比，也别听信减肥品的宣传。

第一，基础体重越大，刚开始减重速度就越快。一个体重100千克的人减4千克很容易，一个体重55千克的人要减4千克就难多了。本来就不胖，只打算减点肚子上的赘肉的人，减重速度要比那些体重确实很大的人慢很多，因为身体无用的部分并不多，体重也还在正常范围，身体当然不想随便再分解一部分组织。

第二，日常饮食能量越高，食量越大，改变饮食后的减重速度越快。一个长期处于半饥饿状态的人，即便再减小食量，也很难减重。因为长期节食减肥，身体已经出现营养不良，基础代谢率下降。身体感觉处于饥荒状态，会进入"节省"模式，即便减小食量也不容易瘦。蛋白质营养不良时还会发生水肿，看起来好像更"胖"了，体重也会上升，这种情况就更不容易变苗条了。

第三，肌肉少的人，开始运动后短期不易减重。运动会使脂肪减少，肌肉增加，肌肉增加的同时水分也会增加，增重比较快；而脂肪减少不仅速度慢而且不带水分，减重比较慢。由于肌肉的比重比脂肪大，所以短期的结果可能是两者相抵体重不变，或者甚至两者相抵后体重还有所增加，但是这种体重增加并不能叫作"胖"，因为体形会变好。

第四，人和人的基因本来就不一样，是无法比较的。正如黄种人无论怎么美白都不可能变成白种人，大骨架的人怎么瘦身都不可能变成小骨架。只能与自己以前的状态比，只要努力了，身材已经开始逐渐改善，哪怕慢点，也没关系。

问题2　和同事相约年后一起减肥，她比我胖点，单纯靠饿，而我基本靠运动。到现在一个半月过去，她已经瘦了5~6千克，我才瘦了2.5千克，但我身上的肉紧实了些。体重降得慢是因为我长肌肉了吗？

回复：

还不能肯定你的情况属于明显长肌肉，但至少你损失的肌肉比较少。虽然你的体重降得少，但很有可能你的脂肪减得多。减肥归根到底是减脂肪，而不是减肌肉。你以运动为主，没有饥饿节食，所以减肥之后，你的身体状态会比较好，这是肯定的。采用节食减肥的方法，看似体重掉得快，但是后期的麻烦无穷无尽，不仅基础代谢率下降，体重极易反弹，皮肤松弛，脸色暗淡，对未来生育也有不良影响。一切皆有代价。

再说，正常身高的女孩子，如果体重不超过70千克，一个半月的时间减重2.5千克，减重速度已经非常快了。如果同样的时间内减的重量更多，那就不太可能是纯减脂肪，而是明显消耗肌肉了。所以，你完全不必因为自己体重降得慢而难过。减肥归根到底是为了增进健康、改善体形，体重数据并不是最主要的。

问题3　体重70千克，体脂率过高，肥肉满满，开始运动和节食1个月，肌肉紧实了，但是体重一点没降怎么回事？

回复：

对以前没有运动的人来说，运动1个月后，肌肉紧实就是最大的成果，说明你的体脂率下降了，还有什么可难过的呢？

皮肤不是橡皮筋，可以随便松弛了再紧绷。短期内体重快速下降几十千克后皮肤严重松弛的人太多了，除了拉皮，没什么好办法能使皮肤快速收紧。到那时候，人瘦了，却又老又丑，才得不偿失呢。

特别关注13：不吃晚餐减肥，怎样才能不伤身

不吃晚餐减肥，大概是如今应用最广泛的一种减肥法了。很多女性都尝试过，但她们发现，当时的确瘦了，但长期来看，好像并没有什么效果。

到底哪儿出了问题呢？不吃晚餐减肥，就无法成功吗？

确实，不吃晚餐减肥，会带来很多麻烦。

第一，这种方法难以长期持续。

现代人每天工作压力都很大，晚上回家还要做家务、带孩子，甚至加班工作。晚上什么都不吃，必然会感觉饥饿，难以坚持。过不了几天，还是要继续吃晚餐，这样必然导致体重反弹，甚至比以前更胖，那又何必呢？

第二，不吃晚餐会提高体脂率。

一般来说，晚餐摄入的营养素占全天总量的30%~40%，特别是按中国人晚餐全家聚齐、菜肴丰盛的传统习惯，晚餐摄入的蛋白质比较充足，通常会占全天总量的40%~50%。如果不吃晚餐，营养素难免供应不足，蛋白质供应下降，肌肉量也会跟着减少，在体重相同的情况下，体脂率会比减肥之前更高。

第三，不吃晚餐影响心情，降低生活质量。

原本早餐凑合，午餐质量不高，只有晚餐能大快朵颐，突然连晚餐这点生活乐趣都被剥夺了，心情必然大受影响。不能和家人一起享用美食，不能和朋友出去聚餐，也会影响生活质量。减肥不就是为了让人生活得幸福快乐吗？对于体重还没有达到肥胖程度、不是为了健康而减肥的人来说，长期失去这些生活乐趣，减肥也就没什么意义了。

不过，这并不是说，不吃晚餐减肥的方法一定无法成功。只要方法得当，至少在一两个月中还是可以起到作用的。关键是，怎样做才能避免以上的麻烦，保证身体不受损害。

首先，不吃晚餐减肥时，要提前补充营养。

不吃晚餐，并不等于把晚餐应摄入的营养全部舍弃。在减肥期间，的确要适当减少碳水化合物和油脂的摄入量，但是不能减少蛋白质、维生素和矿物质的摄入量。可以在下午提前进食，保证碳水化合物和脂肪的摄入量比正餐少很多，同时保证蛋白质和膳食纤维的摄入量不会太少。

比如，我们可以在下午4~5点喝杯牛奶或酸奶，吃个鸡蛋或一小把坚果，喝一小碗杂粮粥，或者燕麦粥，加点水果干。这样，可以保证十几克的蛋白质供应，同时还有少量的碳水化合物，起到节约蛋白质的作用。

因为摄入量不大，胃的负担不会太重，所以也不妨碍下午6~7点去健身。

其次，睡前1小时加点夜宵。

为了避免睡觉时感觉饥饿，影响睡眠，可以在睡前1小时吃点清淡又有营养的食物。这里说的夜宵，不是烤串加啤酒，不是方便面，也不是饼干、点心、薯片、小蛋糕之类的高能量食物。可以喝杯牛奶，喝杯不太稠的杂粮豆浆，喝杯不甜的莲子汤。如果感觉白天摄入蔬菜水果的总量不够，或者没有吃水果，可以在晚上8~9点时吃一盘蔬菜沙拉，或者吃点水果。否则，早上不吃蔬菜，晚上也不吃，一天的摄入总量无法达标。

对于傍晚运动减脂的人来说，下午和夜里加餐2次，替代晚餐，这种做法是很合适的。只是要记得运动之后需要补充蛋白质，一杯牛奶或豆浆是必不可少的，再加点清爽的果蔬最好。

再次，要早点睡觉。

省略晚餐后，晚上再熬夜到很晚，必然会感觉饥饿，身体也会更加疲乏。所以，不吃晚餐的朋友最好晚上9~10点就睡觉。早睡才能早起，早上6点起床，好好做一餐豪华早餐，保证一天的饮食质量。

最后还有一个忠告：如果某个晚上吃了丰盛的一餐，千万不要因此怪罪自己，更不要自暴自弃开始乱吃，这很容易让前面的努力毁于一旦！不如当作给自己放一天假，之后继续努力就好了！

当然，最好的是，日常养成良好的生活习惯，不省略某一餐，吃好三餐，增强运动，获得健康的身体和好身材！

特别关注14：运动后体重反而增加了

要想减肥，绕不开"管住嘴、迈开腿"这条经典路径。与前些年的绝食、3日苹果餐、7日蔬菜汤之类的极端减肥方法相比，运动减肥已经成为新的时尚。很多运动减肥的女性都会纠结于一件事："我并没有多吃东西，为什么开始运动后，同样的饮食，体重反而增加了呢？"

这个问题很复杂，先要从体成分和减肥目标说起。

大家都知道，用体重秤可以称出自己的体重，但体重到底是由什么构成的呢？恐怕很多人没有想过。我们的体重包含骨骼的重量，肌肉（包括内脏肌肉和四肢肌肉）的重量，还有血液、淋巴液、细胞间液和脂肪的重量。以上每一类的重量是多少，它们的比例怎么样，就叫作"体成分"。

谁会希望自己的骨骼重量过低呢？骨骼强健是极大的健康优势，骨骼重量太低，往往意味着患骨质疏松的风险比较大。

谁会希望自己的肌肉过少呢？内脏肌肉减少，意味着代谢功能下降；四肢肌肉减少，意味着体能衰弱和生理衰老。整体来说，肌肉的衰减与代谢率的下降直接相关，而代谢率下降意味着能量消耗减少，会让人形成"易胖难瘦"的体质。

谁会希望自己体内的水分过少呢？体液对人休的健康极为重要，体内水分也和人体的年轻程度密切相关。婴儿的身体水分含量最高，而老年人的身体水分含量最低。

知道了这些基本道理就能明白，减肥的时候，我们要减的不是骨骼，不是肌肉，也不是身体的水分，而是脂肪。骨骼、肌肉、水分并不会对我们的健康造成危害，只有过多的脂肪才会给我们带来患病的风险。降低体脂率，让它达到合理范围，才是真正的减肥。

如果仅仅追求减少重量，而不注重降低体脂率，甚至为了体重数字"好看"而减少骨骼、肌肉等身体有用部分，不仅降低身体的代谢率，还会损害自己的健康，加速衰老，这与减肥的根本目标是背道而驰的。

前面详细介绍过，在减肥期间，减少脂肪与减少肌肉（蛋白质）相比，体重下降速度完全不同。减少蛋白质的减肥方法会带来体重的快速变化，而踏踏实实减少脂肪，体重下降的速度是非常缓慢的，缓慢到让那些浮躁的减肥者无法忍受。

　　减少1千克纯脂肪，需要消耗9000千卡的能量。一位女性即使一整天什么都不吃，保持正常生活，消耗1800千卡的能量，也只能减少200多克纯脂肪，这点体重变化还在家用体重秤的误差范围内。从能量效率来说，减少1千克脂肪需要消耗的能量，相当于减少2.25千克蛋白质，以及更多的与蛋白质相结合的水分。人体消耗9000千卡的能量，只能减少1千克纯脂肪；而消耗同样的能量，减少纯蛋白所带来的体重下降，理论上约为7千克。

　　回到本部分的主题，为什么运动减肥反而使体重增加？

　　对那些原本体能很差的人来说，运动不仅消耗了脂肪，还加强了内脏功能，提高了肌肉在体成分中的比例。肌肉的比重大于水，脂肪的比重小于水，如果减肥者的身体减少了一定体积的脂肪，增加了同体积的肌肉蛋白质，那么体重必然会上升。

　　在运动减肥的初期，这种情况最为明显，体重不下降，甚至增加了，但身材并没有变得臃肿，衣服显得大了，因为体脂率有所下降，身体围度会逐渐变小。等到代谢率逐渐提升之后，身体分解脂肪的能力就会加强。如果是超重或肥胖者，那么在这个阶段就会看到缓慢但持续的体重下降。

　　一位女士告诉我，她开始运动2个月后，体重增加了2千克，穿衣服却明显感觉体形变好了，原来穿不进去的牛仔裤能美美地穿上，腰围也变小了，腹部更平坦，臀部更翘。这是令人欣喜的减肥成果，因为这意味着她减的几乎都是脂肪。只有脂肪率降低的减肥，才是真正意义上的减肥，才是让体形变美的减肥。

　　但是，许多正在减肥的女性不是这样的心情。一位女士问："为什么我辛苦运动2个月，也确实变瘦了，但体重还不下降？我都坚持不下去了！"

　　我回答她说："如果你辛苦节食2个月，体重下降了不少，体形却没有变好，你会开心吗？人们看到的只是身材线条，谁会关心体重数据呢？"

　　非常可惜的是，因为忘记减肥的根本目标，因为对体重数据的过度执着，大部分人在运动早期就因看不到体重下降而陷入沮丧，减肥大业半途而废。

　　也有人会问："运动的确能改变我的体形，但是一停下来就会反弹啊！"这的确是事实，但如果不运动，换成其他减肥方式，效果会更好吗？

　　（1）不运动，换成节食减肥法。你能一辈子忍饥挨饿吗？只要停止节食，三餐吃饱，体重反弹得更快。

　　（2）不运动，换成吃药减肥法。你能一辈子吃减肥药吗？所谓是药三分毒，所有减肥药都有明显的副作用，至今还没有什么灵丹妙药能让人变瘦而不必付出任何代价。

所以，饥饿、服药，这些方法都不可持续，而且严重损害健康。相比之下，每周运动3次，对健康、活力和美丽都极其有益，为什么不可以坚持下去呢？

即便不是为了减肥，仅仅为了维持健康，预防慢性病，每周也应当保证至少进行150分钟的运动。

随着年龄的增长，身体代谢率逐渐下降，人会越来越容易发胖。维持健康身材是一辈子的事业，绝不可急功近利，幻想能够"毕其功于一役"。

高高兴兴地进食，摄入充足的营养，高高兴兴地运动健身，忘记体重的数字，把注意力集中在打造和维护美好身段上，才是高质量的减肥。

故事分享7：想走捷径，反而会绕远

最近一位女士告诉我她的减肥经历。

"我2016年开始看您的微博和书，靠健康饮食和增加运动，3个月轻松减脂，有了5块腹肌，马甲线明显，身材非常棒。

"2017年，我做新娘。为了追求骨感美，我在医院营养科开了半个月的食物棒（就是生酮饮食那种）。当时减重确实神速，但是，改善身材的效果明显不如2016年健康饮食加运动瘦身的时候。停吃食物棒之后，体重反弹也很快。

"2018年4月，我的体重达到几年来的高峰。我又去营养科开了3周的食物棒，很快瘦下来，几个月后体重又反弹了。现在我身上的脂肪大多数集中在腹部、大腿。

"如今我正在备孕，不敢再使用生酮饮食了。我重新关注您的微博，看您那本关于孕产饮食营养的书。这几年经历了无数次的减肥—反弹过程，我最后还是回归到健康饮食和运动。"

另外一位男士也与我分享了他的减肥经历。

"我原来是个体重100千克的肥胖者。为了快速减肥，我先辟谷2周，再生酮饮食，在3个月里减掉了25千克的体重。人是瘦了，但明显气色变差，皮肤松弛了，人看起来老了许多，精力和体力都明显变差。

"现在我根本不敢正常吃饭，除了吃些鱼肉蛋类和蔬菜，就是吃各种维生素和保健品。只要吃一点主食，体重就会很快反弹，连水果都不敢随便吃。

"在外面聚会的时候，别人总是好奇我怎么瘦了这么多，都很羡慕我。开始我还觉得很有面子，特别得意，可是现在觉得生活不如以前幸福了，压力也特别大。除了因为吃不到美味而不开心，我还怕自己体重反弹后被家人和朋友笑话，又怕自己这么吃下去影响健康……"

各位可以仔细观察自己身边那些快速瘦下来的人。靠饥饿节食、断食、生酮饮食减重的人，身材多少都会变得松垮，皮肤松弛，体力变差。对比减肥前后的照片，从脸部的紧实度上就能看得很清楚，皮肤变得松弛，人看起来就显老，这是生理衰老的迹象。

那么，怎样才能让肌肉重新变得紧实呢？一位减肥健身专家提供了一些建议。

仅仅吃食物棒瘦身是不行的，要做有氧运动，结合力量训练，一周至少运动5次，同时保证较高的蛋白质摄入量和能量负平衡。体重进入正常范围之后，要增加力量训练的比例，同时逐渐增加食量，以便增加肌肉量。然后，继续保持能量负平衡，减掉增肌过程中增加的脂肪。两三个低碳水化合物饮食—高碳水化合物饮食循环配合长期健身，才能达到基础代谢率正常而体脂率下降的效果。除了如此长期努力、坚持自律，没有其他毫无副作用还能长久保持减重成果的减肥方法。

如此复杂的过程，有多少心急的人能做到呢？这个高、低碳水化合物饮食循环的方法，一点都不比我推荐的低血糖指数+高饱感+高营养素密度+少量运动的方法更简单，所以，凡是貌似捷径的方法，其实都是最绕远的。

直接使用45%~50%碳水化合物供能比的饮食，日常坚持少量有氧运动和增肌运动，就可以慢慢瘦下去。一年之后，减掉的脂肪并不比先快速减重后控制反弹的方法少，而且简单、不痛苦，不损害健康，成本还低得多。哪怕没有教练，自己也能实现。

这种方法最大的缺点，就是不能有效拉动经济增长。在这个经济利益驱动的世界，不能带来利益的方法，能有多大的推广普及力度呢？

其实，我不反对人们用其他方法减肥。只是想告诉大家，还有这种简单自然的选择。如果使用其他减肥方法感觉疲劳了，随时可以回归这个方法。

许多朋友像故事里的那位女士一样，经历了各种方法，才意识到这种简单自然减肥方法的优点，然后感慨说："其实所谓的捷径往往会让人绕远。绕来绕去，最后都要回归到日常健康饮食加运动的正路上来。"

第七章

减肥后，该怎样
长期保持

专家们研究了一个又一个减肥理论，研制了一个又一个减肥产品，但肥胖者的长期减肥效果始终不理想，专家们对此感到十分不解。做了那么多的研究，付出那么大的努力，为何这么多接受了减肥帮助的肥胖者还是瘦不下来呢？

一位专家提出了这样的猜想：因为我们帮助的人不对。有一类人能帮助自己，这些人不会向专家求助，而是自己改变错误的生活方式，然后长期坚持，达到健康的状态。那些没有毅力、自律性差的人，才会到专家那里求助，或者购买各种减肥产品。一旦离开专家的指导，停掉各种产品，停止使用各种极端的减肥食谱，他们又会回到原来的错误生活方式中，体重自然很容易反弹。

减与不减，是一种生活态度。选择什么减肥方法，减肥之后能不能长期保持，更是生活态度的反映。

1 为什么减肥后总会反弹

美国有档真人秀节目《超级减肥王》，选手大多是严重肥胖人士，他们要在30周内尽可能地减重，减重比例最大的获得冠军并且得到奖金。这些选手中，不少人能在这个过程中瘦一半。一切看起来很美好，但是对14名选手的追踪中发现，6年后，14人中只有1人成功保住减肥成果，其他人的体重全部反弹。并且，这样的极速减肥让他们的基础代谢率降低了很多，基本每天要少吃一顿饭才能阻止自己继续发胖。

"在年少无知时，我也曾经利用节食的方法来减肥，作为非专业人士，怎么判断基础代谢率是否降低？今后在减肥过程中怎样从饮食方面尽量避免降低基础代谢率？"有人提出疑问。

所谓减肥成功，是指在达到减肥目标后，停止减肥时期的非常规做法，回归正常生活6个月后，还能基本保持减重成果，而且健康没有受损。

在减肥前，人们往往只关心每个月瘦多少，有些人甚至恨不得第二天起床身材就变苗条了。正因如此，很多减肥方法和减肥产品惯用快速减肥的承诺来吸引人，而心急的减肥者也往往因此趋之若鹜，以为找到了减肥的捷径，哪怕减到脸色蜡黄、皮肤枯槁，也如飞蛾扑火一般，前赴后继。

如此不计后果地减肥，结局是残酷的。一旦停止那些减肥措施，恢复正常生活，体重马上就会无情地反弹。最糟糕的是，饿着也瘦不下去，一旦正常吃饭就飞快长胖。过不了半年，咬牙坚持3个月取得的减肥成果就基本付诸东流。

"为什么减重之后会反弹呢?""减重后怎样才能不反弹呢?"这是长久困扰减肥者的问题。事实上，仅仅达到目标体重，并不能称为减肥成功，能够长期保持减重成果，且没有因为减肥而损害健康，才是真正的减肥成功。

从远期看，那些快速减肥方法的减肥效果，根本不比健康饮食配合适当运动的慢减肥方法更好。使用快速减肥方法，开始瘦得快，之后就要一直与反弹搏斗，最后只能保留部分成果，甚至越减越肥。比较两种减肥方法的减肥效果，美丽分数、健康效益、生活质量和心理状态更是大不相同，前者面黄、皮枯、发脱、体松、双眼无神、身体虚弱、沮丧焦虑，而后者皮肤细腻、身材紧实、精神抖擞、积极自信。

《超级减肥王》这个节目，在比较指标上非常不科学、不健康。他们选择高体重人士，这些人要减掉五六十千克的体重，本来需要2~3年的时间，节目组却要求他们在30周内尽量减轻重量，所以，选手们必然为了加快体重降低速度，选择不健康的快速减肥方法。作为非专业人士，他们不会考虑这样的减肥法会不会降低基础代谢率等问题，也考虑不到一两年后会不会反弹或出现健康问题，他们唯一关注的，就是如何让体重降低得快一点、再快一点。

那些快速降低体重的措施，是无法长期坚持的，更不可能坚持终生。绝大多数减肥者在使用快速减肥的方法后体重反弹，是意料之中的事情，也是科学规律决定的。真相是，他们减掉的，有很大一部分并不是脂肪，而是身体的有用组织，特别是富含蛋白质的肌肉。

我曾经多次解释过，在节食减肥时，或者拼命运动但饮食中营养供应不足时，身体不仅会分解脂肪，也会分解蛋白质。身体中蛋白质的量和基础代谢率是直接相关的，换句话说，体内的蛋白质少了，基础代谢率必然下降。身体开启"节俭"模式后，做什么事情都比以前消耗得更少，那么恢复减肥前的饮食后，就更容易变胖。

极端的快速减肥会导致营养不良，使人的食欲暴增，难以控制。而摄入的营养不合理，无法补充身体需要的多种营养素，结果就是一边体重反弹，一边营养不良。虽然吃了很多东西，人却仍然疲惫不堪，脸色难看。

早知如此，又何必当初呢?

其实我并不是很喜欢"基础代谢率低导致身体容易能量过剩，即使吃得少也容易长肥肉"这个解释，我更愿意换一种表达向大家解释这件事情，那就是生命的质量和身体的活力。

如果一个人的营养充足而平衡，身体各器官的功能良好，那么进食摄入的能量就会变成身体的活力。它们可以维持体温，使身体保持温暖，不怕冷；它们会变成力量，让人能跑能跳能搬能扛；它们会变成维护神经系统功能所需要的能量，支撑大脑高效率地学习、思考、工作；它们能支撑免疫系统正常工作，消灭致病菌、病毒和变异的细胞。因为身体各部位会把该消耗的能量消耗掉，不会有多余的能量用来转化为脂肪，所以，正常的进食根本不会让人变得肥胖。

节食减肥会使人的身体功能完全紊乱，各器官功能全部下降。营养不良时，身体代谢所需的多种原料都不足，连修复身体所需的蛋白质也不够。摄入的食物能量不能够顺利变成活力，变成抵抗力，变成思维和情绪上的正能量，而是堆积成灾，最后变成脂肪。

在很大程度上，真正的肥胖是营养不良造成的。天然的食物并不是敌人，食物中的能量也不是敌人。

有些食物所含能量高，但营养价值也高，能被身体充分利用，就不会令人长胖。最可怕的是那些能量又高、营养物质又少的食物，这类食物，我们俗称"垃圾食物"，它们不能增加身体的活力，只能在体内转化成脂肪。

与其费尽心思寻找快速减肥的方法，不如好好想一想，到底致肥的根源是什么，如何让自己吃上营养合理的三餐，如何适度运动健身，形成良好的饮食生活习惯，养护自己的健康体质。想走捷径，用各种不健康的方式减肥，最终不过是陷入减重—反弹—再减重—再反弹的泥坑，让自己身心疲惫、面容憔悴，提前衰老。

回到开头的问题，每个人都要维持自己的基础代谢率，也就是保持身体的代谢活力。基础代谢率与性别、年龄、肌肉量、体表面积、体能、气候等都有关系，与疾病状况、甲状腺素水平、药物使用等也有关系。

简而言之，人越年轻，基础代谢率越高；越爱运动、精力越充沛，基础代谢率越高。同样的基础代谢率，身体体积越大，基础代谢消耗的总能量越多。

成年女性的身高、体重不同，肌肉量不同，基础代谢率也不一样。一位成年女性每天维持基础代谢，需要的能量从1100千卡到1500千卡不等。

节食减肥后，体内蛋白质损失，基础代谢率会出现不同程度的下降。

那么，怎么判断自己的基础代谢率是否下降了呢？除了进行测定之外，简单的方法是观察以下这些变化。

（1）看看自己的身体有没有变得松垮。肌肉少了，身体会变得松垮；肌肉充实了，身体会变得紧实。

（2）看看自己是否越来越怕冷。怕冷说明用于维持体温的能量减少了。肌肉充实、血液循环好的人通常不怕冷，而体内蛋白质丢失，肌肉减少，血液循环动力不足，就会变得怕冷。

（3）看看自己是否经常感到疲劳。经常出现疲劳感说明身体活力下降，食物中的能量不能充分变成活力，这是基础代谢率降低的迹象。

（4）看看自己是否消化不良。吃什么都不消化，吃什么胃肠都不舒服，说明胃肠功能得不到修复和维护，这也是基础代谢率降低的一个表现。或者一整天都不觉得饿，不吃饭也总觉得饱胀，说明身体已经失去了把食物高效转变成身体活力的能力。

（5）看看自己是不是容易感冒、容易生病。基础代谢率下降后，免疫系统也无法得到足够的营养支持正常工作。

不过，这个过程是可逆的。基础代谢率已经降低的人，要立即停止节食，补充营养。坚持健身、改善营养，逐渐增加自己的肌肉量，恢复内脏功能，可以在一定程度上提升基础代谢率。

简单说，基础代谢率降低的人更要注意食物的营养质量，提升饮食质量。基础代谢率过低的人不仅仅需要今天的营养，还要逐渐补足以前缺少的那些营养物质。因为身体损失了很多蛋白质，所以，必须多摄入一些蛋白质，比如，每天加1个蛋、1杯奶、50克肉。不要再吃甜食、煎炸食品，把胃的空间留给营养价值更高的食物。

半年之后，待身体逐渐恢复正常，就可以开始新的减肥计划（如果是真的体脂过高需要减肥，而不仅仅是追求瘦成一道闪电，想变成皮包骨头那种状态）。此时要耐心减，少摄入10%的能量，减少主食的量，蛋白质和蔬菜完全不减少，保持营养充足的状态，同时增加半小时到1小时的运动。如果使用1600千卡的营养平衡减肥食谱，每个月只减少1~2千克，减纯脂肪而不减肌肉，这样的减肥基本不会影响健康。

2 轻松的日常活动也能防止肥肉上身

◆ **刷牙洗脸。**早晚刷牙洗脸时，可以踮脚尖，让脚跟上上下下地运动（小心维持身体平衡，别摔倒）。刷完牙后，顺便把洗手台擦一擦。

◆ **扫地和拖地。**虽然这些家务烦琐无味，但如果把它们当成减肥运动，做起来就心甘情愿了。可别小看清扫工作，拖地40分钟可以消耗150千卡，叠棉被5分钟可消耗25千卡，用吸尘器打扫地面20分钟约可耗47千卡。

◆ **整理房间。**整理房间难免要来来回回走动，其实和长走的效果一样，每小时可以消耗200千卡。

◆ **洗衣服、晾衣服。**洗衣服每小时可消耗120千卡，还能瘦手腕。晾衣服更是好运动，不妨踮高脚尖，伸展四肢，不仅能锻炼肩部肌肉，还能让身体曲线更优美呢！

◆ **熨衣服、叠衣服。**这些家务虽然不累人，1小时也至少可以消耗120千卡呢！

◆ **烹调美食。**如果有时间，还是自己动手烹调美食，哪怕是洗菜、切菜，做一餐饭至少要消耗120~150千卡，相当于少吃半块奶油蛋糕。

◆ **打电话。**打电话也可以减肥吗？没错，不过一定要站着啊！更好的做法是边打电话边不停地变换身体重心，同时一只手握紧听筒，10秒之后再换另一只手，这样可以锻炼前臂肌肉。

◆ **擦桌子、洗碗。**这也是不错的运动。擦桌子时要卖力一点，围着桌子转来转去；洗碗时也要投入一点，最好身体左摇右晃，同时哼着歌。这样，30分钟可以消耗80千卡。

◆ **边洗澡边美体。**洗澡时，不妨动动脖子，扭扭腰，踮踮脚尖。如果时间富余，不用那么着急，可以慢慢地洗，让血液充分流到身体表面，促进新陈代谢，消耗100千卡的同时，好好享受洗澡的快乐！

◆ **刷洗浴缸。**洗澡前后不妨亲自刷洗浴缸。弯着腰，前前后后地用力刷，不但可以减少腰部的脂肪，还能伸展手臂。

◆ **看书或看电脑时进行简单的小活动。**看书或看电脑时血液循环差，很容易感觉肩颈部疲劳。不如过一会儿就做一点简单的动作，如耸耸肩膀，前后旋转肩部。脚也不妨一起动一动，旋转脚踝、抖动双腿，可以让脚踝变细，腿部线条变美。

◆ **逛街购物。**逛超市时记得不要推车子，自己提着购物篮。一会儿踮高脚尖找东西，一会儿弯腰去取商品，然后把东西拎回家，你的身体脂肪会在这个过程中悄悄地减少。

◆ **爬楼梯。**如果住在7楼以下，那就忘掉电梯吧！一天上下楼梯两三趟，可以消耗掉将近100千卡呢！

◆ **走路。**一定要注意挺胸、收腹，臀部夹紧，步伐轻快，表现得活力十足，这样不仅可以多消耗能量，人看起来也显得更加轻盈苗条！

◆ **排队。**如果排队等候，不妨站成芭蕾预备体态，双脚一字分开，收腹缩臀，颈部上拉，想象自己的身体成为薄薄的一片。这样站着也能减肥，还能让你姿态优美。

◆ **巧用公交车上的手环。**在公交车上站着时，利用拉手环的动作，时而用力握紧，时而放松，左右拉动，可以消耗上臂的脂肪。用力拉着手环慢慢上下左右转动颈部，可以锻炼颈部肌肉。

◆ **边看电视、看投影边运动。**站着看电视，一边看，一边晃动身体，可以扭扭腰、踢踢腿、伸伸臂，这样不仅可以让你忘记桌上的零食，运动1小时还可以消耗120千卡呢！

◆ **去KTV唱歌。**要经常站起来为别人喝彩，或者抢来麦克风，摇头晃脑自我陶醉地唱。千万不要坐着不停地吃零食！

只要有减肥的意识，从细节做起，一天中不知不觉就能多消耗至少500千卡，这可是相当于慢跑一个半小时呢！如此持之以恒，你就会成为别人眼里"吃不胖的美女"！

3 不挨饿也能防止发胖的小窍门

有一天，我和L教授聊天，说起10多年来我们两个人的体形都没有明显变化。

"年近五十的人了，真的不控制不行啊。"L教授说。

我说："是啊，每当我运动量减少，特别是一段时间不跑步之后，腰腹上的脂肪就明显增加。可是，您并没有专门做运动，又是怎样保持体形的呢?"

L教授说："其实我也运动，只是没有像你那样跑步，也没做高强度间歇运动（HIIT）。 我只是坚持走路罢了，每天差不多都能走够一万步。虽然走路的运动强度不够大，但是也能消耗不少能量，至少能够确保正常饮食而不长胖。"

对于L教授说的这一点，我十分赞同。其实我也一样，在无法跑步的时候会注意多走路。比如，每次去机场，我从不拉着箱子，而是直接背一个双肩包，这样，在偌大的机场走来走去，就是负重走路了。负重走路消耗的能量比不负重走路多得多，而且有一定的重量负荷，对维持骨骼密度也有好处。至少到目前为止，我的骨密度还处于比较年轻的状态，膝关节的功能也基本正常，能跑能跳，上楼下楼都没有不良感觉。

"那么，在饮食方面您又有哪些秘诀呢?"我继续追问。

L教授说："这方面我确实有些小秘诀。有些东西我很少吃，比如甜食、油腻的菜肴、油炸食品之类都不吃，零食也不吃。只吃正常的饭菜，吃点辣的东西没关系，只要不多吃油，其实吃辣椒、花椒之类对减肥都没什么不良影响。"

这个我也赞同，如果不摄入大量油脂，也不多吃主食，那么辣味调味品对减肥是有好处的，辣椒素有利于增加能量消耗，减少脂肪积累。

"此外，吃饭的顺序也特别重要。先多吃少油蔬菜，把胃填充一半，然后再吃主食和鱼肉。只要按这个顺序吃，主食和鱼肉类就不会吃太多。最让人高兴的是，这么吃虽然减小了饭量，但并不会觉得饿，操作起来还特别简单!"L教授很得意地吐露了这个秘诀。

L教授的进食顺序与我多年来提倡的进食顺序是一致的，而且也符合控制餐后血糖的原则。先吃了很多少油蔬菜，就能保证蔬菜供应充足，增加了钾、镁、钙、类胡萝卜素和类黄酮等有益成分的摄入量。特别是摄入大量绿叶蔬菜，能够帮助预防糖尿病、高血压、中风和肠癌等。

足量的少油蔬菜带来的饱感，让人们不会在用餐时摄入过多的能量。而绿叶蔬菜的膳食纤维含量比瓜类、果实类蔬菜更丰富，胃排空速度较慢，延缓了饥饿感的到来，同时也减缓了餐后血糖的上升速度。

血糖上升较慢的情况下，主食中的葡萄糖可以缓慢释放出来，在餐后几小时内能够保持血糖水平稳定，也能推迟饥饿感的到来。

这个方法还有一个改进版：餐前半小时先喝1杯牛奶或豆浆，进餐时先吃1碗少油绿叶蔬菜，再吃主食、鱼肉类和其他蔬菜。

人在非常饥饿的情况下，要以理性的态度选择进食顺序，往往很难做到。不如在饥饿感到来之前，先吃一点高蛋白、大体积的食物，延缓饥饿感的到来，然后再按顺序进食。

说起既含蛋白质，能量密度又低，吃起来又方便的食物，首选自然是牛奶和豆浆。没有乳糖不耐受的人可以直接喝牛奶，空腹喝牛奶不舒服的人可以选择豆浆或低糖酸奶。

聊到这里，我与L教授相视一笑："只要保证基本的运动量，再加上科学理性的控制饮食方法，做到既不挨饿又不发胖，其实也不难嘛。"

4 长期体重管理的十五个行为要点

如果营养目标能够与行为改变措施相结合，成为一种生活习惯，对预防体重反弹将卓有成效。本书针对长期维持体重的目标，总结了以下15个体重管理行为要点。

购买食物时

（1）买食物的时候进实体店，细看营养标签。

尽量少在网上购买加工食品（杂粮、果蔬、奶类等原材料例外），尽量到实体店购买加工食品，给自己"多制造点麻烦"。在实体店购买食物，就能细细查看食物的配料表、营养标签等信息。看到100克食物中含有20多克脂肪，有1000多千焦的能量，相信大家买的时候就会产生心理障碍。

（2）买食物的时候只买可以一次吃完的小包装。

不论是购买包装食品，还是去餐厅点餐，都要买小份的。超市里大包装促销、"买一赠一"的套路都是减肥的绊脚石。把大包装食物买回家，要自己控制每次吃的数量，难度很大。特别是食品快到保质期的时候，又舍不得扔掉浪费，就只好吃进肚里，让脂肪长在身上了。

进餐前

（3）饭前30分钟一定要吃点东西。

饭前适当吃点东西，可以减小正餐的食量。关键的是"餐前餐"的进食量要小，大概相当于正餐的1/5就好。食材选择方面，以天然食材为佳。比如十几粒煮花生，几颗巴旦木，1个小苹果，1杯牛奶，1杯酸奶或者1杯豆浆（当然是任选其一）。国外有研究表明，餐前30分钟喝两杯水，也可以帮助人们减少食量。

进餐时

（4）改变进餐顺序，固定主食的量。

许多人认为菜是用来配饭的，菜可口就多配饭。研究发现，有利于控制体重的进餐顺序应该是，先吃少油少盐的蔬菜，再吃富含蛋白质的鱼肉蛋，最后再吃一些富含淀粉的主食。小口饭配大口菜，无论菜多么好吃，饭都不能多吃。

外餐时

（5）提前想好点什么，千万不要随便改主意。

下馆子、订外卖之前，先想好要点什么，选蔬菜多、油盐少的食物组合，避免油炸食物。不要一看到菜单又改主意，因为人饿的时候意志力会变薄弱的。

（6）优先选择那些骨头多、刺多、要剥壳的美食。

这些食物吃起来费时间，吃到的肉少，能避免狼吞虎咽。吃这些食物既能放慢进餐速度，还显得吃得多，因为盘子里放了一大堆骨头和刺。

（7）摄入过多高蛋白、高脂肪食物，主食就尽量少吃。

不得不下馆子吃饭的时候，如果菜肴真的很油腻，主食就要尽量少吃，这样就能减少体内合成脂肪的概率。

（8）如果菜肴油腻，就涮涮油。

有些菜的油在表面，比如炒青菜等。要一碗热水，把菜涮一涮再吃，可以少摄入好几克脂肪。

关于餐次

（9）一定要吃早餐。

（10）不要轻易省略一餐。

如果不饿，就少吃点，但别不吃。许多人通过不吃晚餐减肥，可是到了睡觉前饿得睡不着，最后反而忍不住在睡前大吃一顿。其实正确的方法是，晚餐可以少吃一些，清淡一些，尽量选择体积大、能量密度低、膳食纤维丰富的食材，比如杂粮粥、薯类、少油蔬菜等，要避免那些吃起来就停不住的食物。

（11）在很饿之前提前加餐。

两餐之间如果饿了，千万不要硬忍着。产生强烈的饥饿感之前，一定要先吃点东西填填肚子，不要忍到特别饿的时候再吃，如果饿得失去理智，很可能会暴食一顿。如果睡觉之前觉得饿了，可以适当吃一点夜宵。最好在晚上9~10点喝点牛奶、酸奶或者豆浆等。进食的时间特别重要，睡前3小时就不要再吃油腻的食物了。

备荒食物

（12）常备健康、低能量的备荒食物。

家里常备杂粮饭、杂粮粥，一次多做点，放在冷冻室里，随时可以取出来吃，不要因为没时间做健康食物而订外卖。饿了可以喝的饮料如牛奶、豆浆、酸奶也要随时备，还有白开水、矿泉水、各种茶和无糖柠檬水。

日常活动

（13）餐后半小时不坐下。

餐后轻体力活动有利于餐后血糖峰值下降，避免合成过多的脂肪。但是，饭后也不要马上进行高强度运动，推荐进行收拾餐具、打扫屋子、散步等活动。

（14）抓住任何机会多走几步。

很多人说没时间运动，其实日常生活中有很多机会可以运动。比如从地铁站出来时爬爬台阶（如果你不太重，膝关节正常，也没有什么身体不适的话），停车的时候停得离目的地远一些，经常帮同事取快递，做饭的时候有空闲就在厨房原地踏步，等等。这些细节活动，每天可以让你多消耗200~300千卡能量。

（15）找到一项自己喜欢的运动。

不要说运动多么枯燥，多么痛苦，多么不适合自己，你只是没找到自己喜欢的运动而已。室外运动可以跑步、爬山、健走，室内可以使用跑步机、椭圆机、动感单车、划船机等健身器材，还有尊巴、健身操、哑铃操、搏击、瑜伽等活动，甚至还可以看看无器械健身、囚徒健身的各种方法，只需要极小的空间就能有效健身。不要着急，不要放弃，多多尝试，总能找到你喜欢并有信心能够坚持下去的运动方式。

只要持之以恒，将这些行为上的改进变成自己的终生习惯，对维持健康体重大有好处。看一看，你能做到几条呢？

测试5：你的体力活动够不够

请如实选择下面各个问题的答案。选A计1分，选B计2分，选C计3分。

如果你正在减肥，那么请你按照减肥前的真实情况回答，而非刻意选择。

1. 你工作时是以下哪一种状态？

A. 基本上8小时都坐着不动

B. 偶尔有点站立和走动

C. 经常需要走动

2. 你上下班使用什么交通方式？

A. 出门就坐车或开车

B. 乘公交

C. 骑自行车或走路

3. 你在家的活动情况如何？

A. 大部分时间看电视、电脑、手机

B. 收拾屋子，看孩子，陪孩子做作业，多少有点走动时间

C. 家务繁重，基本上没有停下来的时候

4. 在办公室，如果需要有人帮忙下楼取个东西、买点食物，你会是什么反应？

A. 又不是我的事情，我继续坐着不动

B. 实在没人去我也可以去

C. 好容易有机会出门走走，我要争取去

5. **回家之后，如果家人让你从电脑、手机前离开，去帮个忙，你会有什么反应?**

A. 真烦人，自己做吧，我忙着呢

B. 被叫了好几声才不情愿地站起来

C. 马上就站起来过去帮忙

6. **你买菜做饭吗?**

A. 基本上不用管这些事情

B. 给爱人或父母帮帮忙、打打下手

C. 基本上家里的饭菜都是我准备的

7. **吃完饭你会帮忙做刷碗、擦桌子、收拾厨房等家务吗?**

A. 不会，饭后我什么都不管

B. 有人叫就去，否则不会做

C. 很主动地收拾，就当是消消食

8. **你日常周末的活动接近于下列哪种?**

A. 先睡个懒觉，然后玩手机、打游戏、追剧等，基本上是宅着

B. 在家忙家务，打扫卫生、整理物品等也得三四个小时

C. 周末当然要出门郊游，或者带孩子去外面玩

9. **在单位时，午饭后你会做什么?**

A. 看手机、看电脑、伏案工作或坐着聊天

B. 室内活动，站一会儿，或走动走动

C. 饭后总要出去散散步

10. 你在2楼，如果让你上5楼拿一份文件，你会怎么做?

　　A. 肯定坐电梯上去

　　B. 如果电梯来了就坐，还没来就走楼梯

　　C. 基本都是走楼梯上去

11. 单位最近要举行体操活动，你会如何反应?

　　A. 没什么意思，不参加

　　B. 大家都去的话我也去好了

　　C. 太好了，我就希望能活动一下身体

12. 你开车或打车的时候，会怎样考虑停车问题?

　　A. 停得越近越好，哪怕停车麻烦，也要尽量少走路

　　B. 实在找不到地方停的话，多走几步也行啊

　　C. 故意停到200米外，正好可以多走路

13. 人们如何评价你的日常动作?

　　A. 身体比较安稳，节奏比较慢

　　B. 没什么特殊评价

　　C. 动作非常敏捷、轻盈，走路偏快

14. 连续3小时坐着不动，你感觉如何?

　　A. 挺习惯的，天天都这样

　　B. 觉得这样不太健康，稍微活动一下肩和腰

　　C. 坐1小时以上就得活动一下，最好全身动一动

15. **单位或者学校组织出去郊游，你会是什么样的情况?**

　　A. 我肯定是走在最后的那一批

　　B. 我能赶上平均速度，但回家之后就腿疼

　　C. 我很轻松地走在前面

16. **你平日有30分钟以上的专门运动的时间吗?**

　　A. 没有

　　B. 每周有1~2次

　　C. 每周有3次以上

17. **关于通过运动来控制体重，你认为如何?**

　　A. 我宁可控制饮食，天天运动肯定做不到

　　B. 愿意尝试增加运动，可是经常没时间

　　C. 必须运动，否则怎能终生拥有好身材

18. **你能双腿绷直，弯腰，双手放在地面上吗?**

　　A. 不行，我的手指尖都碰不到地面

　　B. 手指尖能碰到地面，再也弯不下去了

　　C. 手掌可以平放在地面上

19. **对于长胖，你常会有以下哪一种感觉?**

　　A. 体重没增加多少，就是裤腰紧了

　　B. 体重增加了，脸和小肚子一起胖

　　C. 体重增加了，但衣服松紧度变化不人

20. 与别人相比，你感觉自己的身体如何？

　　A. 特别松软

　　B. 正常，就是腰腹略有点赘肉

　　C. 很紧实，好像比重比别人大一些

　　如果总分在30分以下，那么很遗憾，你的运动量实在太少，发胖的风险很大。如果不运动，仅仅靠控制饮食，很难维持健康的体重。

　　如果总分在30~50分，那么你的运动还不是很充分，饮食上要适当注意控制，还要有意识地增加一些运动。

　　如果总分在50分以上，又没有饮食过量，那么你要保持苗条不是难事。继续保持这样的好习惯吧！

问答时间5：如何保持减肥成果

问题1　老师，体重减下来之后，到了维持期，是要保持减肥期的饮食习惯，还是恢复以前的饮食习惯呢？我合理饮食配合快走已经减了20千克！但我不知道之后该怎么吃饭、怎么运动。还是要保持好的饮食习惯，然后配合偶尔的运动吗？

回复：

　　是的，如果你是靠营养平衡的饮食方法减肥成功的，那么需要继续保持减肥期间的饮食原则，只是食量不必限制得那么严格，可以吃到饱。每周要做150分钟以上的中强度运动，这是世界卫生组织推荐所有健康人的运动量。特别是年岁渐长之后，只要一两周不运动，腰腹上的肥肉就会有增加趋势，四肢的肌肉就会变松。即便选美冠军、肌肉明星们，为了长期保持完美体形，每天也要在健身房练一两个小时呢。

问题2　我是用您推荐的健康减肥方法减肥成功的，我对现在的体重非常满意。以后怎样预防反弹？胖多少叫作反弹？

回复：

　　要想长期维持好身材，日常必须严加管理。腰围增加一两厘米，肌肉略有松弛，就要赶紧控制，找出体形变化的原因，赶紧节制饮食，增加运动。正所谓防微杜渐，这样就很容易保持好状态了。若等到胖得腰粗腹圆，衣服穿不上了才开始注意，那就太晚了。

问题3　我感觉自己有点微胖，腰和肚子上长了一圈小肥肉，去参加了1个月的瘦身减脂营。每天运动两三个小时，指导员还说这不能吃、那不能吃，根本不敢吃主食，把米饭当作洪水猛兽了。当时的确是瘦了，但从减脂营回来之后，实在拦不住身体的抗议，我现在路过蛋糕房根本抬不动腿，吃方便面都觉得无比开心。大概身体以为我陷入了饥荒时期，结果对高能量食物无比向往，同时对正常饮食又充满恐惧。怎么办啊？不吃吧，非常压抑、非常难受；吃了吧，就怕辛辛苦苦减的肥肉又回来！

回复：

很多人苦熬苦练快速瘦身，实际上不仅减了脂肪，还减了肌肉。减重的短暂喜悦之后，就是每天都在吃与不吃之间挣扎的痛苦。很多原本并未明显超重，更未达到肥胖标准的人发现，在快速减重之后，腰腹反而变松了，一旦正常吃饭，肚子上的赘肉反而比从前更多了！很多人都感慨，自己本来根本不算胖，非要跟风去减肥，结果越减越肥，十分后悔。

你现在必须做的事情，就是忘记体重。在营养摄入充足之后，虽然体重会略有上升，但体形的变化并不会如想象中那么恐怖。饭后走走路，稍微做点运动，腰腹上的肥肉并不会增加。最关键的是，从此慢慢进入正常的饮食状态，不再有快速反弹的危险。

分享一位网友的留言："好好吃饭之后，慢慢学会了与食物友好相处，感觉生活的幸福感提升了不止一点点。没有了自责和自卑，收获了自信和自爱。生活的重点不再是吃什么、怎么吃、吃多少、能量多少，而转到了感受生活的其他方面。发现最好吃的不是饼干、面包，而是普通饭菜啊！关键是三餐吃得很满足，没有暴食及相关的健康问题！"

问题4　我的日常饮食是早上一个面包和一杯豆浆，中午半碗米饭、半份豆腐、半份蔬菜，晚上红薯搭配一点蔬菜。饭后两三个小时就饿了，最想吃的就是蛋糕、饼干泡芙、薯片之类的零食。明明三餐吃得很正常，为什么总是管不住自己的食欲呢？

回复：

你正餐稍微多吃一些就好了。比如早上再加个蛋；午餐吃一碗米饭，菜肴加倍；下午加一杯酸奶；晚餐加半碗瘦肉。肚子填饱了，对零食的欲望自然就会减少。只要饿了，就喝酸奶和豆浆；只要有想吃的冲动，先吃几粒牛肉干。每天早餐时服用一片多种维生素矿物质片。如此坚持1个月，食欲自然会逐渐恢复正常，身心状态也能得到改善。

问题5　减肥之后，就越来越不知道怎么吃饭了。对"卡路里"特别恐惧，三餐根本不敢吃饱，饭后又总是嘴馋，一旦克制不住，就开始自暴自弃、暴饮暴食。现在每时每刻都在想吃东西的事情，吃不吃、吃什么、吃多少、多吃了怎么办，我知道这是一种病态心理，却不知道该怎么办。我现在比减肥之前更胖了，最糟糕的是，食欲越来越无法控制。

回复：

大部分人都会觉得吃东西是一件很自然的事情，吃饱了就不会再想吃东西。你之所以如此痛苦，脑子里被吃东西的事情长期占据，根本原因在两个方面，一是长期营养摄入不足，身体得不到足够的营养素，感觉严重不满足，导致食欲暴涨；二是心理上无法接受自己原来的体形，更无法接受减重之后的反弹，于是不给身体改善营养的机会。

如果实在无法自拔，就需要寻求治疗进食紊乱的心理行为医生的帮助了。无论如何，只有解决营养不足的问题，才能获得真正的身心安宁。

特别关注15：超重和肥胖儿童既要成长又要变瘦，怎么办

孩子发胖可不是小事，会增加将来患多种疾病的危险，甚至影响孩子的心理健康、职业前途和家庭幸福。

曾经听过不止一位减肥人士泣血回忆自己的经历，他们说："别人小时候至少瘦过，可是我，从小就是个胖娃，甚至青春期'抽条'的时候，长高的同时，体重也噌噌往上涨。"

如何让肥胖的孩子瘦下来，是很多父母的烦恼。

孩子正在发育成长的过程中，又要注意控制能量，又不敢让他们节食，担心影响发育；也不敢让他们饿着，担心影响学习效率。但是，如果一直胖下去，会为孩子带来许多健康危害。

（1）增加孩子未来患糖尿病、冠心病等疾病的风险，甚至很多肥胖症孩子不到20岁就加入高血压、高血糖、高血脂患者的行列。

（2）影响孩子的自信心，让他们失去成为同龄人中领导者的机会。一般来说，只有体能充沛、身材健壮、头脑灵活的孩子，才能当上孩子中的领袖。胖孩子常常会成为同学取笑的目标，也很难获得同龄人的尊重。

（3）影响孩子未来的就业和职业发展。社会上不可避免地存在外形歧视，太瘦和太胖的人都会在求职、升职时处于不利地位。太瘦会被担心容易生病、体能太差；太胖则被担心工作效率低、增加医疗负担。一些对外貌和体形有要求的工作岗位更是如此。

（4）影响未来的恋爱和家庭幸福。身材好的男孩和女孩更容易成为同龄人心中的男神和女神，收获众多爱慕的眼光。对女孩子来说，偏胖不仅可能导致提前发育，还会增加罹患多囊卵巢综合征的危险。男孩子过胖，甚至会影响性成熟。无论男女，过胖都可能影响今后的生育能力。

父母应当反思一下，为什么没有培养孩子正确的饮食习惯和合理的食量，没有鼓励孩子经常运动，没有培养孩子对自己身体的管理能力。

冰冻三尺，非一日之寒。孩子超重或肥胖，不是一天多吃的结果，同样，在恢复正常体重的过程中，也要做好打持久战的准备。

对于孩子，千万不能采取快速减肥法，甚至不用刻意减重。随着年龄增长，孩子会逐渐长高，只要体重不增加，体脂率下降，体形就会逐渐恢复正常。如果一定要采取减肥措施，应注意不仅不能影响生长发育，还要让孩子尽量保持愉快的心情。

在避免明显饥饿、保证营养充足的基础上，能够采取的减肥措施有6个方面。

减少烹调用油

日常把煎、炒、炸的烹调方法改为蒸、煮、炖和凉拌，这样可以减少很多烹调用油的摄入，而油脂的能量是最高的。

很多荤菜不放油也很好吃，比如清蒸鱼搭配豉油调味汁也很鲜美；白斩鸡、荷叶蒸鸡、麻酱汁拌鸡丝等也很好吃；清炖排骨搭配酱油味道依然鲜美。蔬菜可用油煮菜的方法，比炒菜少了很多油，但口感也不错。鸡蛋不做加很多油的炒蛋，而做成只加几滴香油的蛋羹，或者把嫩煮鸡蛋切碎了加点调味汁拌着吃。

只要油的用量控制住了，再略减少盐的使用量，香浓诱人的感觉会减弱，不需要刻意控制，孩子自然就不会吃太多。那种多油多糖，又加面糊煎炸的肉菜，比如糖醋里脊、锅包肉、裹上面包渣的炸鸡之类，最好不要吃。青春发育期平均每天摄入75~100克肉（去骨）和75~100克鱼（去刺），一个蛋和两杯奶（包括酸奶），再加上豆腐，蛋白质的摄入量已经非常充足了。

主食完全不吃带油的品种，如油条、油饼、烧饼、大饼、炒饭、炒粉，避免摄入过多能量。甜面包和酥软的起酥面包也要避免食用。

这样，一天少摄入十几克油不成问题，在正常饮食的前提下，一年就能轻松减掉4~5千克的体重。这方面父母自己必须付出努力，指望爷爷奶奶做饭做菜的话，往往很难改变大油大盐的烹调方式。

主食中增加全谷杂粮的比例

把一半白米白面主食换成薯类（如用大米和红薯丁、土豆丁一起蒸饭）和杂粮豆粥（如红豆燕麦糙米浓粥）。杂粮薯类的饱感很强，孩子的饮食就不容易过量。

比如，把白米饭换成糙米饭、燕麦饭等。将整粒燕麦洗净，泡一夜，然后与大米以1:1的比例放入电压力锅里煮成饭。燕麦饭富有韧性，比较好吃，颜色也是淡淡的黄色，并不影响米饭给人带来的食欲。网上还有磨皮燕麦米出售，不用泡，直接和大米一起放入电压力锅就可以煮熟了，只是煮的时候要多放一点水。燕麦饭味道更香，饱感强，营养价值也高，比较容易让孩子接受。

如果能够接受杂粮粥，建议晚上吃我推荐的红豆燕麦糙米浓粥（1份米加5份水煮），比米饭的营养价值更高。吃两小碗肯定饱了，但能量比一碗米饭还低，营养价值反而更高。吃杂粮粥不影响孩子的生长发育，也不影响孩子晚上的学习，甚至还能减少饭后的疲劳困倦感。

增加全谷杂粮在主食中的比例有利于减小腰围和降低体脂率。

不要担心孩子不肯接受，他们其实很喜欢多样化的主食。营造全家人都喜欢杂粮主食的氛围，孩子也会欣然尝试，而且会感觉多样化的主食风味更浓郁、口感更丰富。

多吃蔬菜，先吃蔬菜

超重或肥胖的孩子大部分蔬菜吃得比较少，而且吃饭速度比较快。减肥期间每天至少要吃500克蔬菜，最好能吃750克以上。用餐时先吃大半碗煮蔬菜或凉拌蔬菜，再一口饭一口菜地吃。实验室的研究表明，先吃半碗蔬菜，然后再一口蔬菜、一口主食地吃，有利于增强饱感，而且可以减慢吃饭速度，延缓餐后血糖上升速度，对防止发胖很有帮助。

为了保证蔬菜的摄入量，建议让孩子从早餐开始多吃蔬菜。早餐可以先吃半碗香油拌的烫青菜，并用蒸南瓜、蒸土豆等替代一部分面包、馒头等。午餐父母无法控制，晚餐一样先吃油煮绿叶蔬菜，然后再吃其他食物。每餐蔬菜品种要丰富，比如一份绿叶蔬菜，一份炖白萝卜或炖冬瓜等，一份焖豆角，一份凉拌黄瓜或莴笋等，至少要有3种，每天都要保证5种以上的蔬菜摄入。

教育孩子在学校吃午餐时尽量把蔬菜吃完，油炸食品可以把外壳去掉再吃，菜里的油汤不要用来拌饭吃。帮助孩子认识到自己必须改变肥胖状态，改变形象会带来更多赞赏的目光，这将为孩子提供足够的动力积极配合饮食改变。

不喝甜饮料，不吃饼干、甜点、薯片、锅巴等零食

孩子放学之后去超市买东西，很可能会在同学的影响下买一些不利于减肥的饼干、甜点、甜饮料等。建议孩子只买酸奶，酸奶对防止发胖有益，味道可口，也不会引起同学的不理解。

饼干、甜点、薯片、锅巴等零食一律不要买，甜饮料千万不要喝。它们对健康没有任何好处，只会让人增肥。如果孩子原来很喜欢这些零食，要督促孩子戒掉。

告诉孩子，人长大的过程，就是逐渐减少任性、增加理性的过程。当孩子培养出良好的饮食习惯，管理好身材，减掉多余的赘肉，父母可以用一定的方式来奖励孩子，比如买一个孩子一直向往的物品，或者假期带孩子去旅行。

适度补充营养素

与身高增长有关的营养素主要是蛋白质、钙、镁、钾、锌、维生素C、维生素A等。根据中国人的饮食习惯，钙往往是青少年饮食中的短板。不爱吃果蔬、杂粮、薯类的孩子，钾、镁、维生素C等营养素的摄入通常也不足。

钙的主要来源是奶类（酸奶亦可）、豆制品（如豆腐、豆腐干、豆腐丝等）和绿叶蔬菜（如油菜、小白菜、芥蓝等）。如果饮食中钙来源不足，可以考虑服用钙片，每天增加400毫克钙，可以在不喝牛奶的两餐分别补充200毫克。用餐时服用钙片，少量多次补钙，身体吸收利用效果更好，而且不容易发生便秘等副作用。多吃些水果增加钾的摄入，可以减少尿钙流失量，对骨骼健康也非常有益。

每天可以补充一粒复合营养素丸，或者一粒复合B族维生素片，弥补略微减少食量造成的营养素摄入不足。不需要服用其他补品，不要给孩子吃鱼油之类的保健品。

增加运动时间

除了控制饮食以外，还应该给孩子足够的活动时间，让他们每天至少有40分钟运动时间。也可以经常让孩子参与家务劳动，比如收拾屋子、打扫卫生等。做家务有助于培养自理能力，将来孩子总要离开家独立生活，从小培养孩子的自理能力有益无害，不要让孩子除了做作业就是坐着玩手机、看电视等，既不利于成长，也不利于减肥。

父母带孩子出门时，最好能找机会与孩子一起长走，增加活动量。父母的示范作用非常重要。可以循序渐进，从几千米到十几千米，慢慢增加行走距离。让孩子知道，出门不是只能坐车、打车的。背上双肩包、穿上专业健步鞋长走的感觉非常好，让人充满自由感和活力感。

做作业1小时后要休息十几分钟，活动一下。磨刀不误砍柴工，研究证明，活动后血液循环更顺畅，大脑供氧更足，记忆力会比一直坐着更强，发胖的风险也更小。

多与孩子交流，让孩子理解和配合；如果与老人同住，也要争取老人的配合。不追求孩子的减肥速度，以改变致肥习惯为目标。这些是孩子减肥成功的关键。

在孩子减肥期间，要按照前面介绍的各种饮食原则和行为准则，让孩子知道怎样吃是对的、怎样吃是不对的，也要让孩子学会与各种食物和平共处。如果某一天做得不好，不要灰心丧气，后面的日子努力做好就行了。

最重要的是，要让孩子在减肥的过程中不断成长。学会健康饮食的基本方法，不仅对减肥大有好处，对未来的体重维持更为重要。一生很漫长，随着年龄的增长，必须学会理性生活。如果不早早地学会抵抗各种食物的诱惑，如果没有基本的自律，将来如何能够得到健康的人生？

孩子的身高会继续增长。只要身高增长而体重不增加，或每个月缓慢变瘦0.5~1千克，体形就会拉长。只要坚持，一年之后，孩子的身材一定会有明显的改善，而且体能会更好，也会更加自信。相信孩子和父母都会因此产生自豪感。

故事分享8：中年女性，小心减肥让人变老

某日，一名记者前来采访。说完正题之后，正好到了吃饭时间，我就请她去食堂一起吃饭，顺便参观我们学校的学生餐厅。

我们买好饭菜，一边轻松聊天，一边吃饭。

记者问："采访完了，我有个私人问题能请教您么？"

我说："当然可以啊。"

她说："我妈妈的年龄和您差不多，她偏瘦，三餐都正常吃，吃得也算清淡，但是血糖和血脂都是临界高值，为什么啊？她现在更年期了，经常说自己身体乏力，皮肤也开始松弛，人也显得衰老。您看起来比她年轻很多，有什么秘诀吗？"

我回答："这是一大堆很复杂的问题啊。我还是慢慢说，把它们理清楚吧。

"首先，你妈妈的瘦，是什么状态的瘦？是枯瘦，还是精干紧实的瘦？

"人们常常说，人到中年不能太瘦，一瘦就显老，就会有皱纹。这里所谓的'瘦'，就是枯瘦。枯瘦意味着体内蛋白质少，也就是肌肉不足。瘦而肌肉不足的状态，就是干瘪和松弛。从身体上看，就是既瘦弱又松弛；从脸上看，就是脸部下垂，皮肤起皱。这种状态，当然看起来比较显老。

"肌肉太少，身体的基础代谢率就比较低。别忘记基础代谢率是与肌肉总量成正比的。基础代谢率低的瘦弱者，容易出现怕冷和消化不良的情况，也比较容易患感染性疾病。肌肉少的人，肌糖原的储备不足，餐后血糖控制能力也比较差。如果不注意采用低血糖指数的饮食，餐后血糖迅速上升，很容易带来甘油三酯偏高的问题。假如长期不加以控制，往往会出现四肢日益枯瘦、腰腹肥肉增多的情况，这正是糖尿病的高危体形。"

记者说："啊，真让您说中了，我妈妈胳膊腿都偏瘦，就是腰腹有松松垮垮的肥肉。天哪，我要让她赶紧注意了。要多吃什么食物才能长肌肉而不长肚子呢？"

我说："先要把食物吃够，特别是蛋白质摄入要充足。你说你妈妈三餐正常吃，到底吃了多少呢？"

记者看看我的餐盘，里面有半盘小白菜煮肉丸，半盘黑豆苗炒豆腐丝，一碗冬

瓜汤，还有一盘包括蒸山药片、蒸红薯条、蒸玉米块、蒸南瓜条的混合蒸菜。说话间，我已经把餐盘里的东西吃得干干净净。

她说："我妈妈真没有您吃得多。说实话，我也没有您吃得多，她吃得比我还要少。我还以为，人到中年之后，要想不长胖，必须吃得少呢。可是您真的不胖，而且身材看起来很紧致。"

我说："和我一起吃饭的人，大多会说我吃得挺多，甚至高于女学生的平均水平。不过我自己心里有数，我每日摄入的平均能量不会超过轻体力活动的成年女性的推荐值，即1800千卡。我选择的食物通常是高水分、高纤维、大体积的食材，蛋白质充足，脂肪不多，而且血糖指数低。

"比如，我这餐的主食是蒸山药、红薯和甜玉米，淀粉总量远少于一个大馒头，但摄入的膳食纤维远多于1份馒头或米饭，血糖指数也低得多。在一餐中，除了这3种杂粮薯类主食，还有小白菜、黑豆苗、冬瓜和南瓜4种蔬菜，其中小白菜和黑豆苗都是绿叶蔬菜。蛋白质也不缺，有好几个鸡肉、猪肉和淀粉混合制作的肉丸（没有煎炸过），还有豆腐丝，总体的饱感非常不错。

"由于用餐时吃得饱足，营养摄入充分，三餐之间根本没有食欲，既不吃饼干、甜点，也不吃瓜子、花生。如果晚餐有事不能按时吃，我会在下午再加一杯酸奶或牛奶，既避免餐前饥饿，又避免晚餐过量。"

记者频频点头："我要让妈妈像您这样吃。她日常就吃一小碗米饭，加上不太多的菜肴，肉也很少吃。"

我又问了一句："你妈妈的骨质密度怎样？有没有发现骨质疏松的情况？"

她说："您又猜中了，我妈妈已经发现骨质疏松了，该吃什么才好呢？"

我说："食量小，消化弱，肌肉少，运动不足，这样的瘦弱女性在更年期及以后是非常容易患骨质疏松的。让她吃绿叶蔬菜、喝酸奶、吃豆制品，必要时要服用钙片和维生素D。最好去健身房让教练指导她做增肌运动。"

对中年人来说，身材纤瘦未必意味着美丽和健康。年龄渐长之后，肌肉会日渐流失。枯瘦会让中年人看起来更加衰老。保持肌肉充实，保持良好的体能，保持合理的体脂率，避免腰腹部肥肉过多，才是中年人值得追求的状态。

故事分享9：怎样才能保持纤腰

某日公园游园后，我看着拍摄的照片，突然发现：腰好像变粗了！我赶紧量了量腰围，果然比上次量腰围时增加了2厘米。后腰上有一层肥肉，尽管肌肉把它绷得很紧，我平日没有注意到，但其厚度真的不容忽视。

可不要小看这2厘米。如果腰围每年以2厘米的速度增长，那么一个在28岁时拥有A4腰（腰围约60厘米）的美女，到了38岁时，就会变成一个腰围80厘米的中年妇女，到48岁时怎么办？哪怕每年增加1厘米，日积月累，也会让我们从窈窕淑女变成腰粗腹圆的胖妇。

要避免悲剧的发生，唯一的办法就是防微杜渐，趁着还没到积重难返的程度，赶紧采取减腰措施。

痛定思痛，我开始认真分析：为什么最近腰围有如此明显的增加？

从饮食角度考虑，最近好像没有明显增加饭量，不过，饮食的内容确实有了一点变化。我最近1个月增加了一些流质食物，因为这个春天特别干燥，气温又偏高，经常觉得干渴。为了解决这个问题，我每天早晚各加了一杯蜂蜜水。干渴感确实缓解了，但仅这一项，每天就多摄入25克糖，而我并没有减少主食的量，这样每天就额外增加了100千卡的能量。

此外，我还在日常喝的牛奶中"加了料"。有人曾送我一大袋美国巧克力，这些巧克力香味不错，但是甜得发腻，实在吃不下去。于是，我便在每次喝牛奶的时候加一块甜巧克力，半个核桃大小，称重约为10克，其中大概有5克是糖，4克是脂肪，其余1克是水分和蛋白质。总之，这一小块甜巧克力含有58千卡的能量。

还有一个饮食因素也不可忽视，那就是主食改变了。原来我的主食主要是杂粮饭或杂粮粥，其中白米的比例只有1/3，除了燕麦和小米，还会加一些红小豆、芸豆等豆类。最近1个月，因为开农场的朋友送了我很多小米和大米，我就将主食改成了一半大米一半小米的二米饭。现在的小米也不算是纯全谷，因为农场都会反复碾磨，去掉外层麸皮部分。这个二米饭的柔软度和消化速度自然是大大高于之前的杂粮饭，咀嚼起来太容易，就很容易多吃。不用说，它的餐后血糖反应也大大高于原来的杂粮饭，而餐后血糖反应越高，就越容易促进身体脂肪的合成。

运动方面也发生了一些改变。虽然我每周仍然有3次运动，每次40分钟以上，但其他运动量减小了：坐在电脑面前写东西的时间太长，起身走动的时间太短。虽然运动帮助我维持肌肉的紧实度，但总的活动量减少了，一天中的能量消耗降低了。

消耗的能量少了，饮食摄入的能量多了，当然就会有能量富余，它们必然会变成身上的肥肉。

总之，从饮食上来说，我每日摄入的能量增加了约160千卡，血糖指数也上升了，而每日活动量减少，大约减少了100千卡能量消耗。算下来，每天至少有约260千卡的能量正平衡，那么一个月的能量富余不少于7800千卡，按每克脂肪9千卡的能量来计算，理论上讲，1个月应当会长出将近1千克的脂肪。

次日早上吃饭之前站上体重秤，我发现自己果然增加了1千克的体重。

毫无疑问，这多出来的重量中，主要都是肥肉，而且大部分贴在我的腰腹上。如果听之任之，我的苗条身材很快就会毁掉。最糟糕的是，对于中年人来说，腰腹部脂肪增加意味着内脏脂肪增多，换句话说，我距离糖尿病、心脑血管病等慢性病又近了一步。想到我的父亲59岁死于心脏病，母亲又患有高血压和糖尿病，我对自己的遗传基因有清楚的认识，绝对不能对这些疾病风险掉以轻心。

应当怎样拯救我的腰围呢？事不宜迟，我马上制订了一个计划。

◆ 改变我的主食。晚上继续喝杂粮豆粥。降低餐后血糖反应，是控制体重最重要的法宝之一。

◆ 减少糖的摄入量。取消晚上的蜂蜜水，改成白开水。牛奶还是喝原味，不再加入甜巧克力。额外摄入的糖越少越好。

◆ 控油。减肥必须减少能量摄入，因此要对烹调用油严格控制。家人最爱吃的鸡蛋煎饼要少吃，因为做鸡蛋煎饼的时候肯定要加入不少油。炒菜时的烹调用油也要减量，多食用蒸煮和清炖的菜。

◆ 增加运动量。最重要的措施就是积极运动，增加能量消耗。除了日常的跑步和肌肉运动之外，还要多走路。在电脑前坐1小时后，就要起来活动一会儿，而且不只是走几步路，而是做广播操活动全身，或者做开合跳等增加心率的运动。晚上的跑步也不能只是绕着操场跑圈，要提升强度，做做变速跑和冲刺跑。

制定了这个措施后，我的心情又重新归于平静。其实这样的经历已经不止一次两次了，我有丰富的经验。每次发现自己发胖之后，只要及时采取措施，逆转趋势，一般一两个月，最多两三个月，就能恢复到原来的状态。

随着年龄的增长，体内的脂肪会越来越多，肌肉比例会越来越低，基础代谢率也会日益下降。50岁之后，女性更年期来访，雌激素水平下降，就更难控制身材了。只有靠健康的饮食和坚持不懈的健身，才能降低体脂率，维持肌肉量，把身体衰老的趋势推得远一些，让美丽腰线保持得久一些。

附录
减肥食谱示例

食谱使用说明

1 食谱中早、中、晚餐的顺序可以根据自己的实际情况进行调整，但一天中的食物种类和分量必须是一样的。

2 蔬菜的分量只能多于食谱的安排，不能少，而且所有蔬菜必须吃完。

3 如果对食谱中的食材存在过敏、不耐受、不消化，或心理上，或口味上无法接受的情况，可以做同类替换，如绿叶蔬菜换绿叶蔬菜，不太甜的水果换不太甜的水果。

4 每天要喝足量的水，夏天建议除三餐之外再喝5~8杯（一次性纸杯或容量为200毫升的杯子）水、茶或汤。最好饭前30分钟先喝250~500毫升水，一定要避免在口渴的时候用餐！

5 如果原本食量较大，使用这些食谱感觉明显饥饿，可以在食谱之外再增加瘦肉、水煮蛋和蔬菜。少油烹调的蔬菜不限量吃。饥饿时可以喝牛奶、酸奶或豆浆，但不要吃任何零食。

6 建议补充复合营养素片，要在用餐中或刚刚结束用餐时服用。钙片和含铁、锌的营养素片要分不同餐次服用。

7 餐后半小时不能坐下或躺下，必须进行轻体力活动，如收拾桌子、刷碗等轻松家务，以及散步等。看电视、看影碟时只能站着看。

8 建议减肥期间每天运动30~60分钟。每增加30分钟运动，需要在本食谱基础上增加150千卡能量和7克蛋白质，相当于1个鸡蛋加1个苹果，或250克牛奶。

9 本食谱最适合不曾节食减肥的人群。多次靠节食来减肥的人，普遍存在轻重不同的营养不良，胃肠消化能力也有所下降，本食谱的减肥效果可能受到影响。如果此前曾经节食减肥或生酮减肥，使用本食谱后体重可能会有所上升，但不会明显变胖。

10 本食谱是为体力活动少的未孕女性制作的，男性、孕妇、哺乳期女性都可以按本食谱的食物内容和烹调方式食用，但因为这几类人群的营养需求高于未孕女性，需要增加15%的食量，建议增加相当于半碗饭的主食，再加1个蛋或1杯奶或50克瘦肉。

减肥食谱1

◆ **早餐：醪糟燕麦冲奶粉，五香煮花生**

原料： 醪糟半杯（100克），即食燕麦片30克，全脂奶粉3汤匙（约50克），蛋白粉5克，花生10粒（6克）。

做法： 先在醪糟中加等量的水，用微波炉或奶锅加热，然后倒入大碗。把即食燕麦片放入醪糟中，加沸水冲泡，加盖焖5分钟。待燕麦片变软后，调入奶粉和蛋白粉，混匀，即可食用。

最后吃花生，如果没时间，也可以在上班路上吃。吃花生时一定要细嚼慢咽，令其充分产生饱感。

叮咛：

（1）奶粉必须是没有额外添加糖，蛋白质含量超过20%的品种。蛋白质含量越高越好。

（2）如果是备孕期、孕期、哺乳期，或需要开车上班，醪糟要选酒精度低于1%的产品。

◆ **午餐：土豆豌豆鸡蛋沙拉，番茄汤**

原料： 土豆200克，鸡蛋1个（中等偏大，带壳65克），速冻甜豌豆4汤匙（60克），白芝麻半汤匙（5克），千岛酱1汤匙（8克），胡椒粉适量，番茄酱30克，香油适量，酱油适量。

做法： 土豆去皮、切丁，前一天晚上提前蒸熟（约蒸15分钟）；鸡蛋、甜豌豆也在前一天晚上提前蒸熟。白芝麻提前烤熟（或购买熟芝麻）。将土豆丁、鸡蛋、甜豌豆装入保鲜盒，放入冰箱冷藏，中午用微波炉加热到60~70℃（根据微波炉功率定时间）。鸡蛋用勺子切碎，与土豆丁、甜豌豆拌匀，加入千岛酱，撒上白芝麻，即可食用。也可随意撒一些胡椒粉等无能量的调味品。

番茄酱用水冲成一大杯，加几滴香油、几滴酱油，撒一点胡椒粉，也可以直接放2克千岛酱搅匀。

叮咛：

（1）土豆要把表面发芽、发青的部分全部去掉。200克是指吃进去的土豆重量，不包括丢弃部分的重量。

（2）鸡蛋蒸的时间短一点会很嫩，喜欢老一点的可延长时间。

（3）甜豌豆可以选超市里的速冻豌豆，或者罐头豌豆，做起来非常方便。也可以用罐装红腰豆来替代甜豌豆。

（4）番茄酱要选没有加糖和其他调味品的纯番茄酱产品，或称番茄膏，最好是新疆产的番茄酱，其中含番茄红素和胡萝卜素较多。

◆ 下午茶：玫瑰花蕾茶

一大杯不放糖的冲泡玫瑰花蕾（花蕾约3克，水不限量），零能量。

◆ 晚餐：蒸藕块，羊肉片木耳豆腐干煮小白菜，营养素片

原料： 鲜藕250克，冷冻羊肉片50克，姜2片，花椒适量，小白菜200克，豆腐干20克，水发木耳1把（干重5克）。

做法： 藕蒸熟。锅中放一碗水，加入羊肉片、姜片、几粒花椒，煮至沸腾，转小火，焖5分钟左右。加入洗净的小白菜，搅匀，再加入切片的豆腐干和泡发好后撕成小片的木耳，煮3分钟，调味，即可食用。

煮小白菜可以加1.5克盐或3克鸡精（2克鸡精相当于1克盐的含钠量），或等钠量的酿造酱油、蚝油等调味。也可以按自己的口味添加其他无能量的调味品。

餐后立刻服用一粒复合B族维生素片，或一片多种维生素矿物质片。

叮咛：

（1）藕一定要蒸到软糯，可以蒸一次后分装冷藏，吃2天。也可以把藕换成土豆。

（2）超市冷冻盒装羊肉片加少量姜片煮到八成熟，一次多做些，然后冷冻起来，可以分几次吃。如果不想吃羊肉，可以换成牛肉片，鸡腿肉煮熟后切片亦可。

（3）豆腐干可以用白干、菜干、香干、酱油干等各种类型。

（4）木耳可以前一天晚上先泡发，放入冰箱备用，泡一次用2次。

附表1　减肥食谱1的营养素供应量

营养素	蛋白质	脂肪	碳水化合物	维生素B_1	维生素B_2	维生素C	钙	铁	锌
总摄入量	68.7克	44.3克	162.2克	1.06毫克	1.34毫克	199毫克	746毫克	22.3毫克	9.69毫克
目标值	55克	—	—	1.20毫克	1.20毫克	100毫克	800毫克	20.0毫克	7.5毫克
占目标值百分比	124.9%	—	—	88.4%	111.7%	199.0%	93.2%	111.5%	129.3%

注1：以轻体力活动的成年女性营养素供应参考值作为食谱的营养素目标值。

注2：轻体力活动成年女性的能量供应参考值为7524千焦（1800千卡），本食谱为5525千焦（1322千卡）。

减肥食谱2

◆ **早餐：鸡蛋蔬菜三明治，豆浆，苹果**

原料： 鸡蛋1个，千岛酱1汤匙，主食面包2片（每片35~40克），黄瓜50克，豆浆1杯（300毫升，约含黄豆20克），苹果1个（中等偏大，带皮、核，200克）。

做法： 前一天煮好鸡蛋，去壳切碎，加入千岛酱混合，将混合物夹在2片主食面包中间，再夹入切片的黄瓜。

豆浆可以自制或购买。如果实在不喜欢无糖豆浆，可以加入10克糖或蜂蜜。

苹果作为上午的加餐。

叮咛：

（1）可以用切片的全麦馒头替代面包片。

（2）如果不方便自制三明治，或实在没有时间，可以用快餐店里夹鸡蛋、火腿片和蔬菜等的三明治替代。

（3）豆浆可以替换成牛奶。

◆ **午餐：五色炒虾仁，酸奶**

原料： 冷冻海虾仁80克，速冻甜豌豆80克，速冻甜玉米粒80克，速冻胡萝卜丁60克，水煮冬笋50克，姜粉、料酒、干淀粉适量，茶籽油10克，化椒粉半咖啡匙，葱花、姜末少许，盐、鸡精、胡椒粉适量，全脂酸奶200克。

做法： 将所有冷冻原料微波化冻或室温化冻。冬笋从袋中取出切丁，放在漏勺中控去水分。虾仁用姜粉和料酒拌一下，放几分钟，然后把多余的水分倒掉。如果出水太多，可以加一些干淀粉，待吸干水分，再把淀粉拍掉。甜豌豆、甜玉米粒和胡萝卜丁在微波炉中加热两分钟，以便炒的时候熟得更快。不粘锅中加入茶籽油、花椒粉、葱花和姜末，放入虾仁翻炒几下，然后加入其他配料，翻匀，加盖中火焖1分钟，再打开锅盖翻炒2分钟，最后加盐、鸡精、胡椒粉调味。

酸奶最好在饭前作为餐前饮品，也可以当成加餐在下午喝。

叮咛：

（1）甜豌豆和甜玉米粒都含有少量淀粉，所以中午没有安排主食。不过午餐摄入的碳水化合物仍然偏少，所以酸奶不必刻意追求无糖产品，即便食用含糖酸奶，糖分摄入量也不会过多。

（2）如果没有甜豌豆，可以用罐装红腰豆或罐装鹰嘴豆替代。可以购买市售的豌豆粒、玉米粒、胡萝卜丁的混合速冻产品。水煮冬笋市场上都有袋装品出售。

（3）可以一次多做一些，其中一半分装冷藏，下次取出来，加热即可食用。

◆ 晚餐：杂粮饭，菠菜肉丸汤

原料：红小豆20克，燕麦粒或生燕麦片20克，紫糯米20克，熟芝麻5克，瘦猪肉馅60克，盐、鸡精、姜末适量，淀粉3克（加水调成水淀粉），虾皮2克，香油5克，菠菜200克，胡椒粉适量。

做法：红小豆提前洗净加水，放入冰箱冷藏室中浸泡24小时（泡豆水不要倒掉）。将泡好的红小豆与燕麦、紫糯米、熟芝麻一起，用电压力锅的"杂粮饭"功能煮成饭。水的总量（连同泡红小豆的水）是1份粮食加2份水。猪肉馅中加入盐、鸡精、姜末，搅匀，再加水淀粉，然后放入加了虾皮的沸水中煮成丸子。加入香油，放入烫过半分钟的菠菜，最后加盐和胡椒粉调味即可。

叮咛：

（1）电压力锅都有杂粮饭和杂粮粥功能，如果不想吃杂粮饭，也可以直接煮成较稠的杂粮粥作为主食。煮粥时1份粮食加4~5份水。

（2）一次可以做3顿的杂粮饭或杂粮粥。煮好后分成3份，装入保鲜盒放入冰箱冷藏。如果存放超过48小时，可以直接放入冷冻室，可保存1个月。吃之前用微波炉加热或用蒸锅蒸熟即可。

（3）菠菜可以换成其他绿叶蔬菜，丸子也可以换成瘦猪肉、鸡肉、牛肉片等。丸子可以一次多做些，分几次吃。

附表2　减肥食谱2的营养素供应量

营养素	蛋白质	脂肪	碳水化合物	维生素B$_1$	维生素B$_2$	维生素C	钙	铁	锌
总摄入量	78.7克	40.7克	182.6克	1.38毫克	1.06毫克	100毫克	773毫克	23.3毫克	10.98毫克
目标值	55克	—	—	1.20毫克	1.20毫克	100毫克	800毫克	20.0毫克	7.5毫克
占目标值百分比	143.2%	—	—	114.8%	88.6%	100.0%	96.7%	116.5%	146.4%

注1：以轻体力活动的成年女性营养素供应参考值作为食谱的营养素目标值。

注2：轻体力活动成年女性的能量供应参考值为7524千焦（1800千卡），本食谱为5900千焦（1412千卡）。

减肥食谱3

◆ 早餐：奶粉杂粮糊

原料： 全脂奶粉35克，烤杂粮油籽粉共60克（红小豆粉20克，黑芝麻粉10克，黑米粉20克，莲子粉10克），鸡蛋1个。

做法： 将奶粉与烤杂粮油籽粉放入大碗中，用沸水冲，搅匀即可。鸡蛋蒸熟或煮熟，嫩度由自己决定，建议用蒸蛋器，蒸煮到蛋黄刚刚凝固而还未变干，味道最好。

如果一定要吃点咸味，可以自制一些凉拌蔬菜，或加10克市售袋装榨菜。

设计这个早餐是为了让早上没时间做饭的人实施起来比较方便。

叮咛：

（1）奶粉要买不加糖的品种，只含奶中自带的乳糖，蛋白质含量超过30%为宜。

（2）生杂粮粉是无法冲熟的，一定要超市销售的烤过后打粉的杂粮才能冲糊吃。冲好后不加糖，当成粥吃。

（3）起床先冲上奶粉杂粮糊，再去洗漱，这样收拾完之后，正好温度合适可以吃。鸡蛋可以前一天晚上蒸熟或煮熟，蛋壳不破的话可以在室温下放一夜，早上拿出来剥壳就可以吃了。

（4）夏天出汗较多，建议搭配咸味小菜，如果自己做点凉拌蔬菜更好，蔬菜不限量。冬天室内较冷，能接受原味的话，可以不用配咸味小菜。

◆ 饮料：自制柠檬茶

鲜柠檬切薄片，取一片放入泡好的红茶或乌龙茶中，不要放糖。没有柠檬，就直接喝茶，不限量。

◆ 午餐：酸奶拌谷物片、枸杞干，榛仁和樱桃番茄

原料： 市售酸奶200克，即食杂粮混合谷物片50克，枸杞干8克，榛仁15克，樱桃番茄100克。

做法： 先将酸奶在室温下放置半小时，然后将谷物片、枸杞干泡入酸奶中，即可食用。

榛仁和樱桃番茄用于下午加餐，如果下午没时间吃，也可以和午餐一起吃。

叮咛：

（1）即食谷物片是含有少量水果干和坚果，不需要煮，可以直接干吃或泡牛奶、酸奶吃的混合谷物片产品。

（2）榛仁的重量是去壳的重量。

◆ **晚餐：排骨炖藕，油煮菜心**

原料： 排骨80克，湖藕250克，姜片、盐或生抽适量，菜心200克，香油5克。

做法： 排骨和藕加姜片炖熟后，加少量盐或生抽调味。菜心洗净，切斜段，放入加了香油的沸水中，翻匀，中小火焖1分钟，然后开盖煮1分钟，即可盛出，食用时加生抽或盐调味。

叮咛：

如果觉得不吃米饭无法满足，那就把一半熟藕换成小半碗米饭。

附表3 减肥食谱3的营养素供应量

营养素	蛋白质	脂肪	碳水化合物	维生素B$_1$	维生素B$_2$	维生素C	钙	铁	锌
总摄入量	69.9克	59.0克	170.2克	1.74毫克	1.56毫克	229毫克	1109毫克	20.0毫克	11.46毫克
目标值	55克	—	—	1.20毫克	1.20毫克	100毫克	800毫克	20.0毫克	7.5毫克
占目标值百分比	127.1%	—	—	145.1%	130.0%	229.0%	138.6%	100.0%	152.9%

注1：以轻体力活动的成年女性营养素供应参考值作为食谱的营养素目标值。

注2：轻体力活动成年女性的能量供应参考值为7524千焦（1800千卡），本食谱为6234千焦（1491千卡）。